中国基础研究发展报告

科学技术部基础研究司
科学技术部高技术研究发展中心

China Basic Research Development Report

科学出版社
北　京

内 容 简 介

本书以中国基础研究发展为主题，重点介绍中国基础研究现状、趋势与面临的问题和挑战，提出相关战略思考；详细介绍近年来中国数学、物质科学、生命科学、地球科学、信息科学及制造科学等基础研究主要领域的若干重大前沿进展和重要研究成果。

本书对深入了解中国基础研究具有重要价值，可作为政府部门、科研机构、大学和企业等研究者、决策者与管理者的重要参考，将对加快建设创新型国家和世界科技强国起到积极作用。

图书在版编目（CIP）数据

中国基础研究发展报告 / 科学技术部基础研究司，科学技术部高技术研究发展中心著 . —北京：科学出版社，2019.10

ISBN 978-7-03-062237-2

Ⅰ . ①中⋯　Ⅱ . ①科⋯ ②科⋯　Ⅲ . ①基础研究 - 研究报告 - 中国

Ⅳ . ① G322

中国版本图书馆CIP数据核字（2019）第191091号

责任编辑：李　敏 / 责任校对：何艳萍
责任印制：肖　兴 / 封面设计：无极书装

科 学 出 版 社 出版

北京东黄城根北街16号
邮政编码：100717

http://www.sciencep.com

中国科学院印刷厂 印刷
科学出版社发行　各地新华书店经销

*

2019年10月第　一　版　开本：787×1092　1/16
2019年10月第一次印刷　印张：19 1/2
字数：500 000

定价：268.00元
（如有印装质量问题，我社负责调换）

前　言

　　基础研究是整个科学体系的源头，基础研究的水平和能力是一个国家科技实力和综合国力的重要标志。党的十八大以来，以习近平同志为核心的党中央高度重视基础研究，做出了一系列加强基础研究发展的战略决策。党的十九大明确提出，"要瞄准世界科技前沿，强化基础研究，实现前瞻性基础研究、引领性原创成果重大突破"。近年来，中国基础研究发展成绩斐然，在若干重要领域开始成为全球创新引领者，为提升国际影响力、建设创新型国家发挥了重要作用。

　　为展现中国基础研究发展成就，明确未来发展方向，科学技术部基础研究司与科学技术部高技术研究发展中心共同组织编写了《中国基础研究发展报告》。本书共分7章。第1章重点介绍面向世界科技强国加强基础研究的战略思考，对中国基础研究现状、发展规律与趋势、面临的问题与挑战等进行了系统分析，从营造环境，加强创新基地、条件平台和人才队伍建设、国际化水平等方面提出推动中国基础研究发展的重点举措。第2章到第7章分别围绕中国数学、物质科学、生命科学、地球科学、信息科学及制造科学等领域的若干重大前沿问题，介绍国际发展现状、近年来中国取得的重要进展和国际影响力。

　　进入新时代，面向新要求，中国基础研究任重道远，仍需砥砺前行。本书旨在让社会各界更多地了解中国基础研究发展状况，进一步关注和支持基础研究，协力推进中国基础研究繁荣发展。

　　在本书的编写过程中，我们得到了相关部门和单位以及专家的大力协助与支持，在此一并表示衷心的感谢。

《中国基础研究发展报告》编辑委员会

2019 年 8 月

目 录
CONTENTS

CONTENTS

4　中国生命科学前沿进展

目录
CONTENTS

CONTENTS

5 中国地球科学前沿进展

6 中国信息科学前沿进展

目录
CONTENTS

7　中国制造科学前沿进展

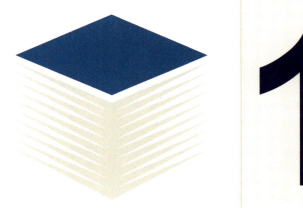

面向世界科技强国加强基础研究

1

1.1　中国基础研究现状

强大的基础研究是建设世界科技强国的基石。站在新时代的新起点上，中国基础研究既面临大有作为的历史机遇，也面临前所未有的重大挑战。未来中国必须进一步加强基础研究，大幅提升原始创新能力，夯实建设创新型国家和世界科技强国的基础。

在党中央和国务院的领导下，中国基础研究加快发展，取得了显著的成效。"十二五"以来，基础研究经费投入大幅增长，从 2011 年 411.8 亿元增长到 2018 年 1090.4 亿元，约增长了 164.8%，年均增幅约 14.9%。中国已形成较为全面均衡的学科体系，2018 年中国国际科技论文数量连续第 10 年排名在世界第 2 位，国际高被引论文数量、热点论文数量继续保持世界排名第 3 位，材料、化学、地学、数学、物理学等 10 个学科领域论文被引用次数达到世界前 2 位。

基础前沿重大创新成果加速涌现，为世界科学发展做出了重要贡献。2013 年以来，基础物理领域 4 次获得国家自然科学奖一等奖，取得了铁基高温超导、多光子纠缠及干涉度量、中微子振荡、量子反常霍尔效应等原创性成果。此外在量子、纳米、干细胞、脑图谱成像、人工生物合成、蛋白质等领域也取得了一批具有国际影响的原创突破。中国科学家获得了克利夫兰奖、维加奖等一批国际重要科技奖项。2018 年，"全球高被引科学家"中中国入选 482 人次，占世界份额的 7.7%，比 2017 年增加了 82%，居世界第 3 位。

基于体细胞移植技术成功克隆出猕猴、测得迄今最高精度的引力常数 G 值、首次直接测到电子宇宙射线能谱在 1TeV 附近的拐折等重要成果入选 2018 年度"中国科学十大进展"，透过相关科学进展成果可以发现，中国基础研究在重大科学前沿领域持续取得突破，国际影响力不断提升，已进入从量的积累向质的飞跃、点的突破向系统能力提升的重要时期。

1.2　深刻把握基础研究发展规律与趋势

习近平总书记高度重视基础研究，他指出，基础研究是整个科学体系的源头，是

作者简介：黄卫，博士，教授，中国工程院院士；单位：科学技术部，北京，100862

所有技术问题的总机关，只有重视基础研究，才能永远保持自主创新能力。当前，基础研究和应用开发关联度日益增强，基础研究显得更为重要。我国科技界要坚定创新自信，坚定敢为天下先的志向，在独创独有上下功夫，勇于挑战最前沿的科学问题，提出更多原创理论，作出更多原创发现，力争在重要科技领域实现跨越发展，跟上甚至引领世界科技发展新方向，掌握新一轮全球科技竞争的战略主动。这些重要论述为中国基础研究发展指明了方向。当前，中国基础研究站在了新的历史起点，要深入理解和遵循基础研究发展规律，深刻把握基础研究发展新趋势，抓住机遇，顺势而为，努力实现前瞻性基础研究、引领性原创成果的重大突破。

1.2.1　高度重视基础研究在建设世界科技强国中的战略定位

根据中国创新驱动发展"三步走"战略路径，到 2050 年，中国要建成世界科技强国，实现这一目标，必须大力加强基础研究，大幅提升原始创新能力。世界科技发展的历史证明，基础研究是建设世界科技强国的根本动力，是推动科技进步和产业革命的源头，只有夯实基础研究的地基，国家原始创新和核心竞争力的大厦才能建立起来。美国自第二次世界大战后就重视基础研究，基础研究经费占研发经费的比例从 20 世纪 50 年代的不到 10% 不断提升到近年来的 17% 左右；实施高层次人才引进政策，以爱因斯坦为代表的大量顶尖科学家移民美国，推动了美国物理、化学和数学等基础学科的发展，使美国成为第二次世界大战后的世界头号科技强国。日本自 20 世纪 90 年代经济发展速度放缓后，意识到"技术立国"造成了发展后劲不足，提出把原始性科技创新作为改观日本前途的必由之路，研发经费占 GDP 比重不降反升，超过 3%；21 世纪日本迎来了科学成果的"井喷"，自 2000 年以来，日本共有 19 位（含 2 位美籍日裔）科学家获得诺贝尔奖，超过英国、法国、德国等，成为同期继美国之后获得诺贝尔奖人数第二多的国家。实践证明，基础研究是建设世界科技强国的根本保障，必须对基础研究给予高度重视。

但是，与建设世界科技强国的目标相比，中国基础研究的水平和原始创新能力还亟待提升，必须对照建设世界科技强国的目标要求，紧紧扭住薄弱环节，深化改革，完善管理，加快基础研究各项任务的部署实施。加大投入，优化政策，加强基地建设，壮大人才队伍，营造良好环境，大力推动原始创新，为建设世界科技强国奠定坚实的基础。

1.2.2　深入理解和遵循基础研究的发展规律

基础研究是认识自然现象，揭示客观规律，获取新知识、新原理、新方法的研究活动，具有灵感瞬间性、方式随意性、路径不确定性等特点。一些基础研究结果往往不可预测，一般需要较长时间积累才能取得突破，通常需要更长时间才能看到它的应用价值。基础研究的关键在于对人才长期持续地投入，科学家在好奇心和争胜心的驱动下，往往十几年甚至几十年长期潜心从事一项研究。比如，牛顿研究万有引力定律，关注的是天体的运动规律，并没有以火箭、卫星等航天应用作为目的；法拉第和麦克斯韦对电磁学的研究也是基于对电流和磁场规律的兴趣，但现在的所有通信基本上都基于麦克斯韦电磁方程。再比如，量子力学的起源，就是一批科学家在研究黑体辐射的时候发现电磁波光谱与经典力学规律不一致，逐步形成一门新的学科，而现在的半导体、集成电路、数码相机技术到下一代量子信息技术都是基于近百年前的量子力学理论。

基础研究突破是推动技术进步和产业变革的源头。著名的"李约瑟难题"提出：为什么古代中国拥有发达的技术却没有产生系统的科学体系？技术遵循的规律和原理就是科学，而科学原理的应用可以形成技术。现代科学基础理论突破、学科交叉融合为新技术的产生发展提供了更大的可能，而新技术应用带来的科研设备能力提升、大型科学装置发展又为科学突破创造了条件。20世纪初，爱因斯坦、玻尔、普朗克、海森伯、薛定谔等建立的量子力学，促进了集成电路、核能利用等变革性技术的出现。近年来，基因编辑、量子科学、合成生物学等方面的新理论和新突破，有望催生生物制造、再生医学和量子信息等产业的变革性发展。量子计算基于量子相干叠加和量子纠缠等基本原理，并行计算能力随可操纵的粒子数呈指数增长，有望达到现有超级计算机的百亿亿倍，有望为密码分析、材料设计、药物设计，以及非平衡态物理模拟等经典计算机难以实现的计算难题提供解决方案。

在新时期发展基础研究，必须深刻把握基础研究的发展规律，注重基础研究的相对独立性，处理好科学和技术、基础研究和应用研究的关系，让科学家拥有更大学术自主权，在独创独有上下功夫，提出更多原创理论，做出更多原创发现。

1.2.3　敏锐判断和认识基础研究发展的新趋势

当前，基础研究发展呈现出许多新的特点。一是学科交叉融合更加紧密。生命科学与信息科学的深入交叉，将基因连接成网络，让细胞来完成科学家设计的各种任务，形成了合成生物学。物理学、生物学和信息科学的交叉融合产生了纳米科学。二是物质结构、生命起源等一些基本科学问题孕育重大突破，催生重大科学思想和科学理论。人工智能、量子通信等重大颠覆性技术已呈现出革命性突破的前兆。量子通信基于单光子的不可分割性和量子态的不可复制性的量子力学基本原理，对信息进行加密，保证了信息的不可窃听和不可破解，将从根本上解决信息安全问题。三是基础研究进入大科学时代，更加依赖大团队合作。重大科学研究的复杂性、艰巨性程度越来越大。面对全球共同关心的气候变化、物质结构、宇宙起源等重大基础科学问题，国际合作与交流更加频繁。多国共同建造重大科学基础设施，全球科学家共同参与国际大科学计划，并开展网络式分布式研究，已经成为当前国际合作的重要形式。四是从基础研究成果转化为技术的周期呈现缩短的趋势，应用技术成果产业化周期也大大缩短，源自生产实践的科学问题的凝练与解决，可以快速提升产业的质量效益和竞争力。在某些领域基础研究与技术几乎同步发展，人类基因组、纳米材料等在基础研究阶段就申请了专利，有些甚至迅速转化为产品走入人们的生活。

基础研究在当代科技革命和产业变革下出现的新特点、新趋势，不可能再完全按照以往的思路按部就班地发展。必须充分借鉴国际经验，立足中国实际，加强研判，前瞻布局，推进学科交叉融合，重视颠覆性技术培育，加强国际合作，力争在重要领域实现跨越发展。

1.3　深刻认识中国基础研究发展面临的问题与挑战

习近平总书记在 2018 年两院院士大会上指出，要瞄准世界科技前沿，抓住大趋势，下好"先手棋"，打好基础、储备长远，甘于坐冷板凳，勇于做栽树人、挖井人，实现前瞻性基础研究、引领性原创成果重大突破，夯实世界科技强国建设的根基。

近年来，中国基础研究持续快速发展，整体水平显著提高，国际影响力大幅提升。面向建设世界科技强国的目标，中国基础研究发展还存在一些"短板"：一是基础研究投入总量不足且结构不合理。美国、法国、英国、日本等国家基础研究投入占研发投入的比例均超过 10%，而中国长期在 5% 左右，去除统计因素仍然偏低；同时，中国企业、社会力量、地方政府投入远低于发达国家水平。二是解决源自生产实践的科学问题的能力不足。基础研究与产业技术的需求联系不紧密，在学术领域和产业领域中，均缺乏面向生产实践长期稳定地在某个方向深耕基础理论和基础技术的基地和队伍，尚未形成能够解决产业需求的战略基础力量，支撑核心关键技术攻关的能力不足。三是企业对基础研究重视不够，在基础研究活动中明显缺位。从产学研联系来看，科学家和企业家缺乏沟通，基础研究缺乏应用目标导向，导致基础和应用脱节，减缓了基础研究成果的转移转化。四是科研浮躁。科技评价机制有待进一步改善，分类评价机制和以创新质量为核心的评价导向尚未完善；人才称号的"帽子"被过度追捧，科研评价重人才头衔、轻实际贡献；科技活动急功近利，科研人员的研究工作追逐热点，导致很多研究周期长、不易发论文，却对产业有重大意义的问题，难以吸引研究人员投入精力去解决，甚至导致科研活动失范行为屡有发生。

中国人才发展体制机制还不完善，激发人才创新创造活力的激励机制还不健全，顶尖人才和团队比较缺乏。中国科技管理体制还不能完全适应建设世界科技强国的需要，科技体制改革许多重大决策落实还没有形成合力，科技创新政策与经济、产业政策的统筹衔接还不够，全社会鼓励创新、包容创新的机制和环境有待优化。

当前，基础研究发展面临新形势、新要求。进入 21 世纪以来，全球科技创新进入空前密集活跃的时期，新一轮科技革命和产业变革正在重构全球创新版图、重塑全球经济结构。信息、生命、制造、能源、空间、海洋等领域的原创突破为前沿技术、颠覆性技术提供了更多创新源泉，学科之间、科学和技术之间、技术之间、自然科学和人文社会科学之间日益呈现交叉融合趋势，科学技术深刻影响着国家前途命运和人民生活福祉。推动经济高质量发展，深化供给侧结构性改革，解决经济和产业发展亟须的科技问题，需要基础研究、应用基础研究和技术创新融通发展或一体化发力；满足人民日益增长的美好生活需要、建设美丽中国、健康中国，需要基础研究面向民生提供强大支撑；维护国家科技安全、能源安全、粮食安全、网络安全、生态安全、生物安全、国防安全需要进一步发挥基础研究重要作用；建设科技强国、质量强国、航天强国、网络强国、交通强国、数字中国、智慧社会，也对基础研究提出了更加紧迫的需求。

1.4 全面加强面向科技强国的基础研究

面向科技强国加强基础研究是我国科技界面对的历史性重大命题。党中央、国务院高度重视基础科学研究，作出了一系列重大决策部署，以改革为动力，打造基础研究发展新引擎。2018 年 1 月 19 日，国务院印发了《国务院关于全面加强基础科学研究的若干意见》（以下简称《意见》），这是我国首次以国务院文件形式发布的指导我国基础研究发展的重要政策文件，充分体现了党中央、国务院对基础科学研究的重视、关切和期望，对推动新时期我国基础研究工作具有重要意义。《意见》明确了我国基础科学研究三步走的发展目标，提出到本世纪中叶，把我国建设成为世界主要科学中心和创新高地，涌现出一批重大原创性科学成果和国际顶尖水平的科学大师，为建成富强民主文明和谐美丽的社会主义现代化强国和世界科技强国提供强大的科学支撑。《意见》从完善基础研究布局、建设高水平研究基地、壮大基础研究人才队伍、提高基础研究国际化水平和优化基础研究发展机制环境 5 个方面提出了 20 项重点任务。

面向科技强国加强我国基础研究要遵循以下原则：一是遵循科学规律，坚持分类指导；二是突出原始创新，促进融通发展；三是创新体制机制，增强创新活力；四是加强协同创新，扩大开放合作；五是强化稳定支持，优化投入结构。下一步，应重点做好以下 5 个方面的工作。

1.4.1　营造有利于基础研究发展的环境

大力改进学风作风。引导科技界自觉弘扬科技报国的光荣传统和严谨求实的学术风气，进一步树立爱国奉献、诚实守信、淡泊名利的科学家精神，坚决反对投机取巧、"圈子"文化和弄虚作假，加强诚信建设，加大对科研造假等学术不端的惩治力度。

优化和完善评价制度。发挥科研机构主体作用，推进对自由探索类和目标导向类基础研究的分类评价，完善以学术贡献和创新质量为核心的评价机制。推行对科研人员和团队的代表作评价，克服唯论文、唯职称、唯学历、唯奖项倾向。按照基础研究规律和特点，改革完善项目形成机制，强化结果导向，精简管理流程，鼓励具有变革性创新的学术思想和敢为人先的创意创造，逐步转变跟踪思路，营造勇于创新、敢于"啃硬骨头"的良好氛围。

建立支持基础研究发展的多元化投入机制。继续加大中央财政对基础研究支持力度。采取政府引导、税收杠杆等方式，落实研发费用加计扣除等政策，激励企业加大基础研究投入。通过联合基金、慈善捐赠等方式，探索社会力量资助基础研究及非共识项目。推进中央和地方共同出资组织国家基础研究任务，支持地方加大对应用基础研究的投入。

1.4.2　加强创新基地和条件平台建设

加强实验室建设。按照中央要求，建立高层次、少而精的国家实验室，形成国家创新体系的核心和龙头，创建国家航母级科技创新平台，突破关键核心技术的重要依托。充分发挥国家重点实验室作为国家战略科技力量的作用，聚焦关键核心技术突破和原始创新能力提升，优化布局，使实验室成为国家重大科技任务的提出者和承担者，以及联合优势科技力量协同攻关的组织者，成为实现国家战略意图和产出重大科技成果的国家创新基地。

统筹国家重大科研基础设施建设。加强重大科技基础设施与国家实验室建设、重大基础研究任务布局和人才队伍培养等方面的统筹，聚焦重点领域，依托高校、科研院所推进建设一批科研基础设施，加快提升科学发现和原始创新能力。

全面推进科技资源开放共享。提高科研设施和仪器开放共享的水平，提升支撑科技创新活动的能力。加强科技基础资源观测调查、收集整理和保藏利用，建设一批科学数据中心和资源库（馆），推动公共财政投入形成的科学数据和基础资源开放共享，为科学研究提供优质服务。

提升科研基础方法手段水平。大力支持科研手段、方法工具的创新，推进科研用高端检测工具、实验试剂、专用软件等方面的研发、应用和产业化，改变中国科学研究先进手段受制于人的困境。

1.4.3　强化基础研究系统部署

自然科学基金更加注重问题导向和目标导向，在鼓励自由探索的基础上，强化目标导向，特别是国家重大需求的牵引，引导科学家将科学研究中的源头创新与服务国家战略需求紧密结合，既要实现对科学前沿的引领和拓展，也要力争取得更多用于解决经济社会发展实际问题的应用性基础研究成果。

在重大专项和重点研发计划中全面加强基础研究任务的部署。在关系长远发展的基础前沿领域，持续加强量子通信与量子计算机、脑科学与类脑计算，以及纳米、干细胞、合成生物学、引力波等方向的部署，强化支持未来有望产生变革性技术的前沿和交叉研究，抢占新一轮科技革命的先机。同时，围绕国家重大需求，在网络信息、能源、材料、制造、农业、健康、资源环境等领域加强基础研究、应用基础研究和技术创新的全链条一体化部署，提升基础研究支撑引领国家经济社会发展的能力。

对基础数学进行稳定支持，通过自然科学基金持续支持自由探索类数学科学研究，通过专项重点支持一批事关全局和长远发展的重大数学问题，以地方为主支持建设一批地方与中央共建的应用数学中心，凝练、聚焦和解决面向经济社会发展需求中的重要数学问题。

围绕重大原创方向组织实施一批长期支持项目，加强新时代"从0到1"的基础研究，聚焦基础前沿领域和关键核心技术重大科学问题，努力取得更多重大原创性成果。

1.4.4　加强基础研究人才队伍建设

培养造就具有国际水平的战略科技人才和科技领军人才。把发现、培养、凝聚优秀科技人才作为重要工作目标，通过高层次人才培养和引进计划，广聚天下英才，培养一批具有前瞻性和国际眼光的战略科学家群体和科技领军人物。

加强中青年人才培养。支持具有发展潜力的优秀青年科学家和技术创新骨干承担长期项目，让一批有情怀、有才华、有坚守的青年科学家健康成长，潜心开展长周期、高风险、原创性研究。

建设高水平创新团队。发挥国家重大科技基础设施、国家重点实验室等研究平台和基地的聚集作用，支持组建一批跨学科、综合交叉的科研团队，强化协同创新。重视高水平实验技术人才和科技资源共享服务人才的培养，优化创新团队结构。

1.4.5 提升基础研究国际化水平

积极融入全球创新网络。鼓励开展全球性学术交流合作，推进基础研究评价评估国际化，提升国际影响力。加大国家科技计划开放力度，以全球视野谋划中国基础研究发展，邀请国际高水平科学家参与规划咨询和项目评审，吸引国际高端人才来中国开展联合研究。

充分利用全球创新资源，不断深化与科技大国和关键小国的基础研究合作，联合开展科学前沿问题研究。创新合作模式，扩大与"一带一路"沿线国家的开放合作。

积极参与国际大科学计划和大科学工程，积累管理经验，在中国优势特色领域选择具有合作潜力的若干项目进行培育，适时发起并牵头组织国际大科学计划和工程。

2

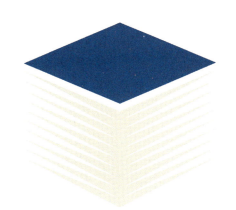

中国数学前沿进展

2.1
典型李群无穷维表示相关进展

对称性广泛出现于自然界形形色色的事物中。诺贝尔奖得主 Anderson 曾说过："略微夸大一点地说，物理学是对对称性的研究。"群以及它们的表示是事物对称性的数学描述。典型群是各种度量空间的对称群，包括正交群、辛群、酉群和四元数典型群等，是数学和物理学研究中最常见的群。典型群有限维表示论由 20 世纪杰出数学家 Weyl 等建立和发展，其中最突出的两项成就是经典不变量理论和经典分歧律。另外，L- 函数是当代数学的一个重要研究对象，数学界著名的 7 个"千禧年大奖问题"中有 2 个是关于 L- 函数的［黎曼假设和 BSD（Brich and Swinnerton-Dyer conjecture）猜想］。典型群无穷维表示论起源于量子力学的研究，目前却成为 L- 函数研究中不可或缺的工具。我国数学家在典型群研究中也做出了重要贡献，其中华罗庚关于典型域上的调和分析的工作获国家自然科学奖一等奖。

Theta 对应理论是经典不变量理论从有限维表示向无穷维表示的发展。这个理论把一些典型群（比如正交群）的表示转换成另一些典型群（比如辛群）的表示，它由美国科学院院士 Howe 开创。Theta 对应理论的历史上有两个最基本的猜想：Howe 对偶猜想和 Kudla-Rallis 守恒律猜想。其中 Howe 对偶猜想由 Howe 在 Theta 对应理论创立之初的 20 世纪 70 年代提出，Kudla-Rallis 守恒律猜想由美国数学家 Kudla 和 Rallis 在 20 世纪 90 年代提出。另外，经典分歧律中有个令人惊讶的分歧唯一性现象。美国科学院院士 Bernstein 等从系统研究 L- 函数的需要出发，在 20 世纪 80 年代猜想所有典型群的无穷维表示都有类似的唯一性现象，这被称为典型群重数一猜想。

上述 3 个猜想是典型群无穷维表示论的根本性问题。在数学家们付出了巨大努力之后，它们终于在近几年被完全解决。中国数学家在其中做出了重要贡献。关于典型群重数一猜想，来自以色列、美国、英国的 4 位数学家 Aizenbud-Gourevitch-Rallis-Schiffmann 合作首先取得突破，他们在非阿基米德情形证明了这个猜想。在更加困难的阿基米德情形，中国科学院数学与系统科学研究院孙斌勇与新加坡国立大学朱程波合作最终完全证明了这个猜想。关于 Kudla-Rallis 守恒律猜想，众多数学家，包括 Kudla 和 Rallis 研究了这个猜想并在各种情况下取得了部分结果。在 Kudla 和 Rallis 工

作者简介：孙斌勇，博士，研究员；单位：中国科学院数学与系统科学研究院，北京，100190

作的基础上，孙斌勇和朱程波合作最终完全证明了 Kudla-Rallis 守恒律猜想。Howe 对偶猜想共包含两个论断：——对应猜想和重数保守猜想。尽管在 20 世纪 80 年代 Howe 和法国科学院院士 Waldspurger 等在 Howe 对偶猜想研究中取得了非常重要的成果，但这个猜想长期未被完全解决。香港科技大学励建书、中国科学院数学与系统科学研究院孙斌勇和田野合作对正交群、辛群和西群证明了重数保守猜想。利用 Kudla-Rallis 守恒律猜想的证明，通过对最后一种情况（四元数典型群的情况）的处理，孙斌勇和新加坡国立大学颜维德合作最终完全证明了 Howe 对偶猜想。

这 3 个猜想的完全证明为典型群无穷维表示论的进一步发展及其在 L- 函数研究中的应用奠定了坚实的基础。中国数学家的上述工作分别发表于重要的国际数学期刊 *Annals of Mathematics*、*Journal of the American Mathematical Society*、*Inventiones Mathematicae* 上以及收集在庆祝 Howe 70 岁生日的论文集里。这些工作在数学界产生了广泛影响并得到了广泛好评。其中，关于典型群重数一猜想的工作被众多国际知名数学家引用（包括 14 位国际数学家大会 1 小时或 45 分钟报告人）；关于 Kudla-Rallis 守恒律猜想的工作被国际同行称为"证明了这个理论最重要的猜想之一"；关于 Howe 对偶猜想的工作被美国 *Mathematical Reviews* 称为"证明了这个理论的基本定理之一"。

2.2

镜像对称中的数学结构

自从 20 世纪 80 年代开始，超弦理论成为物理学中可能统一引力与标准模型的大一统理论。在弦理论学家的探索中发现了 5 种 10 维的超弦理论［I 型、IIA 型、IIB 型、E8×E8 型、SO（32）型］和一个 11 维的超引力理论。物理学家认为这些理论都是一个更大的 11 维理论的极限理论。这个大的理论称为 M 理论（矩阵理论），上述提到的 6 种理论通过一些对偶性联系起来。其中一个有趣的对偶性就是 T- 对偶性。T- 对偶性把两个 II 型理论以及两个杂化理论联系起来。在 T- 对偶性下，物理学家认为 IIA 与 IIB 理论其实是一个单个的理论。为了使得这些高维理论在经典极限下回到 4 维时空的普通理论，物理学家认为微小的弦应该附着在紧化的 6 维空间上，由于对称性的要求，一个最简单的选择就是复几何中著名的卡拉比 - 丘流形（Calabi-Yau manifold）。IIA 型理论紧化到其中的一个卡拉比 - 丘流形 X 上，IIB 型理论紧化到另一个卡拉比 - 丘流形 X^{v} 上。这两个卡拉比 - 丘流形在拓扑上是不一样的，然而由于 T- 对偶性的原因，两个卡拉比 - 丘流形 X 与 X^{v} 上存在着奇妙的对称现象。Greene 和 Plesser 首先观察到两个特定的卡拉比 - 丘流形（5 次超曲面及其费马对偶曲面）的 Hodge 数之间存在着关系 $h^{p,q}(X) = h^{n-p,q}(X^{v})$。这是镜像对称现象的第一个暗示。随后由于 Candelas、Lynker 和 Schimmrigk 的工作，发现了大量的满足上述对称性的卡拉比 - 丘流形对。特别是在 1991 年左右，Candelas、dela Ossa、Green 和 Parks 发现这种对偶性可用来计算卡拉比 - 丘流形上有理曲线的个数，这就极大地引发了数学家的兴趣。然而，这种对称绝对不是孤立的现象，当局限于 2 维拓扑场理论时，人们称这种对称性为镜像对称现象。这种对称性表现为不同几何结构之间的对应，这种等价性对应来自于物理学中超弦理论和量子场论的观察和计算，在数学上往往并无严格的证明，因此这种对称性猜想被称为镜像对称猜想。镜像对称猜想是一系列的对偶性猜想，并非单个的猜想。但是它们之间又存在着紧密的联系，表现为某种数学的统一性。

到目前为止，人们理解的是两个卡拉比 - 丘镜像流形之间的镜像对称现象表现为辛结构与复结构之间的对应。一般来说，镜像对称猜想由 A、B 模型构成，其中 A 模

作者简介：范辉军，博士，教授；单位：北京大学，北京，100871

型代表辛几何结构，B 模型代表复几何结构。目前，镜像对称猜想由 3 个系列构成：（关于闭弦的）数值镜像对称猜想，（关于开弦的）同调镜像对称猜想，以及涉及镜像对构造的 Strominger-Yau-Zaslow（SYZ）猜想。围绕这些猜想有一系列的不变量理论和衍生的猜想，这些问题几乎把所有的现代数学都联系起来，其结果也被应用到物理学的研究中。

数学上对镜像对称中理论的研究肇始于 Gromov 对辛流形上伪全纯曲线的研究，以及对曲线模空间上 Witten 猜想的研究。中国数学家在此方向的研究是国内少数几个能引领国际数学前沿发展的方向之一。受 Donaldson 理论的启发，阮勇斌率先在辛流形伪全纯有理曲线模空间上定义了模不变量，一度被称为 Gromov-Ruan-Witten 不变量。稍后，阮勇斌 - 田刚在半单辛流形上定义了 Gromov-Witten（GW）不变量，并证明了量子上同调的结合律。随后，有李骏 - 田刚、Fukaya-Ono、阮勇斌、Siebert 等在一般紧致辛流形上的工作，以及李骏 - 田刚在代数流形上的工作。2000 年左右，陈为民和阮勇斌将 GW 理论推广到辛轨形，并定义了辛轨形的 Chen-Ruan 上同调环。在较早时间，通过引进相对稳定曲线模空间，李安民 - 阮勇斌建立了辛流形上的相对 GW 理论，李骏建立了代数几何中的相对 GW 理论。GW 理论是第一个数学意义上严格的上同调场论（按 Kontsevich-Manin 公理化定义）。

数值镜像对称猜想涉及的 B 理论是关于卡拉比 - 丘流形的复结构的形变量子化理论。由田刚 -Todorov 引理可知，卡拉比 - 丘流形的形变不存在障碍，因此形变参数空间具有流形结构，人们可以研究其上的所谓特殊几何结构，即 tt* 几何结构，从而得到 B 模型中的亏格 0 的理论。20 世纪 90 年代，Bershadsky-Cecotti-Ooguri-Vafa（BCOV）写下了 2 篇约 200 面的论文探讨 B 模型的量子理论。在这 2 篇论文中，BCOV 给出了位势函数 F_g 的刻画，并产生了数学上应该理解的一些问题，比如全纯反常方程（HAE）、Yamaguchi-Yau 猜想和费曼图猜想等。稍后，Huang-Klemm-Quackenbush 计算了到亏格 20 的位势公式。数学上高亏格 GW 不变量的定义还未知，但 Costello- 李思 BV 量子化方法提供了一个可能的途径。

除了上述提及的生成量子不变量的方法，还有另一种方法可以得到 B 理论，即由几何体所对应的谱曲线通过 Enyard-Orantin（EO）递归关系得到 B 模型的生成函数，然后再证明镜像对称猜想。周坚利用 EO 关系得到了系列重要结果，稍后一个比较重要的工作就是方博汉 - 刘秋菊 - 宗正宇关于三维环簇的所有亏格的计数镜像对称的证明（即 Bouchard-Klemm-Mariño-Pasquetti 的重建模猜想）。

在镜像对称猜想的证明方面，第一个里程碑式的进展是在 20 世纪 90 年代由 Givental 和 Liu-Liang-Yau 获得的。他们在数学上严格地证明了上述关于有理曲线个数的对偶性结果。2006 年左右，Zinger 在李骏 -Zinger、Zagier-Zinger 等文章的基础上解决了关于 5 次超曲面的亏格 1 的镜像对称猜想。2018 年左右，郭帅 -Janda- 阮勇斌计算了亏格 2 的 5 次超曲面的 GW 不变量，并证明了亏格 2 的镜像对称猜想，这是高亏格 GW 不变量计算的一个重要突破（他们的文章已公布，并在评审当中）。他们用到了张怀良 - 李骏 - 李卫平 - 刘秋菊所发展的 Mixed-Spin-P（MSP）局部化技巧。

卡拉比 - 丘镜像流形之间的镜像对称现象在物理上反映的是超对称的非线性西格玛（sigma）模型。在物理上还有两个与此模型非常相关的模型，既 Landau-Ginzburg（LG）模型与锥点模型（conic model）。到目前为止，还尚未建立起 A 模型的 Conifold 数学理论。物理学家认为在重整化流作用下，量子场理论的低能有效作用完全一样。因此猜测关于这 3 个模型的数学理论在某种意义下是等价的。

在 2002—2008 年，范辉军 -Jarvis- 阮勇斌研究了 Witten 方程所对应的模空间理论，建立了关于非退化拟齐次位势函数的 LG 模型的 FJRW（Fan-Jarvis-Ruan-Witten）不变量，并证明了 Witten 的关于简单奇点的自对偶镜像对称猜想和 DE 情形下广义的 Witten 猜想。随后，刘思齐 - 阮勇斌 - 张友金把 Witten 猜想推广到其他奇点。FJRW 理论的建立引发了两个大的研究课题：关于 LG 对 LG 的镜像对称猜想；FJRW 与 GW 两个理论等价性的研究〔即 CY/LG（Galabi-Yau/Landau-Ginzburg）对应猜想〕。最近，何伟强 - 李思 - 沈烨锋 -Webb 证明了半单情形下的 LG 对 LG 镜像对称猜想。然而，一般非半单情形下 LG 对 LG 的镜像对称猜想尚未解决。另外，Chiodo- 阮勇斌给出了相空间之间的 CY/LG 对应。对 5 次超曲面，Chiodo- 阮勇斌证明了亏格 0 的猜想；郭帅 -Ross 给出了亏格 1 的证明；张怀良 - 李骏 - 李卫平 - 刘秋菊发展了一套 MSP 理论，得到了许多联系 GW 和 FJRW 不变量的有趣递归公式。

在证明 CY/LG 对应方面，Witten 提出了用规范线性 σ 模型来证明的思路。这是一个统一 FJRW 与 GW 理论的模型，是关于规范 Witten 方程的模理论。目前有许多研究工作，尤其范辉军 -Jarvis- 阮勇斌在 "窄" 的情形建立了量子不变量，但距离猜想的彻底解决还有很远的距离。

1994 年，为了解释数值情形的镜像对称猜想，Kontsevich 提出了同调镜像对称猜想。Calabi-Yau 流形上的 Fukaya 范畴的导出有界范畴与其镜像 Calabi-Yau 流形上凝聚层范畴给出的有界导出范畴是等价的。这个猜想在很多情形下都得到了证明，包括椭圆曲线、复环面、SYZ 镜像流形、K3 超曲面等。2012 年左右，Sheridan 给出了高维 Calabi-Yau 超曲面上同调镜像对称猜想的证明。到目前为止，范畴化理论仅限亏格 0 的理论，比如可见亏格 0 的 Fukaya 范畴的构造，即 Fukaya-Oho-Ono-Ohta 理论或 Seidel 的关于正合辛流形的扰动理论

上述同调镜像对称猜想（homological mirror symmetry conjecture，HMSC）的结构都是关于两个卡拉比 - 丘流形镜像对之间的关系。事实上，除了卡拉比 - 丘流形上

的范畴化理论外，还有关于 LG 模型的范畴化理论。其中，B 理论是关于所谓的矩阵因子化范畴。对于 CY 或 LG 模型，我们有对应着数值镜像对称猜想的更一般的 HMSC。2018 年，范辉军 - 蒋文峰 - 杨定宇给出了 LG 模型 A 理论的数学构造。如何从范畴化理论走到数值不变量理论（即开闭弦对偶）也是一个重要的问题，但目前结果尚少。

1996 年，Strominger、Yau 和 Zaslow 在基于 T 对偶性的想法上，提出了镜像对的另一个著名的构造方法，现在称为 SYZ 猜想。SYZ 猜想中一个自然的问题就是关于特殊拉格朗日子流形的纤维化问题。利用热带几何（tropical geometry）的方法，Gross-Siebert 通过考虑奇性特殊拉格朗日子流形纤维化的退化方法（或光滑纤维化的紧化），完成了任何维数环簇的纤维化的几何重建定理。为了理解其上的 A 模型，人们发展了 GW 理论的退化理论、对数 GW 理论等。如果能够继续理解 A 模型的信息与热带几何的组合信息，则有望解决关于闭弦理论的 SYZ 猜想。关于开弦部分的 SYZ 猜想，有 Kontsevich-Soibelman 得到的部分结果。

镜像对称猜想的研究远远没有完成，从已知的结果可知，这种对偶性研究几乎牵涉所有数学方向的研究，包括辛几何、复几何、代数几何、表示论、组合、分析、范畴化理论等。它进一步的发展涉及数学和物理学中核心的内容，比如量子化理论、范畴化和非交换几何、规范耦合方程的紧性研究等。这些理论的发展会给复几何或代数结构的形变理论、低维拓扑的纽结理论，甚至是凝聚态物理中量子霍尔效应、拓扑绝缘体的理论研究带来新的观点和极大促进。目前，这个研究领域已吸引了一大批杰出的数学和物理学家在此耕耘，其中包括丘成桐、Witten、Kontsevich、Okounkov 等菲尔兹奖得主，以及 Witten、Vafa、Strominger、Zaslow、Hori 等在内的著名物理学家。镜像对称猜想及相关的课题也已成为现代数学甚至是理论物理的主流和热点方向，并仍将是数学今后 20 年发展的主流方向之一。

2.3

自守形式与素数分布

　　素数分布一直是数论的核心研究领域之一，该领域含有众多著名猜想，例如线性的哥德巴赫猜想，以及更为困难的非线性问题。20世纪六七十年代，中国数学家在素数分布领域（尤其是哥德巴赫猜想的研究中）取得了杰出成就，居于国际领先地位。此后，引进新的思想和方法，成为该领域的重要需求。20世纪六七十年代发展的朗兰兹纲领，包含自守形式等重要内容，被认为是数学史上最恢宏的研究计划之一。自守形式理论在费尔马大定理的证明中起着关键作用。因此，深入研究自守形式理论，同时开辟一条新途径，使得自守形式等先进工具能够直接用于素数分布，具有非常深刻的理论意义。刘建亚等中国学者系统地研究了自守形式理论，尤其是自守L-函数的分析理论，开辟了一个新途径，成功地将高维自守形式应用到素数分布，并取得了实质性突破。

　　关于高维自守形式理论的研究，中国学者起步于20世纪90年代。自1995年起，山东大学刘建亚等在这一领域解决了一些高维自守形式的重要难题，取得了系统研究成果。具体来说，解决了GL（2）二面体型Maass形式的QUE猜想，以及Selberg正交性猜想等难题。广义Lindelof猜想是自守L-函数领域的三大猜想之一。突破自守L-函数的凸性上界，是Lindelof猜想的研究方向，这不但是重要难题，而且还有着深入的应用。刘建亚等首次突破了一类GL（2）×GL（2）的L-函数凸性上界，证明了其第一个亚凸性上界，并由此推出QUE猜想对GL（2）二面体型Maass形式成立。QUE猜想由沃尔夫数学奖得主Sarnak提出；Lindenstrauss对QUE猜想做出贡献，获得2010年菲尔兹奖。此外，通过证明相应于Rankin-Selberg L-函数的素数定理，刘建亚等还解决了关于自守L-函数的Selberg正交性猜想等难题。该猜想由菲尔兹奖得主Selberg于1986年提出，因其意义深远而广受关注。相关证明方法更可以用来研究自守L-函数的构造，而自守L-函数是建造朗兰兹纲领大厦的砖瓦。

　　开辟将高维自守形式用于素数分布的新途径，一直是素数分布领域的迫切需求。刘建亚与Sarnak合作，证明了Sarnak猜想在三元二次型的情形对殆素数成立。素数分

作者简介：刘建亚，博士，教授；单位：山东大学，济南，250100
　　　　　　吕广世，博士，教授；单位：山东大学，济南，250100

布领域的 Sarnak 猜想于 2010 年提出。这是一个关于素数分布的纲领性猜想，一经提出，立刻引起了国际数论界的关注，成为素数分布领域的研究热点。刘建亚综合利用自守形式的 Jacquet- 朗兰兹理论、谱理论、二次型的代数理论、组合论等，从而证明了 Sarnak 猜想在三元二次型的情形对殆素数成立。这一新途径为全面研究 Sarnak 猜想奠定了基础。进而，刘建亚等对于几类不规则流，证明了密切联系动力系统和素数分布的 Mobius 正交性猜想。

中国学者还提出并发展了将 GL（1）的 L- 函数理论应用于素数分布的一个新方法，解决了 Gallagher 问题，并在多个素数分布问题中取得了实质性突破。1975 年，著名数论家 Gallagher 提出了"二次几乎哥德巴赫问题"，引起国际同行关注，但是一直没有进展。原因是在此前已有的方法中，L- 函数的 Siegel 零点对很多素数问题的解决有不良影响。刘建亚和展涛提出并发展的新方法，有效地扩大了圆法的主区间，在素变量个数大于 2 时，彻底排除了 Siegel 零点的影响，而且应用广泛，解决了 Gallagher 猜想等多个素数分布难题。

上述中国学者的工作都发表在重要的国际学术期刊上，如 *Duke Mathematical Journal*，*Geometric and Functional Analysis*，*International Mathematics Research Papers*，*American Journal of Mathematics*，*Israel Journal of Mathematics* 等，这些原创性研究成果极大地推动了自守形式与素数分布的研究。中国学者的研究领域超出线性问题（例如哥德巴赫猜想）的范畴，解决了一些非线性问题。在国际上，掀起了自守形式与素数分布领域的一股研究潮流，这标志着中国解析数论学派重回国际前沿；在国内，引领了解析数论的现代化。刘建亚等研究成果曾获国家自然科学奖二等奖。中国学者在本领域的工作得到了沃尔夫数学奖得主 Sarnak 及 3 位菲尔兹奖得主 Bourgain、陶哲轩与 Venkatesh 等国际同行的引用与肯定。中国学者提倡在研究自守形式与素数分布问题时，应当关注动力系统、加性组合等多学科方法用以攻关更艰深的素数分布难题，这也是未来该领域新的科学增长点。

2.4

数学机械化研究

数学机械化是中国学者开创且在国际上有重要影响的研究领域，主要研究自动推理、符号计算与构造性代数几何的构造性理论与高效算法，希望通过数学的机械化推动脑力劳动的机械化。部分实现脑力劳动机械化，将为科学研究与高新技术研究提供有力工具，使科研工作者摆脱烦琐的甚至是人力难以胜任的工作，将自己的聪明才智集中到更高层次的创新性研究中，从而提高中国知识创新的效率。数学机械化方法已经被成功地应用于密码分析、信息压缩、计算机视觉、机器人、计算机辅助设计、数控系统等高新技术。吴文俊院士由于对数学机械化研究开创性的贡献分别获得了首届国家最高科学技术奖、邵逸夫数学奖、Herbrand 自动推理杰出成就奖。数学机械化近期的重要进展包括：稀疏微分结式理论的建立、高级几何不变量理论的建立、几何自动作图算法及其在智能 CAD（computer aided design）、智能机器人和高端数控系统中的应用。

数学机械化研究的主要内容之一是高效的消去算法。多元结式给出超定方程组有公共解的充分必要条件，是代数几何与符号计算的基本概念和消去理论的首选工具之一。中国科学院数学与系统科学研究院高小山、李伟、袁春明建立了微分多项式系统的稀疏微分结式理论和计算这一稀疏微分结式的高效算法。他们给出了用矩阵的秩来刻画稀疏微分结式存在的充要条件，从而将微分关系转化成代数关系；证明了稀疏微分结式阶的上界是 Jacobi 界，这是目前已知关于微分消元理想的阶的最好上界，而且在一般意义下，这一界是确界；给出了计算微分多项式系统的稀疏结式的单指数时间复杂度的算法，这一复杂度对于一般系统是最优的。作为微分结式的推广，Chow 形式给出超定方程组与一个代数簇相交的充要条件，在消去理论、超越数论、方程求解、代数计算复杂度方面有重要应用。高小山、李伟、袁春明发展了微分一般相交理论，以此为基础，建立了微分 Chow 形式理论，证明了其基本性质，特别给出了微分周形式的 Poisson 类型的分解公式与一类微分代数环簇的周簇理论。

数学机械化研究的主要方向之一是通过引入几何不变量减少符号计算遇到的表达

作者简介：高小山，博士，研究员；单位：中国科学院数学与系统科学研究院，北京，100190

式膨胀，提高计算的效率。中国科学院数学与系统科学研究院李洪波等建立了经典几何高级不变量理论，克服了表达式膨胀这一长期困扰符号几何计算的困难。应用于经典几何和微分几何定理机器证明中，使得以前数十万项都难以完成的计算，现在只要一两项就能完成，极大地提高了数学机械化方法的效率。他们建立的欧氏几何高级不变量系统由 Clifford 差分环、零几何代数、零括号代数、零 Grassmann-Cayley 代数组成。

几何自动作图是数学机械化领域在几何定理机器证明之后又一个重要方向，有广泛与重要应用。例如，智能 CAD 被评为当代最杰出的十项关键技术之一；高端数控系统是国家的战略装备，西方发达国家一直对中国采取技术封锁与限制；智能机器人是提高工业生产率的核心装备之一。几何自动作图是以上重要装备高效运行的核心算法之一。中国科学院数学与系统科学研究院、中国科学院沈阳自动化研究所、清华大学研究团队提出几何自动作图的系统、高效算法，可在多项式时间内将大型作图问题分解为极小模式并提出求解多类极小模式的快速算法，首次给出判定几何约束相容性的完整算法，较为完整地解决了几何自动作图问题。他们引进了最一般的空间并联机构 GSP（gough-stewart platform）并提出其运动学求解算法，解决了具有优良运动学性质的并联机构设计基本问题；使用数学机械化方法解决了基于并联机构的用于大型集成电路制造设备与大型叶轮加工的大型串并联数控机床的关键理论问题；针对高端数控系统中的多种重要约束，设计了多项式时间的时间最优的插补算法。

上述原创成果在国际学术界产生了重要影响并得到重要应用。吴文俊院士由于对数学机械化的贡献获得了有东方诺贝尔奖之称的"邵逸夫数学奖"。几何自动作图的工作被国际学者在公开发表的论文中称为"原创性"，是对"机器人领域最重要问题之一的最重要贡献"；稀疏微分结式的工作被称为"开创性"与"突破性"工作；几何不变量工作被认为是"先驱性工作"与"最强大的计算形式"，被欧美许多学者广泛应用于计算机视觉、图形学、机器人等领域。提出的最优插补算法在国家重大专项支持的"蓝天数控系统"中实现，加工效率提高了 40%—150%，加工质量显著改进，若干关键性能测试达到国家先进水平。在航天产品数控加工进行了配套，实现了国产五坐标高档数控系统在航空领域生产应用中零的突破。

2.5
现代密码学中若干关键数学问题的研究及应用

    1976 年以来，密码学家和数学家在一些重要数学问题的研究中所取得的突破性进展促使现代密码学产生了根本性变革，这导致密码学的基础数学理论由单一数学领域向多数学领域拓展，由围绕公认的数学难题（因子分解、离散对数等）转向计算复杂性理论下可归约的数学难题（格困难问题、背包问题等）。结合中国相关数学领域与密码理论研究现状，中国学者集中攻关现代密码学中的关键数学问题，取得了重要理论突破。

    比特分析法是 2005 年王小云提出的用于求解哈希函数碰撞解的新型密码分析数学模型，该方法成功破解了在国际上曾经广泛使用的两大哈希函数标准 MD5 和 SHA-1，促使国际密码学界设计新的哈希函数标准 SHA-3。10 多年来，如何将比特分析法成功用于带密钥的对称密码算法分析，特别是解决带密钥方程的控制难题，是值得探索的一个重要科学问题。中国学者突破方程中未知密钥的影响，将比特方程控制雪崩方法成功用于分组密码、消息认证码和认证加密算法三类密码算法的分析。针对基于美国 SHA-3 标准的 Keccak-MAC，提出 S 盒比特控制技术和条件立方区分攻击，通过比特方程控制立方变量，降低输出多项式代数次数，首次给出 7 轮的密钥恢复攻击。中国学者进一步将该方法应用于一些其他主流算法，包括认证加密算法 Keyak、Ascon、Ketje 以及分组加密算法 SIMON 等的缩减轮密钥恢复攻击，得到国际最好的分析结果。

    密码算法自动化分析技术可以极大减少密码分析的工作量，发现一些手工分析无法找到的攻击特征，降低密码分析与设计的成本，是国际密码领域的研究热点。中国学者提出基于整数规划或布尔可满足性问题（satisfiability problem，SAT）计算的特定方法，用于密码算法自动化分析，该方法密码特征刻画精确，提高了密码分析的速度，逐渐成为分组密码分析的一个标配方法。基于该方法研制的自动化密码分析软件工具在军队、国家密码管理局、航天等单位的多个密码算法的分析与设计任务中发挥了关键作用。

    基于大整数分解的 RSA 算法和基于离散对数的椭圆曲线密码算法是两大主流国际通用公钥密码算法，但这两类算法无法抵抗量子计算攻击。这使得抗量子计算攻击密

作者简介：王小云，博士，教授，中国科学院院士；单位：清华大学，北京，100084

码算法的设计成为近年来国际密码学界的焦点问题。格理论是设计抗量子计算密码体制的基础理论之一，格堆积理论源于两千多年前的古希腊哲学家亚里士多德（Aristotle）断言：全等的正四面体能无缝隙地堆满整个空间。但之后该断言被发现是错误的。那么正四面体的最大堆积密度究竟是多少？希尔伯特（Hilbert）将该问题列入他的 23 个数学问题的第 18 个。在过去的一个世纪中，许多数学家、物理学家和化学家都从不同角度对此问题做出了重要贡献。

中国学者通过引入一种建立在投影区域基础上的密度函数对正四面体的平移堆积密度取得了第一个有效上界。进一步，通过研究大量的堆积模型和进行计算机模拟，中国学者将希尔伯特第 18 问题关于正四面体平移堆积的情形转化为一个局部化猜想，再将后者划分成有限个具体的非线性优化问题，从而提出了一个用计算机解决希尔伯特第 18 问题的具体方案。针对高维密码格，中国学者证明了带 Gap 的反转定理，设计了可证明安全的、更实用化的 NTRU（number theory research unit）加密体制，并通过对高斯采样算法实际误差及其傅里叶变换的分析为下一步深入研究，特别是相关密码体系更准确的复杂度估计奠定了重要的研究基础，推动了密码学与数学学科的融合。

"没有网络安全就没有国家安全"，密码学是保障网络安全的核心技术和基础支撑。在满足国家密码安全保障重大需求方面，中国学者利用在密码分析方面的经验积累和研究优势，设计了抗比特分析法的核心部件和结构，针对特定领域的技术需求设计了多个密码算法，部分算法已经应用于国家重大卫星工程，为中国航天安全通信做出了重要贡献。2005 年中国学者自主设计的哈希函数算法 SM3 作为国家密码标准算法被广泛应用于金融、电力、社保、教育、交通、电子政务等领域。中国学者积极推动 SM3 算法成为 ISO（International Organization for Standardization）国际标准进程，2018 年 SM3 算法与美国联邦信息处理标准 SHA-3、俄罗斯标准 STREEBOG 一起成为 ISO/IEC 国际标准，为中国密码产品的国产化和国际化推广奠定了基础。中国学者提出系列密码算法新型攻击方法，并研发了自动化密码分析平台，用于国家密码重大工程。

上述中国学者的工作发表在众多重要的国际学术会议论文集或期刊上，如 *Advances in Cryptology-CRYPTO*、*Advances in Cryptology-EUROCRYPT*、*Advances in Cryptology-ASIACRYPT* 或 *Advances in Mathematics*、*SIAM Journal on Computing* 等，分别荣获 2013 年符号与代数计算国际会议（International Symposium on Symbolic and Algebraic Computation, ISSAC）的最佳论文奖、2013 年拉马努金奖、2014 年中国密码学会密码创新奖特等奖、2015 年美国数学学会康纳特（Conant）奖和 2017 年党政密码科学技术进步奖一等奖（省部级）。这些原创性成果极大地推动了密码学中关键数学问题的研究，多个成果达到国际领先水平。

2.6

金融风险控制中的定量分析与计算

近年来，世界经济在金融风险管理和控制方面出现了较大问题，实体经济在金融动荡中不断受到恶性冲击。因此，建立金融风险识别、度量、预警和控制体系，防范和化解系统性金融风险已成为中国加强和改进金融监管，健全监管协调机制，有效防范和化解金融风险，成为保障国民经济健康发展，维护国家金融稳定和安全的重要任务之一。2008 年发生了始自美国、波及全球的历史上罕见的金融危机。欧美的一批的著名的巨人级的金融机构轰然倒下、大批的银行倒闭。各种现行的金融产品的价格计算、金融风险度量和控制理论及计算方法在这场金融危机中受到了无情的考验。这场危机清楚地显示了我们在计算所有金融产品的价格和风险时，需要把交易对手的违约风险计算在内，而当时全球金融市场中所通用的 Black-Scholes（布莱克 - 斯科尔斯）公式，却不能将这个实质性和至关重要的因素包含在内。

金融风险不确定性特性早在 20 世纪的后半期就已经获得了金融学界的广泛认同，而从那个时期开始现代概率的理论和方法也在金融的定量计算中获得了大规模应用，迅速发展和成长起了一门新的金融数学学科，而其中高深的连续时间的随机分析理论则成了衍生证券定价理论和实务的主流工具。以 Ito 微积分为主要工具推导出的 Black-Scholes 公式（获 1997 诺贝尔经济学奖）在涉及万亿美元金融资产定价方面的应用，其实已经成为高深数学结果大规模、长时间实际应用的一个重要范例。Black-Scholes 公式实际上是一个线性常系数的倒向随机微分方程的解，并且是一个很容易应用和推广的动态数学模型。

但是，Black-Scholes 理论在科学观点和使用方法上都有其致命的弱点：一个致命缺陷是无法将交易对手违约风险计算在内，从而也无法对金融风险的传染特性进行分析和计算。这实际上是造成以前历次重大金融危机的关键性原因。而对如此巨大的金融资产在产品定价、风险度量和风险控制方面的长期误用所积累的后果是难以估量的，很多人认为这实际上是导致 2008 年以来的这场席卷全球的金融危机的主要原因之一。计量经济学领域关于概率模型参数本身的不确定性的讨论和研究已经有很长的历史，例如，Allais Paradox（阿莱悖论）（获 1988 年度诺贝尔经济学奖），Giboa-

作者简介：彭实戈，博士，教授，中国科学院院士；单位：山东大学，济南，250100

Schmeidler 最大最小期望效用都已经在经济学界产生了重要的影响，而 1997 年以来在 Artzner、Delbaen 等的推动下蓬勃发展起来的金融风险度量的相容性理论也在金融数学和金融风险管理界产生了重大影响。

中国学者彭实戈创立和发展的倒向随机微分方程和非线性期望理论和计算方法，不仅涵盖了 Black-Scholes 公式所能计算到的金融风险，而且还能用于计算交易对手的违约风险，这是金融风险度量领域中的一项重大突破。它能用来解决长期以来困扰着全球金融的重大问题，这项成果已经在国际上产生了越来越大的影响。而从理论研究的角度，这也为我们更具体、更深刻地理解金融风险的动态特性和传染特性提供了难得的机会。

从基础数学理论的角度上讲，非线性期望理论的革命性体现在如下方面：概率模型之所以无法用于模型风险的分析和计算，其根本原因在于数学期望是线性运算，要彻底解决这个问题就要一切从头开始，以非线性期望为基础系统建立起一套全新理论，而这个新理论处处都直接对应着概率模型本身的内在不确定性。其特别情况（线性期望理论）则是全部的、系统的现代概率和统计理论，它为非线性期望理论和计算提供了意想不到的全方位的对应和支持，也突出了要解决的瓶颈和问题要害，使各个层面的金融风险管理层能迅速地掌握这个新方法。

彭实戈在随机最优控制系统的最大值原理、倒向随机微分方程理论和非线性数学期望理论的研究方面取得了国际领先水平的原创性研究成果，得到国内外同行的广泛引用和高度评价，推动了随机控制理论、金融数学、随机分析等相关学科的发展。2010 年和 2015 年 8 月，彭实戈分别被国际数学家大会、国际工业与应用数学大会邀请作主题报告，成为同时获得以上殊荣的首位中国数学家，这充分显示了中国数学家在工业与应用数学领域获得的认可；2016 年，彭实戈获得求是杰出科学家奖；2017 年，彭实戈荣获全国创新争先奖。

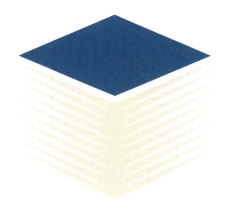

中国物质科学
前沿进展

3

3.1

中微子探测

　　中微子是构成物质世界最基本的单元之一。与其他基本粒子相比，中微子几乎不与物质发生相互作用，性质特殊，极难探测，因此人们对它的了解最少，至今仍存在许多未解之谜。对其研究是粒子物理最重要的研究前沿之一。中微子振荡是一种新的物理现象，即一种中微子在飞行中自发变为另一种中微子。1998 年日本的超级神冈实验首次发现大气中微子振荡（对应于混合角 θ_{23}），2002 年加拿大的萨德伯里中微子实验站发现太阳中微子振荡（对应于混合角 θ_{12}），这两项成果被授予 2015 年度诺贝尔物理学奖。中微子振荡表明中微子有微小的质量，是目前超出粒子物理标准模型唯一的实验证据。对应于第三种振荡模式——混合角 θ_{13} 的大小对未来中微子研究具有指路标的作用，也与宇宙起源中的"反物质消失之谜"相关，具有重大科学意义。

　　由于混合角 θ_{13} 重大的科学意义，国际上曾先后有 7 个国家提出过 8 个实验方案，最终得到批准的有 3 个。中国科学院高能物理研究所 2003 年提出了原创的大亚湾实验方案，由于得天独厚的地理位置、独创的设计、优越的探测器性能，在国际上具有最高的探测灵敏度。大亚湾实验于 2006 年立项，2011 年开始运行（图 3.1）。实验团队由中国、美国、俄罗斯、捷克等国家和地区的 41 个研究单位、250 名研究人员组成，其中，中国共有 22 个大学和研究所参与。2012 年 3 月，大亚湾实验在激烈的国际竞争中，率先发现中微子第三种振荡模式，测得了混合角 θ_{13}。大亚湾实验测得的 θ_{13} 混合角出人意料地大，使测量中微子质量顺序和 CP 相角（轻子的电荷宇称对称性破坏相角）成为可能。这项在中国诞生的重大物理成果，被誉为"开启了未来中微子发展的大门"（图 3.2），在国际物理学界引起了强烈反响，入选美国 *Science* 期刊 2012 年度"十大科学突破"，获得了 2016 年度基础物理学突破奖和 2016 年度国家自然科学奖一等奖。

　　2012 年 10 月，大亚湾实验全面建成，8 个探测器全部投入运行。7 年来，6 次发表测量结果，对这一自然界基本参数的测量精度从最初的 20% 提高至 3.4%，并首次

作者简介：刘蕾，博士；单位：中国科学院高能物理研究所，北京，100049

　　　　秦丽清，博士；单位：中国科学院高能物理研究所，北京，100049

　　　　王贻芳，博士，研究员，中国科学院院士、俄罗斯科学院外籍院士、发展中国家科学院院士；单位：中国科学院高能物理研究所，北京，100049

图 3.1 大亚湾实验远点实验厅布局

4 个质量为 110t 的圆柱形中微子探测器浸泡在注满纯净水的 10m 深水池中

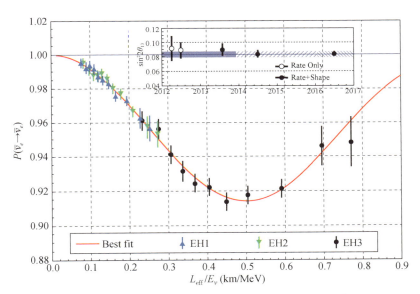

图 3.2 大亚湾实验观测到一个接近完整的振荡周期

图中右上为大亚湾实验 5 次发布的 $\sin^2 2\theta_{13}$ 测量结果

注：此为实验结果图

直接测量了相关的中微子振荡频率 Δm_{ee}^2，均为国际最高精度。混合角 θ_{13} 是自然界基本参数，绝大部分中微子研究和大量粒子物理研究都与它的精确数值相关。因此，大亚湾实验数次改进测量结果均得到广泛关注和引用。混合角 θ_{13} 的精确测量与加速器实验相结合，给出了 CP 相角破坏较大的迹象，未来也将能显著提高实验测量 CP 相角破坏和中微子质量顺序的灵敏度。大亚湾实验首次精确测量了反应堆中微子能谱，发现与理论模型存在两处差异，一是总产额低于预期约 6%，二是在 5MeV 附近存在 10% 超出，也发现铀 235 的理论中微子产额可能是差异的主要原因，对研究"反应堆中微子反常"和"反应堆中微子能谱"有重要价值。该成果入选《科技日报》2016 年国内国际十大科技新闻。

中微子质量顺序和 CP 相角是中微子下一步的研究热点，国际上共有 7 个实验计划已经或即将启动。由中国科学家提出的江门中微子实验，以测量中微子质量顺序为核心科学目标，同时可以精确测量中微子 6 个振荡参数中的 3 个，测量精度达到高于 1% 的国际最好水平，并进行超新星中微子、太阳中微子、地球中微子以及寻找新物理等多项重大前沿研究等。江门中微子实验于 2013 年获批立项，预计 2021 年投入运行。实验将在广东省江门市开平市的地下 700m 处建设一个有效质量为 2 万 t 的液体闪烁体探测器。与同类探测器的国际最好水平相比，江门探测器规模扩大 20 倍，能量测量精度提高近 1 倍，达到前所未有的 3%。江门国际合作组由来自 17 个国家和地区的 72 个研究机构的约 600 名研究人员组成。目前，实验建设进展顺利，关键技术研发取得重大突破，解决了达到物理目标的主要技术困难。

除了参与国内的大亚湾和江门实验，中国也参与了美国的无中微子双贝塔衰变实验 EXO-200，以确定中微子是否为马约拉纳粒子，并积极投入下一代实验 nEXO 的预研，还参与了日本超级神冈实验和美国深层地下中微子实验。

大亚湾实验使中国的中微子研究从无到有，跨入国际先进行列。实验将持续运行至 2020 年左右。江门实验预期自 2021 年开始，运行 20 年以上，是中国未来进行中微子研究的主要实验装置，具有丰富的科学目标，将使中国成为国际中微子研究的中心之一。同时，中国多个单位也提出了一系列规划和构想，包括进行无中微子双贝塔衰变实验、深地中微子实验、加速器中微子束流预研等，将进一步推动中国的中微子实验研究全面发展。

3.2

暗物质探测

　　暗物质是科学家为了解释大量天文观测现象所假设的一种新物质，其总质量是人类熟知的物质质量的 5 倍左右。绝大部分科学家相信暗物质是一类新的粒子，这类新粒子不能被现有的标准粒子物理模型所描述。对暗物质的成功探测将引发基础物理学的革命，因此，世界上的科技强国争先恐后地开展了系列的暗物质探测研究。暗物质的探测一般有 3 种方法：通过地下实验直接探测暗物质粒子和普通物质粒子的碰撞，通过空间实验间接探测暗物质粒子湮灭或衰变后形成的高能宇宙射线粒子，以及通过高能粒子对撞产生出暗物质粒子对。目前国际上有数十家暗物质直接探测实验，例如美国的 CDMS（cryogenic dark matter search）、CoGeNT（Coherent Germanium neutrino technology）、LUX（large underground xenon）等，欧洲的 DAMA（dark matter）、XENON、ZEPLIN（ZonEd Proportional scintillation in Liquid Noble gases）等实验。空间间接探测方面主要的实验包括美国领导的费米（Fermi）卫星、丁肇中领导的空间站阿尔法磁谱仪（Alpha magnetic spectrometer，AMS）以及日本位于国际空间站的 CALET（CALorimetric electron telescope）实验。对撞机实验则以位于欧洲的大型强子对撞机（large hadron collider，LHC）为主。经过数十年的艰苦探索，人们在直接探测实验和对撞机实验中尚未发现令人信服的暗物质粒子的证据，对暗物质的物理性质给出越来越强的约束。间接探测方面则在近些年发现了一些令人瞩目的反常现象，例如正、负电子超出，银心 GeV 伽马射线超出等，它们和暗物质之间的联系还有待深入研究。

　　中国自主进行的暗物质探测实验研究始于 2011 年，在暗物质直接探测方面有位于中国四川锦屏地下实验室由上海交通大学领导的 PandaX 实验和清华大学领导的 CDEX（China dark matter experiment）；在暗物质间接探测方面的主要实验有中国科学院紫金山天文台领衔的中国暗物质粒子探测卫星（简称"悟空"号卫星）。经过多年的努力，中国在暗物质的直接探测和间接探测方面都成功地跻身于国际前列。

　　2017 年底，由中国科学院紫金山天文台常进担任首席科学家的"悟空"号卫星团队在 *Nature* 期刊上发表了其首批科学成果——25GeV—4.6TeV 的高能电子宇宙射

作者简介：常进，博士，研究员；单位：中国科学院紫金山天文台，南京，210034

线高精度能谱（图 3.3）。"悟空"号卫星成功地直接探测到了～ 0.9TeV 处的电子宇宙射线拐折，澄清了 TeV 能区的电子宇宙射线流量的下降行为，并对判定 TeV 以下电子是否可能来自于暗物质过程提供了关键性的信息。更吸引人的是，在 1.4TeV 处的电子宇宙射线流量呈现异常迹象，一旦被后续研究证实将为暗物质或高能天体物理研究带来重大突破。

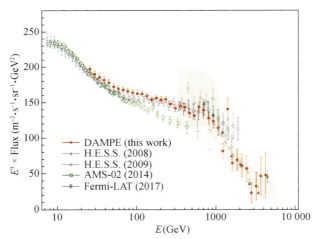

图 3.3　"悟空"号卫星观测到的高能电子宇宙射线高精度
能谱（红点）以及和别的实验测量结果的比较

注：此为实验结果图

　　2016 年和 2017 年，由上海交通大学季向东担任发言人的 PandaX 实验组两度在 *Physical Review Letters* 上报道了国际上最为灵敏的暗物质探测结果。图 3.4 展示了 2017 年 11 月 PandaX 二期液氙暗物质实验获得的最新结果。该结果基于 54t·d 的世界最大曝光量的暗物质探测数据，在预期的探测区间没有发现超出本底的信号，对质量大于约 100 倍质子质量的暗物质给出了国际最高灵敏度的限制，并又一次超越国际竞争对手美国的 LUX 和欧洲的 XENON1T 实验。清华大学康克军领导的 CDEX 实验在 2017 年发布了基于 737kg·d 的新的低质量暗物质的直接探测结果，该实验将探测器的能量探测阈值降低到了 160keVee，从而将低质量暗物质的探测区间扩展到了 2GeV 附近。该结果全面超越了欧洲的 CRESST-II 实验在 2016 年发布的暗物质探测结果。

　　上述中国学者的工作发表在 *Nature*、*Physical Review Letters* 等国际著名期刊上。"悟空"号的成果于 2017 年 12 月 7 日在 *Nature* 期刊上发表后，目前已有 40 余篇理论论文（根据 arXiv 预印本论文网站）对该结果进行物理解读。该论文在线发表时，*Science* 期刊发表评述，指出该论文除了发现了一处值得关注的疑似暗物质信号外，还表明中国正在成为空间科学强国。PandaX 实验的成果 2016 年以封面文章形式发表在

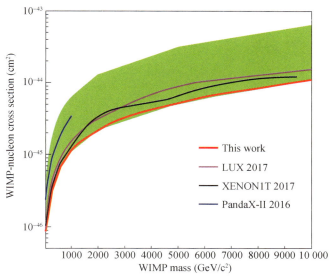

图 3.4　PandaX 二期液氙暗物质实验得到的最新暗物质
和核子相互作用截面的上限（红色曲线）同其他实验的比较

注：此为实验结果图

Physical Review Letters 上，并受到 *Physical Review Letters* 最高规格的"观点"评论；2017 年 PandaX 二期的实验成果再次获得 *Physical Review Letters* "观点"评论，并被美国物理学会的 *Physics* 期刊遴选为国际物理学领域 2017 年度"亮点成果"。在暗物质探测方面取得的国际瞩目的成绩表明中国在相关领域的研究已经站在了国际最前沿。目前中国正在部署开展下一阶段更大规模、更高灵敏度的暗物质探测实验，或许在不远的将来暗物质的神秘面纱将被揭开。

3.3

引力波探测

广义相对论预言，非均匀对称分布物质的加速运动会辐射引力波，导致空间在某个方向上被拉伸，而在另一方向上被挤压。2015 年 9 月，美国先进激光干涉引力波天文台（Laser Interferometer Gravitational-Wave Observatory，LIGO）直接探测到双黑洞并合发射的引力波，证实了爱因斯坦百年前的引力波预言。这一里程碑事件打开了利用引力波检验引力理论和探测宇宙及其中结构和天体形成演化的新窗口，开启了引力波天文学新纪元。

引力波辐射主要包括以下几类：①由双致密天体（黑洞、中子星和白矮星间的两两组合）相互绕转旋近和并合而产生的引力波，其发射频率由它们的质量和尺度确定，频率范围从双中子星、双黑洞并合事件的高至 10^4Hz 到大质量双黑洞旋近阶段的甚低频 $\sim 10^{-9}$Hz。②旋转的非对称中子星、超新星爆发形成中子星和大质量恒星坍缩形成黑洞等过程发射的引力波，其频率范围为 10—10^4Hz。③在宇宙早期暴胀或随后相变阶段产生的原初引力波，频率范围可从极低频 $\sim 10^{-16}$—10^{-14}Hz 直至高频 10^3Hz 以上。

类似于电磁波，探测不同频率的引力波辐射也需要不同的手段，主要的有以下 3 种：①激光干涉仪。激光干涉技术可以高精度地探测空间微小至原子尺度千分之一甚至更小的拉伸和挤压变化。目前的地基引力波天文台和引力波空间探测计划多采用激光干涉技术，可分别探测频率范围在 10—10^4Hz 和 10^{-4}—1Hz 的引力波辐射。②脉冲星计时阵。稳定脉冲星的脉冲信号可以用来准确地计量时间，通过测量多个脉冲星脉冲信号到达时间的差异可以探测纳赫兹（$\sim 10^{-9}$Hz）低频引力波导致的时空变化。③宇宙微波背景辐射（cosmic microwave background，CMB）的 B- 模极化。极低频原初引力波辐射（10^{-16}—10^{-14}Hz）会造成 CMB 的 B- 模极化从而留下信息，因此可以通过探测 CMB 的 B- 模极化来探测原初引力波。基于这几种方法的引力波探测研究正在蓬勃发展，方兴未艾。尽管起步较晚，中国也已开始在这 3 个不同的方向上布局建设引力波探测设备以进行相关研究。

在引力波的空间探测方面，中国目前正在规划的有"太极"计划和"天琴"计划。"太极"计划是由在地球绕太阳转动轨道上的 3 颗卫星组成，采取六路激光干

作者简介：陆由俊，博士，教授；单位：中国科学院国家天文台，北京，100101

涉，干涉臂长为 300 万 km［图 3.5（a）］，探测频率范围为 10^{-4}—1Hz，主要目标波源是宇宙中的大质量（10^4—10^7 倍太阳质量）双黑洞的并合和较小黑洞旋进进入大质量黑洞的极端或大质量比旋进事件，通过探测这些引力波事件揭示基本引力物理和大质量黑洞以及星系结构的形成演化。另外，"太极"计划也可限制宇宙早期相变等产生的引力波背景，进而揭示宇宙早期的物理过程。"天琴"计划则是由离地球约 10 万 km 绕地球转动的 3 颗卫星组成［图 3.5（b）］，也采取六路激光干涉，其主要探测目标为双白矮星绕转发射的连续引力波、大质量双黑洞并合，以及极端或大质量比旋进发射的引力波等。"太极"计划和"天琴"计划的具体设计还未最终确定，仍在不断演进中。国际上，欧美正在合作建设空间引力波探测计划 LISA（Laser Interferometer Space Antenna）。LISA 也由 3 颗卫星组成，干涉臂长为 250 万 km，探测频段和目标

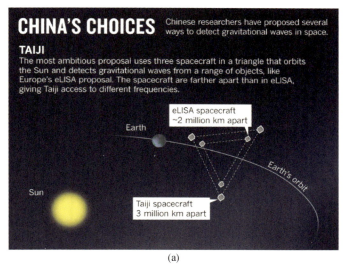

(a)

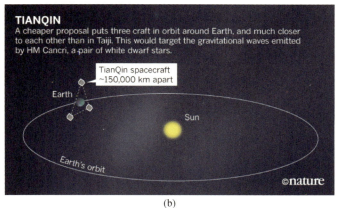

(b)

图 3.5　中国空间引力波探测计划

（a）中国"太极"计划。（b）中国"天琴"计划

图片来源：Nature，2016

波源类似于"太极"计划。LISA 的"探路者"卫星于 2015 年底发射，已成功验证了 LISA 的探测技术。LISA 预计在 2034 年发射升空。日本也在推进空间引力波探测计划 DECIGO（DECi-hertz Interferometer Gravitational wave Observatory），其探测频段介于太极、LISA 和 LIGO（Laser Interferometer Gravitational-Wave Observatory）之间。

脉冲星计时阵（Pulsar Timing Array，PTA）通过测量脉冲信号到达时间的差异来探测由大质量双黑洞（10^8—10^{10} 倍太阳质量）旋近发射的低频（10^{-9}Hz）引力波及其形成的背景。目前，国际上的脉冲星计时阵项目有欧洲的 EPTA（European Pulsar Timing Array）、澳洲的 PPTA（Parkes Pulsar Timing Array）以及美国的 NANOGrav（North American Nanobertz Observatory for Gravitational Waves）。它们分别依托于一些口径最大的射电望远镜开展工作。这 3 个合作组织又联合成立了国际脉冲星计时阵（International Pulsar Timing Array，IPTA）项目。国际脉冲星计时阵当前的灵敏度已经逼近做出"发现"的水平，有可能在未来几年内获得重大突破。中国已建成的 500m 口径球面射电望远镜（Five-hundred-meter Aperture Spherical Radio Telescope，FAST）是世界最大单天线射电望远镜，有潜力达到世界最高的脉冲星计时精度。在前期的测试中，FAST 已经发现了一些脉冲星。在未来 5 年，预计 FAST 将会发现多颗具有稳定自转的毫秒脉冲星，并加入脉冲星计时阵探测引力波的国际竞争中去。相比于国际上的其他脉冲星计时阵望远镜，FAST 具有大口径优势，有可能在国际脉冲星计时阵探测甚低频引力波的合作中扮演关键角色。同时，中国也是在建的国际平方公里射电阵列（Square Kilometre Array，SKA）项目的主要参与国。利用脉冲星计时探测引力波也是 SKA 的主要科学目标。

在原初引力波的探测方面，中国已经在西藏阿里地区建设以探测微波背景辐射 B- 模极化为目标的 AliCPT 望远镜（图 3.6）。国际上这方面的主要探测设备包括 BICEP3、ACTpol、SPTpol 和 CLASS 等。AliCPT 设计性能优良，甚至优于 BICEP3。它是北天唯一的探测微波背景辐射 B- 模极化信号的项目，与 BICEP3 等其他南天望远镜形成互补。AliCPT 有望在 5 年左右的时间内获得关键数据，更准确地限制或探测到宇宙微波背景辐射的 B- 模式极化信号，从而获得对原初引力波辐射和早期暴胀物理的限制，揭示宇宙的起源。

引力波电磁对应体的搜寻和探测是与引力波探测相关的一个重要领域。2017 年 8 月 17 日，人类首次探测到源自双中子星并合事件 GW170817 的电磁对应体信号，引起了极大的轰动，标志着包含引力波探测在内的多信使天文学正式起航。在 GW170817 的国际联测中，中国的"慧眼"硬 X 射线调制望远镜（Hard X-ray Modulation Telescope，HXMT）卫星给出了硬 X 射线段辐射的观测上限，位于南极冰

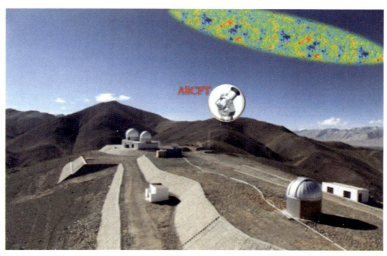

图 3.6　阿里宇宙微波背景极化探测望远镜

图片来源：张新民 AliCPT 报告，2016

穹 A 的南极巡天望远镜 AST3 则测到了光学波段的几个重要数据点，为限制双中子星并合的千新星模型提供了关键数据。与引力波探测相关，中国天文台站的各类望远镜设施也将在未来电磁对应体的国际联测中发挥重要作用，特别是在诸如"慧眼"卫星、南极巡天望远镜和已立项的爱因斯坦探针卫星等特色鲜明的设施中起到关键作用。

3.4

新强子发现和强相互作用研究

粒子物理学的研究表明，组成原子核的质子和中子具有更深层次的结构，它们是由夸克组成的。实验中已经发现了 6 种夸克：上夸克、下夸克、奇异夸克、粲夸克、底夸克和顶夸克，前 3 种夸克较轻、后 3 种夸克较重。除了质子和中子，科学家在宇宙线和加速器实验上还发现了上千个由夸克组成的粒子，它们被统称为强子。当代科学家普遍相信量子色动力学是描述夸克间强相互作用的基本理论，但由于其在原子核尺度上表现出的非微扰性质，目前人类还不能从第一原理严格预言强子的性质，理解强相互作用规律是当代粒子物理与核物理研究的最前沿课题之一。

已发现的强子大都符合夸克模型的分类，即介子由 1 个夸克和 1 个反夸克，重子由 3 个夸克或 3 个反夸克组成。量子色动力学并不排除夸克模型以外的"奇特强子态"的存在，如混杂态（除夸克外还有激发的胶子）、分子态（两个或多个介子或重子束缚在一起）、多夸克态（含 4 个夸克或更多）、胶子球（只含胶子不含夸克）等，但实验上一直没有得到关于奇特强子态确切的证据。

从 2003 年开始，实验中发现了多个被称为"类粲偶素"的新粒子，大大推动了关于奇特强子态的研究进展，其中 2013 年北京正负电子对撞机上 BESIII 探测器上的发现具有非常特殊的意义，因为这个粒子含有一对正反粲夸克且带有和电子相同或相反的电荷，提示其中至少含有 4 个夸克——这极有可能是科学家们长期寻找的介子分子态或四夸克态。随后 BESIII 实验又发现了几个极有可能是伴随态的粒子，揭示了可能的四夸克物质谱系的存在，这是北京正负电子对撞机上又一项在国际最前沿的科学发现，该发现在美国物理学会期刊 *Physics* 评选的 2013 年度物理学领域 11 项重要成果中位列榜首（图 3.7）。

在夸克模型提出后的 50 年间，寻找五夸克态的实验有很多，但最终都没能得出确切结论。2015 年 LHCb 实验组首次发现五夸克粒子（图 3.8），被量子色动力学的奠基人之一、诺贝尔物理学奖获得者 Wilczek 称为"这是我能想象的量子色动力学中最令人兴奋的发现"。这项成果入选了英国物理学会期刊 *Physics World* 评选的 2015 年度国际物理学领域的 10 项重大突破，在美国物理学会期刊 *Physics* 选出的年度国际物

作者简介：高原宁，博士，教授；单位：北京大学，北京，100871

图 3.7 北京正负电子对撞机上的 BESIII 探测器

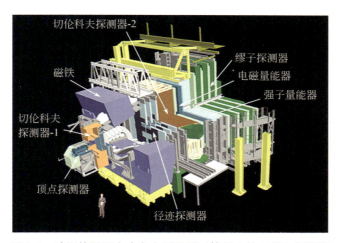

图 3.8 欧洲核子研究中心大型强子对撞机上的 LHCb 探测器

理学 8 项重要成果中位列第二。

由清华大学高原宁领导的 LHCb-中国组在五夸克粒子的发现中起到了关键的作用，2017 年该研究团队又主导了双粲重子的发现。与质子和中子类似，新发现的双粲重子也是由 3 个夸克组成的，但其夸克组分不同：质子由 2 个上夸克和 1 个下夸克组成，中子由 2 个下夸克和 1 个上夸克组成，而双粲重子则由 2 个较重的粲夸克和 1 个上夸克组成。理论预期双粲重子的内部结构迥异于之前发现的粒子，这为深入理解强相互作用力的本质提供了一个独特的研究标本。

相对论重离子碰撞过程也是研究强相互作用性质的一个理想场合，2011 年美国布鲁克海文国家实验室 RHIC（Relativistic Heavy Ion Collider）上的 STAR 实验探测到反氦 4 核（图 3.9），这是迄今为止所能探测到的最重的反物质原子核。中国科学院上海应用物理研究所马余刚领导的 STAR- 中国组是这一发现的核心成员。利用相对论重离子对撞产生出的大量反质子，通过对反质子－反质子之间动量关联函数的测量，研究人员提取到反质子－反质子相互作用的有效力程和散射长度，测量得到的结果与质子－质子相互作用的对应值在误差范围内一致。该研究结果提供了 2 个反质子间相互作用的直接信息，为进一步理解更复杂的反原子核及其属性奠定了基础。该研究成果入选 2015 年度"中国科学十大进展"。

图 3.9　美国布鲁克海文国家实验室 RHIC 上的 STAR 探测器

3.5

稳态高参数聚变等离子体的先行者

　　能源是人类生存和世界可持续发展的重要基础。核聚变能源由于资源丰富和无污染，是人类社会未来的理想能源，也是最有希望彻底解决能源问题的根本出路之一。中国可控核聚变研究始于 20 世纪 60 年代初，在国家创新驱动发展战略和建设世界科技强国总目标的引领下，经过"十一五"和"十二五"国家聚变大科学工程项目的建设和国际大科学计划参与的积累，核聚变研究已经步入国际先进行列。

　　中国科学院等离子体物理研究所是国际热核聚变研究的重要基地。20 世纪 90 年代，是在国际上尚无全超导非圆截面托卡马克的情况下，通过 10 年的努力，自主发展了 68 项关键技术，成功建成拥有完全知识产权的世界首台全超导托卡马克核聚变实验装置（Experimental Advanced Superconducting Tokamak，EAST）（图 3.10）。EAST 建设必须同时满足上亿温度的超高温、零下 269℃的超低温、超大电流、超强磁场、超高

图 3.10　全超导托卡马克核聚变实验装置

作者简介：李建刚，博士，研究员，中国工程院院士；单位：中国科学院合肥物质科学研究院，合肥，230031

真空等极限条件，它的成功建设和运行使中国成为世界上第一个掌握新一代先进全超导托卡马克技术的国家，可为未来稳态、安全、高效的先进商业聚变堆提供物理和工程技术基础。

为更好地满足聚变装置稳态运行需求，中国科学院等离子体物理研究所独立自主地设计、建成了 10 多个国际先进的大型实验系统，包括世界最大的稳态射频加热系统、4MW 稳态低杂波驱动系统、4MW 长脉冲中性束加热系统，在国际上首次实现了国际热核聚变实验堆（International Thermonuclear Experimental Reactor，ITER）类型的钨铜水冷偏滤器技术的大规模应用，构建了面向 ITER（中国迄今为止参加的最大国际合作计划）的等离子体加热系统布局，成为目前国际上唯一具备全水冷第一壁和高功率射频波加热与电流驱动的托卡马克核聚变实验装置。

通过各种先进技术的发展和积累，EAST 已被打造成为世界聚变开展稳态高参数等离子体研究最先进的装置，先后创造多项托卡马克运行的世界纪录：2012 年，获得 411s 的 2000 万℃高参数偏滤器等离子体，远超欧盟和日本最长为 60s 的高参数偏滤器等离子体；2016 年，成功实现了电子温度超过 5000 万℃、持续时间达 102s 的超高温长脉冲等离子体放电，这是国际托卡马克实验装置上电子温度达到 5000 万℃持续时间最长的等离子体放电；2017 年，实现了稳定的 101.2s 稳态长脉冲高约束等离子体运行（图 3.11），成为世界上第一个实现稳态高约束模式运行持续时间达到百秒量级的托卡马克核聚变实验装置。这些里程碑性的重要突破，表明中国磁约束核聚变研究在稳态运行的物理和工程方面已走在国际前沿。

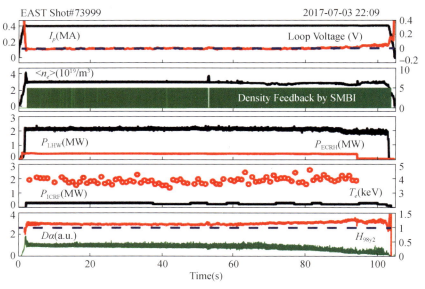

图 3.11　EAST 实现了稳定的 101.2s 稳态长脉冲高约束等离子体运行

注：此为实验结果图

　　基于 EAST，国际聚变研究主要国家与中国科学院等离子体物理研究所已成立 30 多个不同的联合工作组，美国能源部将 EAST 作为美国磁约束聚变的首选合作装置，欧盟也开始开展全面有计划的合作，中日韩聚变计划已经开展 10 年。过去 3 年，每年来华参加 EAST 科学实验的国外科学家超过 5000 人天，由 EAST 推荐的外籍专家 3 次获得国家国际合作奖，每年举行的 EAST 顾问委员会已连续召开了 20 年，一个以中国为主的国际合作初见成效。

　　EAST 位形与 ITER 相似且更加灵活，它将是未来 5 年能为 ITER 提供前期高参数等离子体研究的重要实验平台，被 EAST 顾问委员会称为"国际磁约束聚变装置中最前沿的，并且未来 5 年世界上唯一有能力实现 400s 长脉冲高性能放电的聚变装置"。这些大大提升了中国聚变工程建设和研究的影响力和国际话语权，EAST 已经成为国际稳态高参数聚变等离子体的先行者。通过 EAST 建设和运行也将为中国聚变工程实验堆的预研、建设、运行奠定科学和技术基础，对中国完全掌握设计和建造下一代聚变堆的技术有着重要意义。

3.6
500m 口径球面射电望远镜工程

　　"十一五"国家重大科技基础设施建设项目——500m 口径球面射电望远镜（FAST）工程，是利用贵州天然喀斯特洼地作为望远镜台址，建造世界第一大单口径主动反射球面射电望远镜，以实现大天区面积、高精度的天文观测。工程项目由中国科学院和贵州省人民政府联合共建。FAST 工程于 2011 年 3 月 25 日开工建设，2016 年 9 月 25 日竣工，进入调试观测阶段（图 3.12）。FAST 望远镜被誉为"中国天眼"，是具有中国自主知识产权、世界最大单口径、最灵敏的射电望远镜。

图 3.12　FAST 工程全景图
图片来源：中国科学院国家天文台 FAST 团队提供

　　FAST 的建成使中国首次在射电这一频段拥有最先进的望远镜。与其他望远镜相比，FAST 在设计理念和工程技术上具有 3 项自主创新：①利用地球上独一无二的贵州天然喀斯特巨型洼地作为望远镜台址，使得望远镜建设突破百米极限。②自主发明主动变形反射面，在观测方向形成 300m 口径瞬时抛物面汇聚电磁波，在地面改正球差，实现宽带和全偏振。③采用轻型柔索驱动机构和并联机器人，实现馈源的高精度指向

作者简介：李菂，博士，研究员；单位：中国科学院国家天文台，北京，100101

与跟踪。FAST 的设计和建造综合体现了中国的高技术创新能力。

FAST 开创了建造巨型射电望远镜的新模式。它拥有 30 个足球场大的接收面积，与号称"地面最大的机器"的德国波恩 100m 望远镜相比，灵敏度提高约 10 倍；与排在阿波罗登月之前、被评为人类 20 世纪十大工程之首的美国阿雷西博（Arecibo）300m 望远镜相比，其综合性能提高约 10 倍。FAST 将在未来 10—20 年保持绝对灵敏度世界领先。

2016 年 9 月 25 日 FAST 工程落成启用。中共中央总书记、国家主席、中央军委主席习近平发来贺信。习近平总书记在贺信中指出，天文学是孕育重大原创发现的前沿科学，也是推动科技进步和创新的战略制高点。它的落成启用，对我国在科学前沿实现重大原创突破、加快创新驱动发展具有重要意义。

FAST 结构的创新性与复杂性对其运行提出了挑战，尤其是在早期运行阶段。FAST 科学团队在国家重点基础研究发展计划（973 计划）项目"射电波段的前沿天体物理课题及 FAST 早期科学研究"和国家重点研发计划项目"基于 FAST 漂移扫描巡天的脉冲星、中性氢星系和银河系结构研究"的支持下，结合 FAST 立项建议书，进一步量化了 FAST 早期科学目标：①巡视宇宙中的中性氢，研究宇宙大尺度物理学，探索宇宙起源和演化。②观测脉冲星，研究极端状态下的物质结构与物理规律。③主导国际低频甚长基线干涉测量网，获得天体超精细结构。④探测星际分子。⑤搜索可能的星际通信信号。

在充分的科学和技术准备基础上，设计并发表了创新的"FAST 多科学目标同时扫描巡天"（Commensal Radio Astronomy FAST Survey，CRAFTS）的观测策略。世界大型望远镜，包括 300m 的阿雷西博望远镜、100m 的美国绿堤望远镜、64m 的澳大利亚帕克斯望远镜等，从未实现脉冲星、中性氢成像、星系搜索和暂现源的同时数据采集。基于世界首创的观测和定标方法，预期通过 CRAFTS 实现多科学目标同时巡天观测模式，进行一次完整的北天区扫描巡天及相关后续观测。这一观测策略的实施，将实现利用中国设备、系统发现新射电脉冲星和快速射电暴的突破；深入研究脉冲星射电单脉冲及其微结构，推动纳赫兹引力波测量；探测到超过 10 万个气体星系，研究星系演化；完成北天区空间分辨动态范围最高的中性氢巡天，精细刻画银河系气体结构和解释星际介质演化规律；搜寻星际分子，力争重大发现。

目前 FAST 调试的早期科学研究初见成效，已确认发现超过 100 颗新脉冲星，并捕捉到来自快速射电暴 FRB121102 的上千次脉冲，为迄今为止最大的此类脉冲集合，并通过国际合作，系统开展后随认证和研究。2017 年 10 月，FAST 取得的首批成果对外公布，包括发现 6 颗脉冲星，这是中国射电望远镜首次新发现脉冲星。搜寻和发现射电脉冲星是 FAST 的核心科学目标。银河系中有大量脉冲星，但由于其信号暗弱，易被人造电磁干扰淹没，目前只观测到一小部分。具有极高灵敏度的 FAST 是发现脉冲星的理想设备，FAST 在调试初期发现脉冲星，得益于卓有成效的早期科学规划和人才、技术储备，初步展示了 FAST 自主创新的科学能力，开启了中国射电波段大科学装置系统产生原创发现的激越时代。

2018 年 4 月，FAST 首次发现新毫秒脉冲星，并由美国国家航空航天局的费米（Fermi）天文台团组进行了认证分析，成为继发现脉冲星之后 FAST 的另一项重要成果。脉冲星由恒星演化和超新星爆发产生，其本质是中子星，对其研究有望得到许多重大物理学问题的答案。脉冲星，尤其是毫米脉冲星，自转周期极其稳定，其准确的时钟信号可为引力波探测、航天器导航等重大科学和技术应用提供理想工具。脉冲星搜索是进行引力波探测研究的基础，脉冲星计时阵是观测超大质量双黑洞发出的引力波最有效的方法。脉冲星计时阵依赖数十颗计时性质良好的毫秒脉冲星，其样本的扩大、性能的提高起始于脉冲星搜索。此次 FAST 首次发现的毫秒脉冲星，已经由国际脉冲星计时阵（IPTA）引力波探测组织发布给其各国成员及所属各大望远镜，争取取得后随计时数据，并展示了 FAST 对国际低频引力波探测做出实质贡献的潜力。

2019 年 2 月，FAST 公布了首次公开项目征集，实现了向全国学者的开放。2019 年 9 月，FAST 已达到设计指标，将通过国家验收，转入正常运行。进一步验证、优化科学观测模式，继续催生天文发现，力争早日将 FAST 打造成为世界一流水平望远镜设备。

3.7

超强超短激光

超强超短激光［一般指峰值功率大于1TW（10^{12}W）、脉冲宽度小于100fs（10^{-15}s）］的出现与迅猛发展，为人类提供了前所未有的极端物理条件与全新实验手段，使得自然界中只有在恒星内部或是黑洞边缘才能找到的高能量密度、甚至超高能量密度极端条件已可能在实验室内创造。实验室内台式激光系统目前已经可以产生重复频率的超短脉冲（从100fs到10fs量级）并且超高峰值功率［从100TW到10PW（10^{15}W）量级］的激光。目前，超强超短激光经聚焦得到的最高光强已达到10^{22}W/cm^{2}量级，而自然界中已知的最高光强是估计达到10^{20}W/cm^{2}量级的宇宙γ射线暴的强度，所以超强超短激光被认为是目前已知的最亮光源。这样的激光条件下激光与物质的相互作用首次进入到了一个前所未有的强相对论性与高度非线性的范畴，能在实验室内创造出前所未有的超高能量密度、超强电磁场和超快时间尺度综合性极端物理条件，在激光加速、激光聚变、等离子体物理、核物理、天体物理、高能物理、材料科学等领域具有重大应用价值，例如，利用超强超短激光能够驱动产生多种高亮度次级辐射（图3.13），包括高亮度高能电子束、高亮度γ射线源及阿秒超快X射线源等，有望为基于加速器的新光源、核材料探测与处理、分子动力学和化学反应探测等重要应用带来变革性推动。超强超短激光的发展与应用是国际科技前沿的重点竞争领域之一，正如 Science 期刊专栏文章曾指出的，"这项工作将影响每一项研究，从聚变到天体物理"。

目前超强超短激光正处于取得重大科学技术突破和开拓重大应用的关键阶段，未来5年左右激光的聚焦强度可能达到甚至突破10^{23}W/cm^2。国际上正在大力发展超强超短激光以及依托其前沿科技创新平台。最具有代表性的是2006年10个国家和地区的30个科研机构联合向欧盟提出的极端光设施（extreme light infrastructure，ELI），其主要科学目标是：面向100GeV的激光加速，面向 Schwinger 场的真空结构研究，1—10keV相干X射线产生与阿秒科学研究和光核物理研究。2012年以来，ELI计划陆续启动了3个装置的建设，投入经费共8.5亿欧元，计划于2018年前后陆续研制完成多个10PW量级超强超短激光系统并建成用户装置，并为下一步研制200PW量级超强超短激光大科学装置打下基础。同时，英国和法国正紧锣密鼓地开展各自10PW量级超

作者简介：李儒新，博士，研究员，中国科学院院士；单位：中国科学院上海光学精密机械研究所，上海，201800

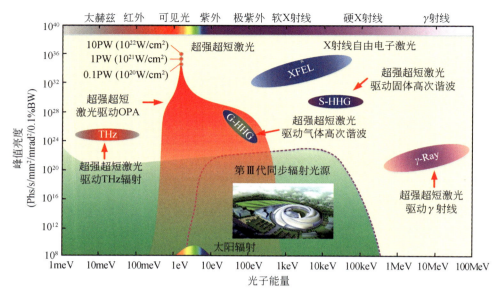

图 3.13　利用超强超短激光驱动产生的超快、多光谱、高亮度光源

强超短激光装置的研制工作，俄罗斯、美国、德国等国家也纷纷提出了各自的 10PW量级乃至 100PW 量级超强超短激光装置研究计划，如美国 75PW 的光参量放大束线（Optical Parametric Amplifier Line，OPAL）计划、俄罗斯 180PW 的艾瓦中心极端光学研究（Exawatt Center for Extreme Light Studies，XCELS）计划等。

　　中国科学院组织专家编写的《中国至 2050 年重大科技基础设施发展路线图》提出了发展超强超短激光实验平台的建议。中国开展拍瓦量级超强超短激光及其应用研究的主要机构包括中国科学院上海光学精密机械研究所、中国工程物理研究院激光聚变中心和中国科学院物理研究所等。中国工程物理研究院激光聚变中心研制了 5PW 量级超强超短激光装置，该装置的特色是基于全光学参量啁啾脉冲放大（optical parametric chirped pulse amplification，OPCPA）技术路线，并与现有强激光装置结合，可实现飞秒量级超强超短激光与纳秒量级、皮秒量级高功率激光的多束同步输出。中国科学院物理研究所也成功研制了拍瓦量级超强超短激光装置并发展了超高信噪比激光脉冲的产生技术。中国原子能科学研究院在基于准分子激光放大的短波长超强超短激光研究方面很有特色，也已建立了 10TW 量级超强超短激光和质子加速研究平台。上海交通大学正在通过 OPCPA 技术方案建立 100TW 量级的中红外波段的超强超短激光系统。

　　中国科学院上海光学精密机械研究所强场激光物理国家重点实验室 2007 年研制成功当时世界最高功率（0.89PW）的飞秒激光系统。在此基础上，2013 年进一步发展了寄生振荡抑制、精密时空操控、级联脉冲净化等新技术，有效解决获得高增益放大并超高时间对比度等关键科学技术问题，研制成功当时世界最高激光峰值功率的 2PW 激光放大系统，并突破输出激光脉冲达到超高时间信噪比（10^{11}）的关键技术难题。2014年进一步发展了通过优化注入激光脉冲能量抑制寄生振荡的新方法，基于 150mm 钛宝石晶体，实现 192.3J 放大输出，可压缩脉宽 27.0fs，可支持 5.13PW 的峰值功率，这是当时国际最高峰值功率的激光放大系统。在 OPCPA 技术路线方面，近年来也提出了以高对比度啁啾脉冲放大链和光学参量啁啾脉冲终端放大器相结合的混合放大器方案为总体技术路线，有效利用了啁啾脉冲放大（chirped pulse amplification，CPA）技术的高稳定性和高转换效率，以及 OPCPA 技术的无横向寄生振荡、无热效应、B 积分小等优点，充分发挥 CPA 和 OPCPA 两种激光放大技术的优势。2013 年首次在实验上验证了 CPA/OPCPA 混合放大器方案，实现 0.61PW 激光脉冲输出，2014 年又进一步将输出能力提升到 1PW，验证了 CPA/OPCPA 混合放大器方案作为 10PW 量级超强超短激光装置总体技术路线的可行性。

　　基于上述研究基础，2016 年中国科学院上海光学精密机械研究所承担了国家发展和改革委员会与上海市政府共同投资的上海超强超短激光实验装置的建设，其主要目标是在 2018 年底建成一台 10PW 超强超短激光系统，同时具备高重复频率的 1PW 级激光输出束线，利用该激光系统驱动产生的高亮度超短脉冲高能光子与粒子束，建立极端条件材料科学研究平台、超快亚原子物理研究平台、超快化学与大分子动力学研究平台 3 个用户实验终端，提供先进的物质科学与生命科学研究手段。按照上海市政府建设具有全球影响力的科技创新中心的战略部署，在上海张江综合性国家科学中心打造高度集聚的世界级重大科技基础设施群，上海超强超短激光实验装置将成为其中重要的组成部分。

　　2016 年 8 月上海超强超短激光实验装置的研制工作取得重要阶段性进展，成功实现了 5PW 激光脉冲输出，该成果被 2017 年 2 月 *Science* 期刊评述文章评述为"中国科学家打破了最高激光脉冲峰值功率的世界纪录"。2017 年 10 月进一步解决了国际最大口径钛宝石激光晶体研制、宽带高能激光脉冲高增益放大和高保真脉冲压缩等关键科学和技术问题，成功实现了 10PW 激光放大输出，达到国际同类研究的领先水平。10PW 激光装置多级放大系统照片如图 3.14 所示。

　　最近，中国科学院上海光学精密机械研究所研究团队还进一步创新性地提出了在硬 X 射线自由电子激光装置上建设以 100PW 超强超短激光为核心的极端光物理线站（Station of Extreme Light，SEL）的建议。该建议已被纳入"十三五"国家重大科技基础设施项目——硬 X 射线自由电子激光装置的建设内容。SEL 将有可能在国际上首次实现 100PW 激光与高亮度硬 X 射线自由电子激光两种人类已知最亮光源的共同作用，提供真空量子电动力学效应等重大科学问题研究的全新机遇。2018 年 4 月包括上述 100PW 激光在内的硬 X 射线自由电子激光装置正式启动建设。100PW 激光空间布局原理图如图 3.15 所示。

图 3.14　10PW 激光装置多级放大系统照片

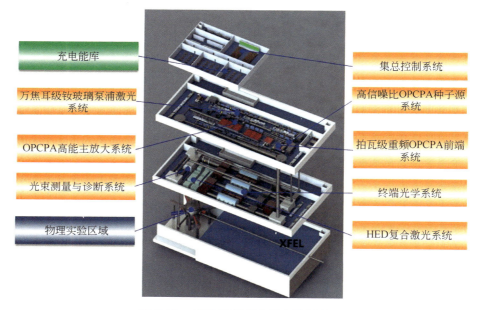

图 3.15　100PW 激光空间布局原理图

　　通过发展超强超短激光光源，有望在极端物理条件下对物质乃至真空结构、运动和相互作用进行研究，可以使得人类对客观世界规律的认识更加深入和系统，不仅将推动一批基础与前沿交叉学科的开拓和发展，还可以推动相关高技术与应用领域的创新发展。

3.8

稳态强磁场

　　强磁场是调控物质量子态的重要参量，在发现新现象、揭示新规律、探索新材料、催生新技术等方面具有不可替代的作用。国际上依托强磁场条件开展的科学研究工作非常活跃，涉及众多学科，特别在高温超导、量子材料、半导体和有机固体以及生命科学等领域频频有重要发现，自 1913 年以来已有 19 项与磁场相关成果获诺贝尔奖，因此，强磁场实验装置已成为科技界公认的探索科学宝藏的国之重器。为抢抓强磁场极端条件下重大科学发现的机遇，欧美发达国家纷纷大力发展强磁场技术，追求更高的磁场强度。在历史上，中国因缺乏相应的强磁场条件，屡次错失在物质科学等诸多领域开展前沿探索的机遇。

　　2007 年，国家发展和改革委员会批准了由中国科学院和教育部联合申报的"十一五"国家重大科技基础设施建设项目——强磁场实验装置（High Magnetic Field Facilities，HMFF）项目。根据《国家发展改革委关于强磁场实验装置国家重大科技基础设施项目建议书的批复意见》（发改高技 ［2007］188 号文件），强磁场实验装置采取"一个项目，两个法人，两地建设，共同管理"的建设模式——在中国科学院合肥物质科学研究院建设稳态强磁场实验装置（Steady High Magnetic Field Facility，SHMFF）；在华中科技大学建设脉冲强磁场实验装置（Pulsed High Magnetic Field Facility，PHMFF）。

　　SHMFF 的法人单位是中国科学院合肥物质科学研究院，共建单位是中国科学技术大学。SHMFF 建设的各项任务以中国科学院强磁场科学中心为依托完成。SHMFF 于 2008 年 5 月 19 日获批开工，2010 年 10 月 28 日转入"边建设、边运行"模式，2017 年 9 月 27 日通过国家验收。

　　SHMFF 的核心建设内容是 40T 混合磁体、系列水冷磁体和超导磁体。经过 9 年艰苦奋斗，SHMFF 建设团队独立自主、自力更生，打破国际技术壁垒，取得了一系列成就。在磁体技术和实验系统研发方面获得发明专利授权 34 项，软件著作权登记 98 项，构成了完整的自主知识产权体系，取得了 SHMFF 设计制造关键技术重大突破（图 3.16），创造 3 项水冷磁体世界纪录，研制成功世界第二强的 40T 混合磁体（图 3.17），研发出

作者简介：孙玉平，博士，研究员；单位：中国科学院合肥物质科学研究院，合肥，230031

国际唯一的水冷磁体扫描隧道显微系统、国际独创的组合显微系统和国际领先的强磁场－超高压－低温综合极端实验条件等系列先进而独特的科学实验手段，实现了中国稳态强磁场极端条件的重大突破，使中国稳态强磁场科学研究条件跃升至世界一流水平。

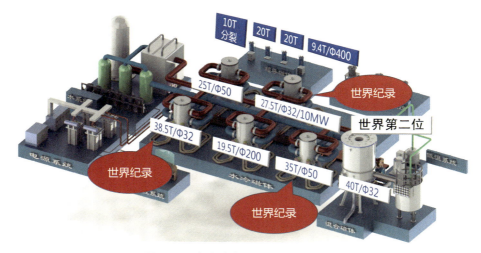

图 3.16　中国稳态强磁场装置示意图

图 3.17　中国稳态强磁场装置中混合磁体实物照片

　　自 2010 年 SHMFF 装置实施"边建设、边运行"创新模式以来，已经为包括清华大学、北京大学、复旦大学、中国科学技术大学、中国科学院物理研究所等在内100 多家用户单位 1600 多项课题提供了实验条件，有力支撑了中国物理、材料、化学、生命科学等多学科前沿探索，产出了一大批有国际影响力的高水平成果。例如复旦大学张远波团队和中国科学技术陈仙辉团队合作，利用该实验装置首次观测到黑磷中的量子霍尔效应（图3.18）。由于他们的出色工作，黑磷的物性和应用入选中国科学院科技战略咨询研究院、中国科学院文献情报中心与科睿唯安公司共同发布的《2016研究前沿》和《2017研究前沿》"热点前沿"中。又如，中国科学院强磁场科学中心张欣团队依托SHMFF，首次发现27T的稳态强磁场能影响细胞骨架和染色体、干扰肿瘤细胞分裂，从而实现对肿瘤生长的抑制。这一结果为新兴学科——磁场生物学的发展打开了新的局面。目前，依托SHMFF的多学科研究正如火如荼地进行中。据统计，2010—2017年依托SHMFF共发表1023篇论文，其中包括 *Nature* 4篇、*Science* 2篇、*Science Advance* 1篇、*Nature* 子刊12篇、*Proceedings of the National Academy of Science of the United States of America*（*PNAS*）4篇，*Physical Review Letters* 13篇、*Journal of the American Chemical Society* 6篇。

经过多年的建设与运行，SHMFF已经成为国际五大强磁场实验装置之一，其规模、成果、运行状况都已位于世界前列。基于它的国际先进性与强大的前沿科学平台价值，该装置已成为合肥综合性国家科学中心的关键基石与国家科技创新体系的重要组成部分。

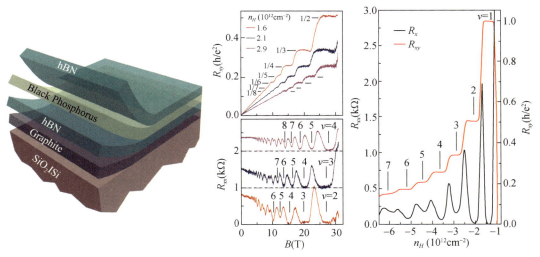

图 3.18　利月稳态强磁场装置首次发现黑磷的量子霍尔效应
图片来源：Nature Nanotechnology，2016

值得一提的是，虽然磁场强度达40T级的SHMFF已为多学科前沿科学研究提供了良好的平台支撑，然而，目前的磁场强度与表征技术手段还远不能满足科学重大突破、实现科学引领的需求。比如在世界科学难题——高温超导机理方面，强磁场能有效抑制超导，破坏赝能隙，从而获得非费米（Fermi）液体的有用信息，为深入理解超导机理提供基础。但是，目前40T级的稳态强磁场无法满足大多数高温超导材料在低温下高临界磁场的需求；同时，现有以宏观输运为主的强磁场下表征技术手段无法让科学家获得超导相变的全面信息，使得高温超导机理的解答困难重重。诸如此类的更高稳态磁场、更为先进表征技术手段的科学需求还有很多。

瞄准 2035 年、2050 年的国家科技战略科学目标，支撑基础科学研究实现国际引领，中国需要尽快布局建造下一代稳态强磁场及先进表征实验装置。比如建设 55T 级的稳态高场磁体和自由电子激光进行集成，为中国强磁场科学研究在国际上实现领先地位奠定基础。

3.9

高温超导材料与物理研究

超导电性是指一些材料在某个温度以下电阻为零的现象。超导作为一种新奇的宏观量子现象，具有零电阻和抗磁性两个基本特性（图3.19）。超导可以实现许多重要的应用，如磁共振成像、无损耗电源传输、超导磁悬浮列车、超导量子计算等。超导技术能否大规模广泛应用，超导临界温度是一个关键的制约因素。自1911年发现至今100多年来，探索新的超导材料，提高超导转变温度，理解超导的微观机理，一直是科学研究的前沿课题。

图3.19 铜氧化物高温超导体磁悬浮现象

中国的超导研究起始于20世纪50年代后期，是在老一辈科学家先后实现了氢气和氦气的液化之后，才具备了开展超导研究必要的极低温条件。70年代开始布局超导线材、磁体、薄膜、器件等方面的研究，并开始启动探索高临界温度超导材料的研究。经过多年的积累，逐渐在中国会聚了一批超导研究的人才和队伍。

1987年初，以赵忠贤等为代表的中国科学家，独立发现了Ba-Y-Cu-O体系中93K的超导电性，把超导临界温度提升到了液氮温区以上，极大地推动了超导领域的发展。液氮温区高温超导体的发现，代表着超导研究中的一个重要里程碑。它不仅展现了巨大的应用前景，而且对凝聚态物理中最成功的经典理论提出了挑战。

作者简介：周兴江，博士，研究员；单位：中国科学院物理研究所，北京，100190

　　2008 年初，日本科学家宣布在铁砷化合物中发现了 26K 的超导电性。中国科学家迅速反应，在材料、物性、超导物理和机理以及线材方面，取得了一系列开创性成果：率先打破 40K 超导温度的麦克米兰极限，正式确认铁基超导体为第二大类高温超导家族；赵忠贤领导的团队，通过稀土元素替换和快速高压合成，将超导临界温度提升至 55K，创造了块材铁基超导体的临界温度纪录；相继发现了 LiFeAs、$K_xFe_{2-y}Se_2$、单层 FeSe 和（Li，Fe）OHFeSe 等一系列新的铁基超导体系；薛其坤小组发现的单层铁硒薄膜表现出高温超导电性，创造了新的铁基超导体临界温度纪录，推动了界面超导领域的研究；周兴江研究组发现单层铁硒超导薄膜具有独特的电子结构，为铁基超导机理研究提供了一个理想的体系；铁基超导体的线材制备技术和研究取得重大进展，马衍伟团队率先研制出国际首根 100m 量级铁基超导长线，处于国际领先水平。铁基超导体的发现，为高温超导研究打开了铜氧化物之外的另一扇大门，推动了多轨道关联电子系统的研究和发展。此外，铁基超导体具有良好的可加工性和超高临界磁场等优势，有着重大的应用前景。国际上这样评价中国的贡献："新超导体的发现和研究把中国科学家推向世界最前沿"。中国科学家集体为此荣获 2013 年度国家自然科学奖一等奖，赵忠贤和陈仙辉荣获 2015 年国际超导材料与机理大会的马蒂亚斯奖，赵忠贤也因两次高温超导做出的重要贡献获得 2016 年度国家最高科技奖。

　　中国的超导研究虽然比国外起步晚了近 50 年，但经过一代一代超导人的不懈努力，已经从追赶逐渐跻身国际先进水平。超导研究已经成为中国的优势领域，形成了一支具有国际水准的优秀团队，建立了国际先进水平的实验设施（图 3.20）。铜氧化物高温超导体发现 30 多年来，其高温超导机理仍然没有达成共识，是凝聚态物理研究中一

图 3.20　设想中的高温超导磁悬浮高速列车

个突出的科学问题。铁基高温超导体的研究经过近 10 年的努力,超导机理也仍然没有解决。新超导体的探索和发现从来没有止步,探索更高超导临界温度的超导体,特别是室温超导体,是人们孜孜追求的下一个梦想。高温超导研究继续充满着惊奇、机遇和挑战,中国科学家们将继续努力,再接再厉,迎接下一轮高温超导新的突破。

3.10

基于扫描探针技术的单分子成像

对单个分子的基本物理化学特性的研究，是人们认识和利用分子材料的重要基础。基于扫描探针技术的单分子成像研究，主要是利用扫描隧道显微镜（scanning tunneling microscope，STM）与原子力显微镜（atomic force microscope，AFM）的原子级别的实空间分辨能力，避开系综平均效应，直接对单个分子的物理和化学特性进行"个体化"与"可视化"的研究，在单分子尺度上实现对表面分子的吸附构型、功能单分子的光电磁行为、化学键识别和选控、分子间相互作用及其动力学行为等特性进行高分辨高灵敏的表征，能够为理解和控制化学与催化、物理与信息、能源与环境等领域中许多重要的现象与过程及相关高新技术的创新提供科学依据和基础。

中国的研究团队在基于扫描探针技术的单分子成像领域取得了许多重大进展；2001 年，利用低温 STM 和结构调控首次获得具有化学键分辨的 C_{60} 单分子图像，并发现新颖的二维分子阵列的取向畴结构，该工作发表在重要的国际学术期刊 Nature 上，并已作为物理学的重要新概念编入物理学英文教科书 Nanophysics and Nanotechnology。2005 年，利用 STM 操纵对单个钴酞菁分子进行"手术"，首次实现单分子磁性的调控，该工作发表在重要的国际学术期刊 Science 上，同期的 Perspectives 栏目专门撰文介绍，评价该工作"开辟了未来分子器件应用的分子自旋态基础研究之路"。2013 年，发展了非接触式原子力显微镜技术，在国际上首次"拍"到氢键的"照片"，实现了氢键的实空间成像，为"氢键的本质"这一化学界争论了 80 多年的问题提供了直观证据，该工作在 Science 期刊上发表后引起了科学界的广泛关注，被 This Week in Science 栏目以"看见氢键"为题进行了评述，众多国际著名学术期刊和新闻媒体，如美国 Nature Physics 和 Nature China 期刊的"研究亮点"栏目，以及英国 Chemistry World、美国 Chemical & Engineering News 等期刊均高度评价了该重大进展。2016 年，利用自主发展的"针尖增强的非弹性电子隧穿谱"技术，测得了单个氢键的强度及其量子成分，实现了对电子量子态和原子核量子态的精确描述，首次

作者简介：张杨，博士，教授；单位：中国科学技术大学，合肥，230026
张尧，博士，教授；单位：中国科学技术大学，合肥，230026
董振超，博士，教授；单位：中国科学技术大学，合肥，230026

在原子尺度上揭示了水的核量子效应，该工作澄清了学术界长期争论的"氢键的量子本质"，有助于理解水和其他氢键体系的很多反常特性，在 *Science* 期刊上发表后受到了国内外媒体的关注，并被核量子效应研究领域权威专家 Marx 教授认为该工作"完成了难以置信的任务"。

虽然扫描探针技术具有非常高的空间分辨能力，但是其化学分辨能力相对比较有限。为了克服此困难，研究人员将扫描探针技术与光谱技术相结合，通过探测分子体系的电子跃迁与振动特性来表征被探测对象的化学性质。中国科学家在这方面也取得了若干重大突破：2013 年，通过巧妙调控扫描探针尖端"天线"的局域、宽频与增强电磁场特性，在国际上首次实现了亚纳米分辨的单分子拉曼光谱成像（图 3.21），将具有化学识别能力的空间成像分辨率提高到前所未有的 0.5nm，并可识别分子内部的结构和分子在表面上的吸附构型，这项工作颠覆了人们对光学光谱成像极限分辨率的认识，对了解纳米器件的微观构造和微观化学与生物现象极其重要，在 *Nature* 期刊上发表后立即引起国际科技界的极大关注，美国 *Nature* 新闻网站和 *News & Views* 栏目，以及美国 *Chemical & Engineering News*、*Physics Today*、*NBC News*、德国

图 3.21　亚纳米空间分辨的单分子拉曼光谱成像

Angewandte Chemie、英国 *Chemistry World* 等国际知名科技期刊和媒体纷纷撰文报道与高度评价此项重大突破。2016 年，发展了具有亚纳米空间分辨的电致发光成像技术，在国际上首次在单分子水平上实现了分子间相干偶极耦合的直接成像观察，开辟了研究分子间相互作用和能量转移的新途径，该工作在 *Nature* 期刊上发表后引起了国内外的广泛关注，该期刊的 *News & Views* 栏目、*Nature Reviews Materials* 以及其他多家科技媒体均专门撰文评价了该项重要进展。

中国研究团队在单分子成像方面取得的这些成果也获得了国内科学界的高度认可，曾 3 次入选"中国科学十大进展"、4 次入选"中国十大科技进展新闻"。

3.11

量子密钥分发与量子隐形传态

　　量子通信有两种最典型的应用，一种是量子密钥分发，另一种是量子隐形传态。量子密钥分发是指收发双方利用单光子的量子态（比如偏振状态）来加载信息，通过一定的协议产生一组密钥。单光子的不可分割性和未知量子态的不可复制性从原理上保证了，一旦有人试图窃取这组密钥的信息，就必然会被通信方察觉。通信方这时可以丢弃存在窃听风险的密钥，在网络中换一条安全的线路继续生成安全的密钥。通过这组密钥对经典信息进行"一次一密"的加密，就可以做到原理上无条件安全的量子保密通信。量子隐形传态是指在两个地点之间利用量子纠缠来直接传输粒子的未知量子态，而不用传输这个粒子本身。量子隐形传态是分布式量子信息处理网络的基本单元，比如，未来量子计算机之间的通信，很可能就是基于量子隐形传态。此外，量子隐形传态也是实现远距离量子保密通信所必需的量子中继的基本单元。

　　首个量子密钥分发和首个量子隐形传态的理论方案是分别在 1984 年和 1993 年提出的。将量子密钥分发推向现实应用，并且实现大尺度的量子通信一直是国际学术界努力的目标。

　　量子保密通信的现实应用必须解决实际物理器件不完美带来的安全隐患。例如，由于光源的不完美，2005 年之前的所有量子密钥分发实验均为原理性演示，安全距离只有 10km 量级，无法满足现实应用的需求。2007 年，中国科学技术大学潘建伟团队利用现清华大学王向斌等提出的诱骗态方法，首次将光纤量子通信的安全距离突破 100km。在光源不完美的问题被解决之后，可能存在的安全性漏洞就集中在探测终端上。2013 年，中国科学技术大学潘建伟团队又首次实现了"测量器件无关"的量子密钥分发，可以免疫于一切针对探测系统的攻击。

　　现实条件下在安全性问题得以解决的基础上，城市范围内通过光纤构建城域量子通信网络的技术已成熟。中国科学技术大学潘建伟团队构建了国际上首个全通型量子通信网络、首个规模化的城域量子通信网络，中国科学技术大学郭光灿团队构建了首个量子政务网等。

作者简介：潘建伟，博士，教授，中国科学院院士、发展中国家科学院院士、奥地利科学院外籍院士；单位：中国科学技术大学，合肥，230026

在量子隐形传态方面，首个实验演示在 1997 年实现，被学术界公认为量子信息实验研究的开创性工作。此后，中国科学技术大学潘建伟团队先后实现了终端开放的、复合系统的、多自由度的量子隐形传态，奠定了构建分布式量子信息处理网络的基础。

量子保密通信大规模现实应用的另一挑战是，光纤的损耗随距离呈指数增长，点对点的光纤量子通信难以突破百公里量级。例如，在 1000km 商用光纤信道中，即使拥有 10GHz 的理想单光子源和完美的探测器，平均每 300 年才能传送一个比特。

为了扩展量子通信的距离，一种行之有效的方法是采用经典的可信中继。按现有的技术能力，可每隔约 80km 设立一个可信中继，量子密钥分发在可信中继站点之间进行。信息如同接力赛一样，利用每一段之间的密钥向前加密传送，从而实现远距离的量子通信。2017 年，由中国科学技术大学潘建伟团队牵头建设的国际上首条千公里级量子保密通信骨干网络"京沪干线"正式开通。干线采用可信中继方式，连接北京和上海、贯穿济南、合肥等地，光纤全长超过 2000km，全线路密钥率大于 20Kbps，可满足上万用户的密钥分发业务需求，将为沿线金融机构、政府部门等提供高安全等级的量子保密通信服务。

通过卫星中转和无衰减的外太空自由空间通道，是实现超远距离量子通信的另一有效手段。卫星的优势在于可以覆盖到光纤无法到达的地方，比如中国南海诸岛、驻外领馆、远洋舰队等，这样就可以将量子通信网络覆盖到每一个地方，甚至实现全球化量子通信。在中国科学院战略性先导科技专项的支持下，由中国科学技术大学牵头研制的世界上首颗量子科学实验卫星"墨子号"于 2016 年 8 月成功发射。至 2017 年 8 月，"墨子号"已圆满实现了三大既定科学目标：实现了千公里级星地双向量子纠缠分发、千公里级星地高速量子密钥分发和千公里级地星量子隐形传态。结合"京沪干线"与"墨子号"的天地链路，中国和奥地利之间在国际上首次成功实现了距离达 7600km 的洲际量子密钥分发，并利用共享密钥实现了加密数据传输和视频通信（图 3.22）。上述成果标志着天地一体化广域量子通信网络雏形已经形成，未来将进一步推动量子通信技术的大规模应用，建立完整的量子通信产业链和下一代国家主权信息安全生态系统。

上述中国学者的原创性工作使得中国在量子通信领域的研究和应用水平全面领跑国际。相关成果得到了国内外广泛关注和高度评价，被 *Nature*、*Science*、*Scientific American*、*New Scientist*、*Physics Today*、*Physics World* 等国际著名期刊或科技媒体专题报道，多次入选 *Nature* 年度"国际重大科学事件"、*Scientific American* 年度"改变世界的十大创新技术"、*Science News* 年度"十大科学事件"、英国物理学会"年度国际物理学重大突破"、中国两院院士评选的年度"中国十大科技进展新闻"等。

图 3.22 "墨子号"量子科学实验卫星过境

图中绿色光点为卫星发出的 532nm 信标光，红色光线为地面站发出的 671nm 信标光。
该图片为多张照片合成。拍摄于中国科学院新疆天文台南山观测站

3.12

固态量子计算机

经典计算中，同一时刻一个比特只能处在确定的 0 或 1 态。而由于量子相干性，量子比特可以同时包含 0 或 1 态。随着量子比特数目增加，同时包含的态的数目相应呈指数形式增长，从而面对一些复杂运算，如破解经典秘钥系统、蛋白质折叠等，量子算法（实现方法就是制造量子计算机）具有远超经典算法的能力。目前，量子计算机还处于底层物理器件的探索中，包括多种物理体系，如光量子、磁共振、金刚石色心、半导体量子点、超导约瑟夫森结等。其中固态系统方案（半导体量子点和超导约瑟夫森结）是目前国际上最受关注的主流方案，也获得了工业界的投资。IBM（International Business Machines Corporation）、Google、Intel 等公司都展开了比特数目竞赛。以 IBM 为例，2017 年宣布上线了 16 比特的在线演示平台；2019 进一步宣布，将推出 53 量子比特的可"商用"量子计算机。中国学者在这两个领域也取得了一系列重要的科学成果，包括砷化镓半导体电荷量子比特超快操作、硅基量子比特制备、超导多量子比特纠缠等。这些工作引起了国际学术界和社会公众的广泛关注。

半导体量子点量子计算方案具有可扩展性极好的优势。量子点制备所需要的材料和工艺是半导体工业业已成熟的技术，如果研究者能在实验室中实现几十个比特的原型机，完全可以利用工业界力量进行比特数大规模扩展。目前，中国开展该方向研究的实验组，只有中国科学技术大学郭国平研究组。

早期半导体量子点以镓砷／铝镓砷异质结为基础，通过表面门电极在二维电子气层形成电学势阱，约束少数几个电子。电子处在左边／右边的势阱的位置不同，可以定义电荷量子比特。中国科学技术大学郭国平研究组于 2013 年实现了超快（几十皮秒量级）的单比特量子逻辑门，并于 2015 年进一步实现两量子比特受控非门操作。2018 年该研究组进一步将电荷量子比特数目扩展至 3 个，并实现了砷化镓量子点体系三电荷量子比特的 Toffoli 门操作。这也是目前量子点系统中比特数目最多的门操作（图 3.23）。进一步，电子的自旋单态／三重态和电荷分布混合，可以构造杂化量子比特。该方案由美国威斯康星大学 Eriksson 研究组提出。2016 年，中国科学技术大学郭国平研究组在铝镓砷系统上实现了五电子区域的可调谐杂化量子比特，将相干时

作者简介：郭国平，博士，教授；单位：中国科学技术大学，合肥，230026

间提高了一个量级。

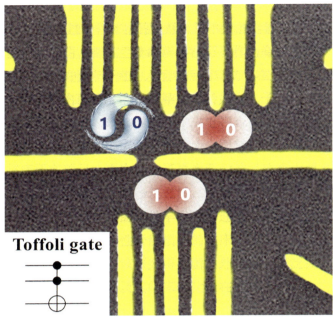

图 3.23　砷化镓量子点体系三电荷量比特 Toffoli 门操作示意图

图片来源：Physics Review Applied，2018

　　镓砷／铝镓砷材料中，由于电子自旋受到晶格的核自旋影响，相干时间难以进一步提高。研究者的兴趣逐渐转向核自旋密度低的硅基材料。目前，中国科学技术大学郭国平研究组利用国内自主设计生长的硅基材料，完成了多种带量子比特探测通道的硅基量子比特的制备（图 3.24），正在进行高保真度的单量子比特逻辑门操控。

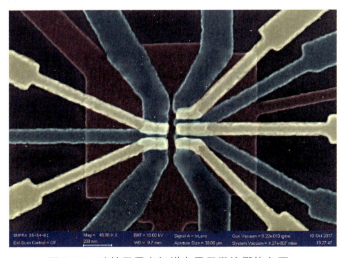

图 3.24　硅基量子点扫描电子显微镜假染色图

　　同时，中国科学技术大学积极与企业进行合作，2017 年与本源量子计算公司合作推出了本源在线量子云平台。

　　另一个进展较快的系统是超导量子比特系统。大多数超导量子比特系统是以超导约瑟夫森结组成的超导量子干涉器件（superconducting quantum interference device，SQUID）为核心。目前最流行的是被称作"Transmon"的超导量子比特。由于该结构能级可以通过直流电流进行调制，从而可以实现更灵活的比特控制。通过平面波导腔，可以实现比特之间的耦合。国内超导量子比特研究单位包括浙江大学、中国科学技术大学、中国科学院物理研究所、南京大学等。虽然与国外相比仍有一定的差距，但是近几年取得了非常大的进展，最新的重要进展是 2019 年，中国科学技术大学与中国科学院物理研究所合作，在一个集成了 24 个量子比特的超导量子处理器上，通过对超过 20 个超导量子比特的高精度相干调控，实现了 Bose-Hubbard 梯子模型多体量子系统的模拟。

　　基于微纳加工工艺的拓扑量子计算也正受到越来越多关注。目前研究最多的是马约拉纳零模。它是一种被拓扑保护的能态，预期具有很高的抗外界干扰能力。目前该方案处于确认马约拉纳零模信号，并探索基本的交换操作的状态，与其他系统相比还处于起步阶段。

　　当前社会运行高度依赖信息和计算技术，量子计算在原理上具有远远超越经典计算的能力，如果能够最终在技术上实现，无疑将对社会产生巨大的影响。但作为一种技术，量子计算整体仍然处在物理层探索的阶段。一个重要的问题在于：尽管物理比特数目近两年来有所增加，但能实现量子纠错的逻辑比特仍然没有得到实验证明。固态系统，特别是半导体和超导系统，作为量子计算技术中最有竞争力的代表，也将以实现逻辑比特为目标继续前进。

3.13

拓扑绝缘体和量子反常霍尔效应

拓扑物态的发现，特别以量子霍尔效应的发现为标志，对整个物理学的发展产生了深远的影响。描述这类物态要用到数学中"拓扑"相关的概念，是数学与物理完美结合的又一典范。2016年度诺贝尔物理学奖颁发给了3位理论发现拓扑相及其相变的科学家。目前，拓扑物态研究已发展成为与传统对称破缺理论描述的物态相并肩的研究领域。

自2006年，该领域的发展进入了突破与大发展期，是新物态、新材料和新现象发现的爆发期。多种拓扑材料体系的发现，使该领域飞速发展。该时期包括4个里程碑式的突破，其中中国科学家群体的贡献和国际认可度，呈现出大幅增长的态势：

（1）二维拓扑绝缘体的提出、实现及物性研究

2006年和2007年，理论提出并实验证实 HgTe/CdTe 量子阱体系是二维拓扑绝缘体，并提出能带反转导致拓扑量子态的理论模型，为利用第一性原理计算进行拓扑材料的搜索和设计提供了直观物理图像。2011年，在 InAs/GaSb 的量子阱中也发现了二维拓扑绝缘体态。最近几年，有实验证据表明单层的 $ZrTe_5$、$HfTe_5$、Bi_4Br_4、Bi_4I_4 及 WTe_2 等是二维拓扑绝缘体，但均存在样品制备和器件加工方面的问题。因此能隙大、易制备、高稳定的理想二维拓扑绝缘体的缺乏成为制约进一步研究的瓶颈。

（2）三维拓扑绝缘体的提出、实现及物性研究

从这个阶段开始，中国的研究者们从跟踪逐渐走到了拓扑物态研究的国际前沿。2007年，拓扑绝缘体的概念从二维推广到了三维，铋锑合金体系是角分辨光电子能谱实验首先证明的拓扑绝缘体，但不是最理想的。2009年，中国科学院物理研究所方忠、戴希小组与美国斯坦福大学张首晟小组合作，通过第一性原理计算，预言了3种三维拓扑绝缘体材料 Bi_2Se_3、Bi_2Te_3 和 Sb_2Te_3（图3.25）。与铋锑合金不同，它们都具有较大的整体能隙，使得在室温下观测各种拓扑物性成为可能。几乎同时，美国普林斯顿大学研究组通过角分辨光电子能谱实验观测到了 Bi_2Se_3 的拓扑绝缘体特性。

此后，绝大多数关于三维拓扑绝缘体的实验工作都是在 Bi_2Se_3 家族材料中开展的。譬如，普林斯顿大学 Yazdani 小组和清华大学陈曦、薛其坤小组等都通过扫描隧道显

作者简介：方忠，博士，研究员，美国物理学会会士；单位：中国科学院物理研究所，北京，100190

翁红明，博士，研究员；单位：中国科学院物理研究所，北京，100190

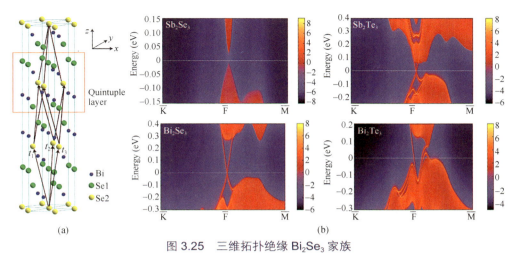

图 3.25 三维拓扑绝缘 Bi_2Se_3 家族

（a）Bi_2Se_3 晶体结构；（b）（111）表面态。Sb_2Se_3 是普通绝缘体，无狄拉克锥形表面态，

而 Sb_2Te_3、Bi_2Se_3、Bi_2Te_3 是拓扑绝缘体

注：此为理论结果图

微镜（STM）实验，证实拓扑绝缘体表面态在非磁性杂质散射下无背散射过程。美国普林斯顿大学 Ong、中国科学院物理研究所李永庆、吕力小组，清华大学王亚愚小组和美国普渡大学陈勇小组等均在磁阻测量中发现表面态的反弱局域化现象。清华大学陈曦、薛其坤小组和日本理化研究所 Hanaguri 小组于 2010 年率先通过 STM 观测到了表面电子态在磁场下形成的表面朗道能级，而日本理化研究所 Tokura 小组和美国普渡大学陈勇小组则于 2014 年成功观测到了拓扑绝缘体表面态形成的量子霍尔效应。在表面输运的理论工作方面，中国香港大学沈顺清、卢海舟，北京大学谢心澄、孙庆丰、施均仁等都做出了很好的工作。这些输运和热力学效应的研究，为今后拓扑量子器件的设计和研发打下了坚实的基础。

（3）量子反常霍尔效应的提出和实现

在这一重大突破的研究过程中，中国的研究力量成为该研究领域的主导性力量。2008 年，清华大学刘朝星、祁晓亮，中国科学院物理研究所方忠、戴希与美国斯坦福大学张首晟合作提出，如果能通过掺杂磁性元素在二维拓扑绝缘体 HgTe 薄膜中实现铁磁性，即可得到量子反常霍尔效应，然而该体系在低温下并不能出现自发的铁磁有序。2010 年，中国科学院物理研究所方忠、戴希和美国斯坦福大学张首晟等，通过定量计算指出在 Bi_2Se_3、Bi_2Te_3 和 Sb_2Te_3 拓扑绝缘体薄膜中掺入磁性元素 Cr 或者 Fe，能带反转导致 Van Vleck 超顺磁性，使得体态绝缘的情况下也可能在低温下形成长程铁磁态，并最终实现量子反常霍尔效应（图 3.26）。2013 年，由薛其坤领衔的清华大学、中国科学院物理研究所联合研究团队，在（BiSb）$_2Te_3$ 拓扑绝缘体薄膜中成功掺入了磁性元素 Cr，形成了稳定的铁磁绝缘体态并成功实现了量子反常霍尔效应，证实了此前的理论预言。此后，日本理化研究所、美国麻省理工学院和加利福尼亚大学洛杉矶分校等世界一流实验室都先后重复了这一工作。量子反常霍尔效应的实现，是在整个拓扑材料研究中，第一次真正观测到严格的无耗散输运，因此具有非常重要的意义。

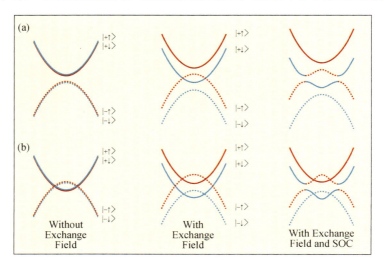

图 3.26　磁性掺杂导致量子反常霍尔效应的物理机制

磁性原子掺入引入交换场，导致一个自旋通道的能带发生反转，而另一个自旋通道保持正常能级顺序，从而导致量子反常霍尔效应态

注：此为理论结果图

（4）拓扑半金属的提出、实现及物性研究

在这个研究阶段，来自中国的研究者们发挥了领域的引领作用。拓扑半金属是物态分类的概念从绝缘体向金属体系的推广。与前阶段的拓扑绝缘态相比，它的体态是无能隙的，有且仅有能量简并点或线构成费米面，其低能激发的准粒子可以用量子场论的狄拉克方程、外尔方程等来描述，由此衍生出来已知或未知的新费米子态，打开了更广阔更深入的研究领域。

因此，拓扑物态已经发展出了许多成员，成为一个庞大的家族。除了上面提到的，还有强关联拓扑绝缘体、拓扑超导等的研究。2016 年，上海交通大学贾金峰组在 s 波超导体的表面生长出高质量拓扑绝缘体，在界面上实现超导态，并在磁涡旋中探测到 Majorana 零能模。另外，还有拓扑光子晶体、拓扑声子晶体、Floquet 拓扑绝缘体等。纵观该领域的发展，已经经历了概念发展—材料发现—物性研究的重要过程，下一步应该关注如何利用这些特有的拓扑物性来真正实现一些功能器件。

3.14

凝聚态中的准费米子

　　在自然界中发现新粒子和在凝聚态体系中发现新准粒子是现代物理研究的两项重要内容。当前的标准模型认为宇宙中可能存在 3 种类型的费米子，即狄拉克费米子、外尔费米子和马约拉纳费米子。狄拉克费米子已经被发现，而外尔费米子和马约拉纳费米子还没有在粒子物理实验中被观测证实。另外，固体中众多相互作用的电子，往往会表现出不同于单个电子的集体行为。在研究这些集体行为时，人们常常把它看作是某一假想粒子所具有的性质，这就是凝聚态体系中准粒子的概念。不同的准粒子具有不同的行为，使得包含它的固体具有不同的物理性质和外场响应。标准模型描述的是连续对称的宇宙空间，但固体空间只满足不连续的分立对称性，这就可能导致更多的新型准粒子。寻找并实现可能的全新准费米子，近年来已经成为凝聚态物理领域一个具有挑战性的前沿科学问题，也是该领域国际竞争的焦点之一。

　　固体中实现新奇准粒子的一个典型例子是二维石墨烯。它的动量空间存在由狄拉克方程描述的无质量（二维）狄拉克费米子准粒子激发，因而具有极高的迁移率和独特的磁电阻效应等。随着拓扑绝缘体的发现，类似的准粒子激发在拓扑绝缘体的边界（一维）或表面（二维）上也得以实现。而三维体系中要实现这些准粒子，就需要拓扑半金属。中国科学院物理研究所方忠及合作者在 2003 年通过研究反常霍尔效应的内秉物理本质，发现了动量空间中磁单极的存在。该磁单极即外尔点，为拓扑半金属研究奠定了基础。根据外尔点在动量空间中的分布，拓扑半金属可以进一步细致划分为狄拉克半金属，外尔半金属、节线半金属和多重简并点半金属等，如图 3.27 所示。节线半金属中的外尔点形成连续的线圈，而不是孤立的点。多重简并点半金属中能级的简并度既不同于狄拉克半金属的四重，也不同于外尔半金属中的两重，而是三、六、八重等。这些都是标准模型中所没有对应的、固体中特有的新型费米子。

　　中国科学家在拓扑半金属的研究中做出了一系列开创性的贡献，引领了该领域的国际进展，处于世界前列。突破首先来自狄拉克半金属的实现。2012 年和 2013 年，中国科学院物理研究所方忠、戴希团队预言了两个狄拉克半金属材料 Na_3Bi 和

作者简介：方忠，博士，研究员，美国物理学会会士；单位：中国科学院物理研究所，北京，100190
　　　　　翁红明，博士，研究员；单位：中国科学院物理研究所，北京，100190

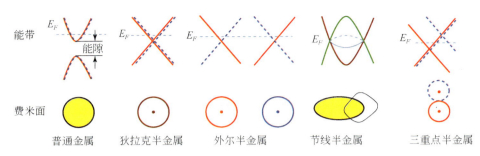

图 3.27 拓扑半金属分类

上行是每个成员费米能附近的能带结构，下行是费米面的形状及外尔点的分布。相反磁荷的外尔点用
红、蓝点表示；三重简并点半金属的电子和空穴费米口袋用实线和虚线区分

Cd_3As_2，随后通过实验与合作，在其中观察到了三维无质量狄拉克费米子。拓扑绝缘体开拓者之一 Kane 认为这是"一个重大进展，打开了研究它物性的大门"。

狄拉克半金属的发现为实现具有手性的电子态即外尔费米子（外尔半金属）奠定了基础。2011 年，南京大学万贤纲团队和中国科学院物理研究所方忠、戴希团队分别提出了两种磁性体系可能是外尔半金属，但都没有得到实验证实。2015 年，中国科学院物理研究所方忠、戴希、翁红明等理论预言 TaAs 家族材料是非磁性外尔半金属，并与实验团队合作证实了该理论预言。这是自 1929 年外尔费米子被提出以来，人们首次在固体中观测到它（图 3.28）。这一工作被英国物理学会评为 2015 年"物理世界十大突破"、美国物理学会评为 2015 年"物理八大亮点工作"、中国科学技术部评为 2015 年"中国科学十大进展"。2018 年，这项工作入选美国物理学会 *Physical Review* 系列期刊诞生 125 周年纪念文集。这是唯一入选的来自中国的

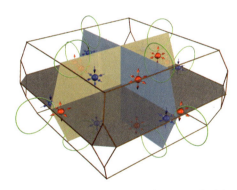

图 3.28 外尔半金属 TaAs 中不同磁荷外尔点（红、蓝点）在倒空间中的分布

工作。该论文集共收录了 49 项对物理学产生重要影响的工作，从 20 世纪初的密立根油滴实验到 2016 年引力波的发现等，其中许多工作已获得诺贝尔奖或其他重要奖项。

从狄拉克方程出发，除了可以得到手性的外尔费米子外，还可以得到一组实数解描述的马约拉纳费米子。该费米子的奇特之处在于它是它自己的反粒子。理论研究表明，某些拓扑态的端点、边界或量子磁通核心等可存在马约拉纳类型的准粒子。2008 年，傅亮等提出在拓扑绝缘体的表面通过与 s 波超导的近邻效应，可以导致拓扑超导，并在量子磁通核心出现马约拉纳零模。2010 年，Sarma 等提出利用有强自旋轨

道耦合的半导体纳米线，在其端点也可实现马约拉纳零模。2012 年，Kouwenhoven 组在 InSb 纳米线端点观测到支持马约拉纳零模的实验现象。2014 年，Yazdani 组在 s 波超导上的磁性原子链中也观测到类似现象。2016 年，上海交通大学贾金峰研究组、浙江大学张富春研究组及南京大学邢定钰研究组一起，在 s 波超导和拓扑绝缘体的界面处观测到了磁涡旋核心处存在马约拉纳零模有力证据。这些证据都表明，所有 3 种费米子类型的准粒子都可能在固体中实现。

固体中无质量狄拉克费米子，手性外尔费米子和马约拉纳费米子等准粒子的发现，启发人们去探寻更多新型准粒子。2016 年，美国普林斯顿大学 Bernevig 团队提出非简单空间群对称性保护的三、六、八重简并新费米子态。与此同时，中国科学院物理研究所方忠、戴希、翁红明等预言在具有简单空间群对称性的碳化钨家族材料中存在三重简并费米子，且与狄拉克、外尔费米子不同，对外加磁场的方向敏感，使得含有它的材料具有磁场方向依赖的磁阻性质。2017 年，中国科学院物理研究所丁洪、钱天、石友国等实验团队在这类材料中首次观测到了突破传统分类的三重简并费米子。该工作入选 2017 年"中国科学十大进展"。

固体中新型费米子准粒子的概念正变得越来越实际、鲜明且富有启发性，相关的研究也迅速发展起来，成为当前凝聚态物理研究的新方向。但值得注意的是，这些准粒子与其在真空中对应的真实粒子还是不尽相同。譬如，外尔半金属具有表面费米弧，手性反常导致的负磁阻现象，这是真空中的外尔费米子所没有的。离散的晶格对称性还会导致自由真空的洛仑兹不变性被破坏，导致节线半金属，第二类外尔半金属和多重简并点半金属等没有传统理论所对应的新型费米子。对新型费米子准粒子的深入研究可以促进理解电子的拓扑物态，发现新奇物理现象，开发新型电子器件，同时对深入理解基本粒子性质也具有重要的意义。探索这些不同固体中的新型费米子当然也会让我们更好地理解我们自己的宇宙空间。

3.15

多原子纠缠态制备

作为量子物理世界中一种极为奇特的现象，量子纠缠因其在量子计算、量子精密测量以及基础物理研究等方面的核心价值受到了广泛的关注。由于可用的量子资源一般随着纠缠粒子数的增加而急剧增长，多粒子纠缠态的制备与操控一直是物理学家孜孜不倦的奋斗目标。然而随着纠缠粒子数的增多，外界环境的干扰通常导致更快的退相干以及纠缠性质的破坏，因此，大粒子纠缠态的制备和操控又是十分困难的。在过去 20 年里，以中国科学技术大学潘建伟小组为代表的国内外诸多研究小组，利用非线性晶体中的光学自发参量下转换的方法先后完成了五光子、六光子、八光子及十光子等量子纠缠态的制备，创造了光子纠缠态的世界纪录，为光量子技术的潜在应用和发展提供了基础。而实物粒子纠缠态的研究则主要集中在两个方向：量子计算和精密测量。在量子计算研究中，纠缠的载体可以为原子、离子、分子、固体中的缺陷色心、量子点、超导结等；量子精密测量研究的载体一般为冷原子或离子。国内的研究此前较多地集中在量子计算方面，而利用纠缠态的量子精密测量技术则更多掌握在国外研究小组手中。在旋量玻色－爱因斯坦凝聚体（Bose-Einstein Condensation，BEC）中有一种相干的自旋交换机制，类似于光学中的参量下转换，可以产生纠缠的原子对。利用这纠缠产生机制，国外同行已经成功地制备了上千个纠缠原子的系综，并实现了超越经典极限的测量精度。这对实现高精度的基本物理常数测量，基本物理定律的验证，以及提高原子／离子光钟的精度等工作有着重要的意义。

一直以来，在旋量原 BEC 中的多粒子纠缠态都是通过动力学方式产生的。这种方式通过快速改变某个外界参数，比如突然调控外场改变原子系统间的相互作用，就可以使得旋量 BEC 系统内态振动起来，从而让部分原子转化到纠缠态。国外大量先行的研究工作表明，基于此方案产生的量子态尽管具有纠缠性质，但其纠缠成分比较小，具有纠缠的粒子数尽管远大于传统实验系统的结果，但相对于整个凝聚体中的原子数来说还是比较少的。同时，动力学方法的缺点是所产生的纠缠总粒子数涨落很大，接近 100%。2017 年，清华大学尤力团队另辟蹊径，在实验上首次成功地利用量子相变过程

作者简介：尤力，博士，教授，美国物理学会会士；单位：清华大学，北京，100084
　　　　　郑盟锟，博士，副教授；单位：清华大学，北京，100084

确定性地制备了超过 1 万个粒子纠缠态。在新的方案中，原子 BEC 系统的动力学以近绝热的速度缓慢变化，先后经历两个量子相变形成高度纠缠的双数态（图 3.29）。借助于充分优化的外场扫描线型及不同量子相的特殊能级结构，实验上每一次扫描过程都能将高达 96% 的非纠缠的原子转化到多粒子纠缠态，大大提高了从非纠缠到纠缠量子态的转化效率。通过对所制备的多体纠缠态的标定，可以推断出所制备的量子态具有约至少 910 个原子的纠缠深度，刷新了国际上在凝聚体中实现的纠缠粒子数的纪录。在 2018 年一项更新的工作中，清华大学尤力团队利用同样的想法，首次制备了自旋 1、磁化强度为零的 BEC 基态。由于处于基态的铷原子的相互作用具有铁磁性，不同原子的自旋方向（也就是磁矩的方向）倾向于平行排列，这时从整体磁化强度为零的初态出发就可以在缓慢去除磁场的过程中演化到了另一类似于双数态，但包含了原子所有 3 个能级的对称纠缠态：自旋为 1 的多原子 Dicke 态。通过表征该量子态的相干性和磁化强度的涨落，他们甄别发现 BEC 样品中所有约 11 500 个原子都是纠缠的，这大大提高了超冷原子体系中纠缠原子数的世界纪录。此外，他们在实验上通过一个共振的射频脉冲，将制备的量子态输入到一个等效的三模拉莫西干涉仪中，实现了超越经典极限 8.4 分贝（约 7 倍）的相位测量精度。

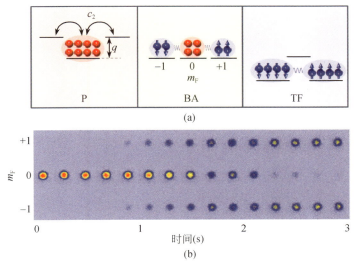

图 3.29 调控量子相变在 BEC 中产生多原子纠缠态的过程

（a）自旋为 1 的 BEC 的基态取决于体系中两种能量尺度的相对强度：q/c_2，其中 c_2 为原子之间的自旋交换速率，q 为二阶塞曼效应。两个没有磁矩的原子（$m_F=0$）通过碰撞可以翻转成一个磁矩朝上（$m_F=1$）和一个磁矩朝下（$m_F=-1$）的原子对。在整体磁化为 0 的子空间内，上面两种相互作用的竞争使得凝聚体的基态依次为极化相（polar，P）、轴对称破缺相（broken-axis symmetry，BA）和双数态相（twin-fock，TF）。在实验上，通过缓慢地调节相互作用 q，可以使系统绝热地从非纠缠的基态演化到纠缠的双数态。（b）不同自旋的原子在 Stern-Gerlach 分离后的吸收成像图，反映了双数态的制备过程

前面制备双数态的工作于 2017 年发表于 *Science* 期刊上，最新的研究工作发表在 *PNAS* 期刊上。这些研究工作不仅填补了国内在大原子数纠缠态制备领域的空白，使得国内的相关研究从"空白"跃变为"领跑"，还突破了国外同行长期以来遵循的研究范式，为确定性制备多粒子纠缠态提供了一条崭新的思路。凝聚体中多粒子纠缠态的制备一方面为包括量子纠缠、量子非局域性与量子测量在内的基础物理研究创造了的新的平台，另一方面展示了其对量子精密测量巨大的潜在应用价值。清华大学尤力团队未来将利用量子相变方法制备其他的纠缠态，并探索如何将 BEC 中潜在的量子纠缠资源应用到具有实用价值的量子技术中。

3.16

具有生物活性的天然产物的化学合成

　　天然产物是自然界生物产生的次级代谢产物。它们具有丰富多样的调控生命过程的功能和优越的生物相容性。因此，天然产物一直是化学与生物学前沿的重要工具分子，也是药物研发中的重要先导物。抗疟药物青蒿素的发现和发展就是天然产物药用价值的一个很好的例证。20世纪80年代末到90年代初，Schreiber等对天然产物他克莫司（tacrolimus，FK506）和雷帕霉素（rapamycin）的免疫抑制功能的研究，开创了今天蓬勃发展的化学生物学领域。然而，很多天然产物在自然界中含量有限，限制了人们对其蕴含的生物和医药功能的充分理解和利用。在有限的资源和时间的框架内，迅速获得较大数目和规模的天然产物及其类似物、模拟物，不仅是一个技术和工具的问题，而且是有机合成化学的一个重要基础性问题，也是天然产物化学生物学的一个关键限制性问题。在天然产物的化学合成以及相关的药物创制领域，美国化学家在近一个世纪的发展中一直占据领先地位，并且不断提出新的概念，引领该领域的发展方向。Kishi等与卫材株式会社研发的药物海乐卫（Halaven，eribulin mesylate），用于治疗接受过至少两种化疗方案治疗的局部晚期或转移性乳腺癌患者，是一个将顶级化学合成技艺用于临床药物创制的范例。在得天独厚且传统悠久的药用植物研究的基础上，中国的天然产物化学合成研究一直是一个重要的研究领域，所取得的突出历史成就包括青蒿素的化学合成、结晶牛胰岛素和酵母丙氨酸转运核糖核酸（两者均属于初级代谢物即广义的天然产物）的人工合成等。

　　近10年来，中国科学家在天然产物，特别是来自中国特有生物资源的活性天然产物的全合成领域，取得了一大批具有原创性的成果。例如，兰州大学涂永强等发展了基于半频哪醇重排反应的季碳中心构建方法，实现了中药用植物来源的复杂天然产物的全合成；南开大学周其林、谢建华等利用自主发展的不对称氢化反应实现了系列活性天然产物的立体选择性合成；中国科学院上海有机化学研究所唐勇等围绕多取代环丁烷的构建和转化发展了系列高效反应，实现了若干相关天然产物的全合成；中国科学院上海药物研究所岳建民等完成了若干结构新奇的天然产物从发现到合成的全链条研究；中国科学院上海有机化学研究所马大为等发展了基于吲哚的分子内氧化偶联方

作者简介：李昂，博士，研究员；单位：中国科学院上海有机化学研究所，上海，200032

法，实现了系列活性吲哚的生物碱的全合成；北京大学杨震等实现了从五味子中发现的结构高度复杂的多种降三萜类天然产物的首次全合成；中国科学院上海有机化学研究所俞飚等发展了温和高效的糖苷化方法，实现了系列活性优异、结构复杂的糖缀合物的化学合成；四川大学秦勇等发展了吲哚环丙烷化／开环方法，实现了多种复杂吲哚生物碱的首次全合成；厦门大学黄培强等发展了高效、高选择性的酰胺还原和转化方法，实现了系列活性生物碱的简洁和规模化合成；等等。

经过人才和研究方面的长期积累，中国学者近年来在天然产物化学合成领域显示出加速追赶甚至超越国际一流同行的势头。他们的研究成果也对该领域前沿的发展产生了重要影响。与此同时，美国、日本和欧洲的顶尖合成化学家虽然保持着较为活跃的状态，但其青年人才的成长已显露不足；在这个竞争激烈的领域，"久不为"将导致"终不能"。目前，中国天然产物化学合成研究在以下几个重要方向形成了优势和特色：①来源于中国特有生物资源的具有药用价值的天然产物的化学合成。②基于自主发展的先进反应和策略的天然产物合成。③基于活性天然产物合成的靶点识别和作用机制研究。这些研究与生命科学研究或药学研究的交叉和融合令人期待。

3.17

纳米酶：新一代人工模拟酶

　　酶是活细胞产生的一类具有催化作用的有机分子。1877 年，德国科学家 Kuhne 将这类分子称为"酶"（enzyme）。随后，美国科学家 Sumner 将其鉴定为一种"蛋白质"（protein）。天然酶具有催化效率高、底物专一、反应条件温和等优点。然而，由于酶的化学本质是蛋白质，在酸、碱、热等非生理环境中容易发生结构变化而失活。为此，科学家一直在寻求用化学合成法制备人工模拟酶。但如何提高模拟酶的催化效率，一直是该领域的核心问题之一。而用无机材料制造人工酶，使其不仅具有生物酶的催化效率，且制造技术简便可控，更是许多科学家的梦想。

　　自 1993 年以来，纳米材料类酶催化现象偶有报道，但是由于缺乏深入研究而没有引起广泛关注。直到 2007 年，中国科学家（来自生物、化学、材料、物理、医学等领域）打破传统学科界限，经过多年精诚合作，首次从酶学角度系统地研究了无机纳米材料的酶学特性（包括催化的分子机制和效率，以及酶促反应动力学），建立了一套测量纳米酶催化活性的标准方法，并将其作为酶的替代品应用于疾病的诊断。随后，国内外许多实验室也陆续报道了其他纳米材料的酶学特性（图 3.30）。2013 年，汪尔康和魏辉发表"Nanozyme：next-generation artificial enzyme"长篇综述文章在国际

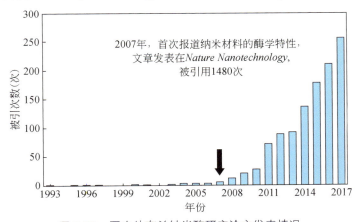

图 3.30　国内外有关纳米酶研究论文发表情况

自中国科学家 2007 年报道纳米材料酶学特性以来，纳米酶研究论文数量逐年飙升

作者简介：阎锡蕴，博士，教授，中国科学院院士；单位：中国科学院生物物理研究所，北京，100101

著名期刊 *Chemical Society Reviews* 上。从此，"纳米酶"（nanozyme）这一新概念引起了学术界广泛关注。目前，全球至少已有 29 个国家 290 个实验室从事纳米酶研究，300多种纳米酶被陆续报道，纳米酶的应用研究也已经拓展到了生物、农业、医学、环境治理等多个领域，逐渐形成了纳米酶研究新领域。

纳米酶是新一代人工模拟酶（图 3.31）。它如同天然酶一样，能够在温和条件下高效催化酶的底物，呈现出类似天然酶的催化效率和酶促反应动力学。从模拟天然酶的角度出发设计的某些纳米酶活性甚至超过了天然酶。同时，纳米酶又比天然酶稳定，即使在强酸 / 强碱（pH 值 2—10）或较大温度范围（4—90℃）内，仍能保持 85% 催化活性，而天然酶则由于蛋白质变性失活而完全失去催化功能。另外，纳米酶除了催化活性之外，还兼有独特的理化特性，这为设计复杂的催化体系提供了条件。阎锡蕴研究团队设计的铁基纳米酶探针，集分离（磁性）和信号放大（催化）于一体，使检测的灵敏度提高 100 倍，突破了传统试纸条因灵敏度低而长期应用受限的瓶颈，这项新技术已发展成为首个纳米酶产品。动物实验表明纳米酶有保护心肌、改善阿尔茨海默病和缺血性脑卒中等功能，预示纳米酶的应用研究已经从体外扩展到了体内，有望为疾病的治疗提供新思路和新方法。

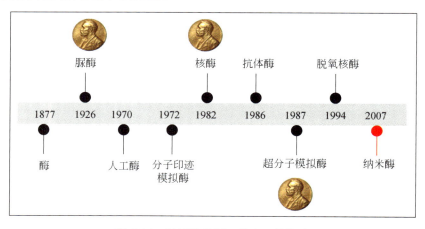

图 3.31　纳米酶是新一代人工模拟酶

纳米酶的出现改变了人们的传统观念，无机纳米材料不再是惰性物质。正如德国科学家 Tremel 教授发表 "Solids Go Bio：Inorganic Nanoparticles as Enzyme Mimics" 综述文章所言：纳米酶揭示了纳米材料自身蕴含生物效应（不是纳米材料与生物分子的叠加），这不仅拓展了纳米材料在生物医学中的应用，还为人工模拟酶研究提供了新思想和新材料，更是为纳米生物学开启了新的研究方向。

2017 年，以"纳米酶催化机制与应用研究"为主题的香山科学会议第 606 次学术研讨会在北京召开，执行主席由汪尔康、包信和、张先恩、顾宁和阎锡蕴共同担任，来自全国 20 多家单位 40 余名专家（生物、材料、物理、化学、医学、理论计算、临床医生）从不同视角探讨了纳米酶的催化机制与应用研究。在充分讨论纳米酶催化机制及构建其理论体系的基础上，与会专家一致认为纳米酶是中国原创，已有国际影响。例如，美国高登会议邀请中国科学家作纳米酶主题报告，国际最有影响的学术出版公司之一 Springer 邀请中国科学家编写 *Nanozyology*（《纳米酶学》）英文专著，国际知名期刊 *Small* 设立了 "*Nanozyme*"（《纳米酶》）专栏。目前，无论纳米酶研究论文还是成果转化，中国科学家都处于领先地位。

3.18

二维碳石墨炔——从基础到应用

　　碳具有 sp^3、sp^2 和 sp 三种杂化态，通过不同杂化态可以形成多种碳的同素异形体。石墨炔（graphdiyne）是以 sp 和 sp^2 两种杂化态形成的新的碳同素异形体（图 3.32），2010 年，中国科学家首次采用人工合成化学获得了全新结构的碳材料同素异形体——石墨炔，是国际认可的具有中国自主知识产权的发现，具有变革性的新型碳材料；是国际上第一个通过人工合成化学获得的全碳材料，开辟了人工合成碳新同素异形体的先例，并确定了石墨炔的结构及其物理特性，层间距为 0.365nm，带隙与硅相当为 1.10eV，激子结合能为 0.55—1.16eV，杨氏模量与碳化硅相当高于 400GPa，有极高的载流子迁移率 $[2\times10^5\mathrm{cm}^2/(\mathrm{V\cdot s})]$ 和热导率（$5000\mathrm{W\cdot m^{-1}\cdot K^{-1}}$），几乎是目前材料中的完美代表。石墨炔独特的结构和电子结构决定了其不可替代的变革性优势。目前石墨炔的研究已取得了显著成绩，它在能源存储与转化、催化、人工智能、电子信息、生命科学、环境等应用领域实现了变革性技术突破，具有巨大潜力。

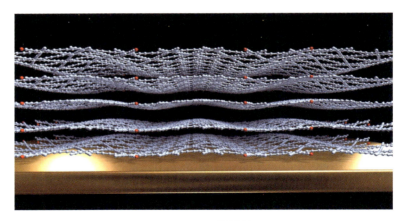

图 3.32　石墨炔结构图

　　近年来，中国科学家在石墨炔的基础和应用研究中获得了原创新的研究成果（图 3.33）。建立了系列石墨炔薄膜及其聚集态结构制备新方法和技术，并对其生长、组装机理、机制和性能进行了研究；拓展了石墨炔生长、制备的空间，发展了系列

作者简介：李玉良，博士，研究员，中国科学院院士；单位：中国科学院化学研究所，北京，100190

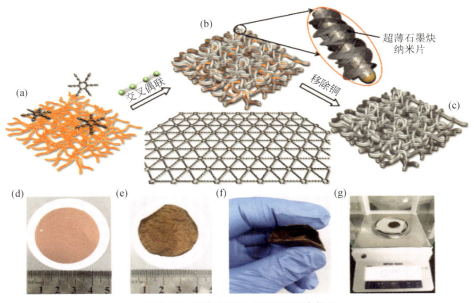

超薄石墨炔纳米片

交叉偶联　　移除铜

图 3.33　可控制备大面积石墨炔薄膜

（a）—（c）石墨炔在一维铜纳米线上的生长过程。（d）铜纳米线照片。（e）生长石墨炔后铜纳米线照片。（f）柔性石墨炔照片。（g）超轻石墨炔照片

异质、复合材料的可控合成新方法；建立了以燃烧法为主的石墨炔宏量制备新技术和新方法，获得了高质量且宏量制备的石墨炔；发展了系列新方法，实现了石墨炔聚集态结构从一维到三维的可控合成；获得了大面积、高质量的超薄石墨炔纳米片（平均厚度 1.9nm）并实现了在任意形貌基底生长石墨炔三维纳米结构；获得了厚度为 0.6nm 石墨炔薄膜及厚度为 1—2nm 单晶石墨炔薄膜，确定其精确结构为"ABC"堆垛层状结构；在石墨炔应用科学研究中，发现了石墨炔在能源（锂钠离子电池、电容器、太阳能电池等）催化、人工智能、光热转换、电化学驱动器等方面的新奇物性和唯一性。证明石墨炔的锂/钠离子电池具有优良的倍率性能、大功率、大电流、长效的循环稳定性等特点，其比容量最高达到了 2000（mA·h）/g，钠离子电池比容量可以达到 650（mA·h）/g，并具有优良的稳定性。石墨炔基的全碳高性能锂离子电容器在 400.1W/kg 的功率密度下能量密度高达 260（W·h）/kg，并且在循环 1000 圈后容量仍能保持 94.7%；发现石墨炔快速电化学应变新奇机理，实现了高达 6.03% 的电能—机械能转化效率，创造了新的纪录。目前国际上已经报道的换能材料，如合金、碳纳米管、石墨烯，以及在该领域抱有厚望的压电材料等其能量转换效率均低于 1.0%；长期以来催化领域一直期待零价催化剂的出现，石墨炔丰富的 π 键，超大的表面和孔洞结构，能协同有力的稳定零价的过渡金属和贵金属，实现了该领域至今仍未突破的难题——零价原子催化。这类催化剂显著不同于传统载体上作为团簇存在的单原子催化剂，克服了易迁移、易聚集，靠电荷转移不稳定等问题，使催化活性展示了变革性的变化，

这些独特的优势将促生原子催化的新理念，形成一批原子催化剂，改变传统的催化观念，引领催化领域的变革性创新。

这些研究工作发表之后，被国际同行评价"是碳化学的一个令人瞩目的进展，是真正的重大发现"；"是碳化学的一个重大进展，它将为大面积石墨炔薄膜在纳米电子的应用开辟一条道路"。同时被 *Materials Today*、*NPG Asia Materials*、*NanoTech* 和 *Nature China* 等重要的国际学术期刊作专题评述。这是中国科学家在国际材料领域为数不多的具有引领性研究工作的范例。目前，在中国科学家的引领下已经形成了一个新领域，吸引了全球学者的高度和广泛重视，美国、德国、法国、英国和日本等20多个国家的相关研究机构（如哈佛大学、麻省理工学院、东京大学等）开展了石墨炔的相关研究工作。国内中国科学院化学研究所、中国科学院物理研究所、中国科学院过程工程研究所、中国科学院大连化学物理研究所、青岛生物能源与过程研究所和宁波新材料技术与工程研究所以及北京大学、清华大学、南京大学、南开大学、吉林大学、厦门大学、北京科技大学、北京交通大学、武汉理工大学和苏州大学等多家研究机构已经开展了石墨炔的相关研究，这些研究使石墨炔领域稳定地进入了一个快速发展时期。

3.19

碳纳米管的有序化及其应用

碳纳米管（carbon nanotube，CNT）是由碳原子的六元环构成的一维管式结构，具有密度低、力学强度高、导热导电性好等优异的物理性质。因此，自被发现以来广受关注，成为纳米科技研究领域中的热点。

碳纳米管的大量生产通常采用化学气相沉积（chemical vapor deposition，CVD）法，含碳气体作为前驱物，在加热炉中的催化剂上分解后形成碳纳米管。催化剂是将过渡金属附着在纳米级的氧化铝/氧化硅上制成的粉末。这样生产出的碳纳米管缠绕在一起，难以分散。碳纳米管的缺陷密度较高、形态弯曲，直径差异较大。产物中通常含有金属和氧化物杂质，需要高耗能/高污染的后期提纯工艺。

清华大学范守善研究团队采用硅基底上的金属薄膜作为催化剂，发展出了能够定位、定向的碳纳米管阵列生长方法。与无序碳纳米管不同，阵列中的碳纳米管质量高、缺陷少，垂直于基底彼此平行排列，长度一致（约等于阵列的高度），直径也较为均一。高质量的材料导致一个新的发现：从碳纳米管阵列中可以抽出连续碳纳米管线和薄膜，实现了把碳纳米管垂直有序结构转化为水平有序结构，丰富了碳纳米管有序结构的类型。

碳纳米管薄膜仅有几十纳米厚，碳纳米管在膜内的占空比很小，大部分面积是碳纳米管之间的空隙，因此该薄膜的光学透明度可高达95%。由于薄膜中的大部分碳纳米管都是沿着抽膜方向排列，薄膜在抽膜方向的电阻较小，而垂直于抽膜方向的电阻较大，具有独特的导电各向异性。碳纳米管薄膜还可以通过机械加捻或液体表面张力收缩的方法，制成极细的碳纳米管长线，其机械强度高、密度低、柔韧性好，并具有导电能力。

宏观有序的碳纳米管阵列、薄膜和长线为碳纳米管材料的应用提供了一个良好的基础。为此，范守善研究团队专注发展材料规模化生产的装备和稳定的生产工艺，研制了多种碳纳米管的生产和质检设备，建立了8—12英寸[1英寸（in）=2.54厘米（cm）]规格的碳纳米管阵列、长线和薄膜的实验生产线（图3.34）。

作者简介：范守善，教授，中国科学院院士、发展中国家科学院院士；单位：清华大学，北京，100084

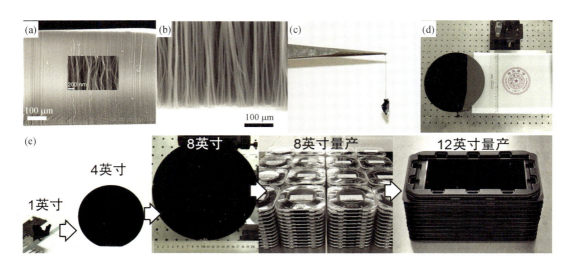

图 3.34　碳纳米管材料从无序到有序

（a）高质量碳纳米管阵列。（b）阵列中高度有序排列的碳纳米管。（c）从碳纳米管阵列中抽丝。
（d）从碳纳米管阵列中抽取透明薄膜。（e）碳纳米管阵列的放大及规模化制备

利用碳纳米管薄膜的光学透明和导电各向异性，开发出了触摸屏产品。相比传统的氧化铟锡（Indium Tin Oxide，ITO）触摸屏，碳纳米管触摸屏具有柔性、防水、抗电磁干扰和寿命长的优点，生产工艺有显著的节能、环保优势。该产品已经成功进行了产业转化，应用在手机、平板电脑及手环、遥控器等各种曲面的触控屏上。

碳纳米管薄膜的单位面积热容极小，具有很强的热声效应。据此开发出了碳纳米管薄膜扬声器，频率响应可以从 100Hz 到 100kHz，并且具有超薄、透明、可弯折、可拉伸、无磁等优点，还可以构造成任意形状。

在多层交叉的碳纳米管薄膜上负载纳米电极材料，开发出了新型的锂电池和超级电容器。碳纳米管薄膜的网格结构能为电子提供完整的导电网络，同时又为锂离子的迁移留有足够的通道。碳纳米管网络与电极材料形成的复合结构可有效阻止电极材料的团聚、容纳充放电时电极材料的体积变化。

利用碳纳米管薄膜开发出了超高灵敏度的表面增强拉曼基底；碳纳米管复合红外探测器的响应时间仅有 4.4ms，比商用的热阻型红外探测器快了近 10 倍；碳纳米管长线和薄膜与高分子材料复合，可制造出高强、轻质、导电的复合材料；利用碳纳米管阵列的有序结构，可以制备出高效导热复合材料；经过设计的碳纳米管薄膜/高分子双层材料可以作为特殊的电热致动器；碳纳米管的有序薄膜/长线还可以制成热发射和场发射电子源，应用于 X 光管、电子显微镜的电子枪等。

有序碳纳米管材料的应用，目前仅仅是起步阶段，与各行各业的专业需求结合，未来将有更为广阔的应用前景。有序碳纳米管是中国首创并拥有自主知识产权的新型

材料，研究团队将继续致力于发展大规模制造技术和装备、开发各种新的应用，将其广泛应用到人们的生产和生活中去（图 3.35 ）。

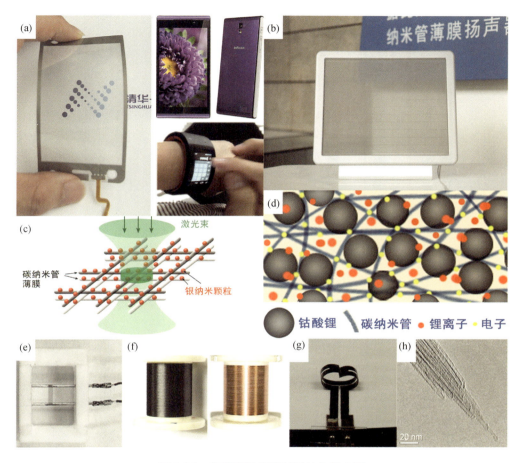

图 3.35　有序碳纳米管材料的各种应用

（a）碳纳米管触摸屏及其应用产品。（b）碳纳米管薄膜扬声器。（c）碳纳米管表面增强拉曼基底。（d）碳纳米管导电剂用于锂电池。（e）碳纳米管红外传感器。（f）高强度碳纳米管复合导线。（g）碳纳米管热致动器。（h）碳纳米管场发射电子源

3.20

设计二维超薄电催化剂提升 CO_2 还原性能

在全球面临能源短缺和气候变化双重挑战的今天，如何将大气中的 CO_2 再利用是实现人类社会可持续发展所面临的巨大挑战之一。目前，通过电化学催化方式将 CO_2 转化为碳基能源，表现出极具潜力的应用前景。值得指出的是，传统的电催化剂往往存在反应势垒高、产物选择性低以及反应动力学缓慢等问题，这主要归结为以前制备的电催化剂暴露的活性位点少、导电性低等原因，进而使其不能有效地促进电荷的转移以及 CO_2 分子的吸附和活化等。因此，开发高性能电催化材料具有重要的科学意义和实用价值。

近年来，汪国雄课题组发现纳米钯电极能够将 CO_2 高效地催化还原成 CO。为了降低贵金属的用量同时又能够获得高的电催化还原 CO_2 性能，王志江课题组制备了 AuFe 核壳结构纳米粒子，其在 -0.4 V 电压下将 CO_2 转化为 CO 的法拉第效率高达 97.6%。另外，包信和课题组还设计了金属 - 氧化物的复合结构，并以制备的碳载 CeO_x/Au（111）催化剂为例，通过电还原 CO_2 性能测试证实 $Au\text{-}CeO_x$ 界面有利于 CO_2 在 CeO_x 表界面的吸附与活化。值得注意的是，这些催化剂中存在的丰富微结构如表面、界面、晶界、缺陷等将对电催化性能产生显著的影响，从而导致获取的结构和性能之间的构效关系无法推广到其他材料体系。因此，设计具有清晰结构的催化材料体系，有利于从原子分子尺度构建精准的构效关系，为进一步制备高性能电催化还原 CO_2 材料提供有益的指导。

原子级厚二维材料因其清晰的原子结构、超薄的厚度及超大的比表面积等优点，被认为是 CO_2 还原电催化剂的理想材料。谢毅和孙永福课题组在他们前期关于二维超薄材料的制备、精细结构表征、电子结构调控的系列重要工作基础上，率先将二维超薄结构应用到还原 CO_2 的电催化电极中。例如，他们利用密度泛函理论计算证实 Co_3O_4 超薄片相对于块材 Co_3O_4 具有更加弥散的电荷密度，这有利于其导电性的提高和电荷快速地参与 CO_2 还原反应。在此基础上，制备了不同厚度的 Co_3O_4 超薄片，并证实了超薄结构基电催化剂比块材基电极显示出更高的电流密度、法拉第效率和更低的起始过电位。该工作在 *Angewandte Chemie International Edition* 期刊上发表后，立即

作者简介：谢毅，博士，教授，中国科学院院士、发展中国家科学院院士；单位：中国科学技术大学，合肥，230026

被 *Nature Energy* 作为亮点论文进行了长篇评述，评述认为，"把过渡金属氧化物材料的尺寸减小到纳米尺度是设计高效电催化还原 CO_2 为燃料的重要途径"。为了进一步提升过渡金属氧化物电还原 CO_2 的性能，谢毅和孙永福课题组通过引入氧空位增加催化活性位点，构建了富含氧空位的 Co_3O_4 超薄片。同步辐射 X 射线吸收谱证实了其氧空位的存在和含量，同时通过理论计算与电还原 CO_2 性能测试，揭示这些氧空位有助于降低速控步的活化能垒，进而获得电催化还原 CO_2 性能的显著提高，该工作发表在 *Nature Communications* 期刊上。相对于过渡金属氧化物来说，金属电极往往表现出更高的电还原 CO_2 活性，然而金属表面通常会不可避免地存在一些金属氧化物。为了揭示金属表面氧化物对其自身金属电还原 CO_2 性能的影响，该课题组构建了一种杂化超薄模型体系，即数原子层厚的金属/金属氧化物杂化超薄结构。以制备的 4 原子层厚的超薄钴/钴氧化物杂化结构为例，电还原 CO_2 性能测试证实在低过电位下，相对于块材表面的钴原子而言，原子级薄层表面的钴原子具有更高的生成甲酸盐的本征活性和选择性；部分氧化的原子层进一步提高了它们的本征催化活性。该工作发表在 *Nature* 期刊后，美国加州理工学院的化学工程师 Manthiram 评论道，"这是一项基础科学的突破。虽然它成功的商业化还需要经历若干年，但是不管从哪个指标来看目前这个阶段的发展都是非常积极肯定的"。该工作入选了 2016 年度"中国科学十大进展"，在新闻发布会上清华大学李亚栋详细解读了该成果，并评价道，"这一发现有助于让研究者重新思考如何获得大家梦寐以求的、高效和稳定的 CO_2 电还原催化剂"（图 3.36）。

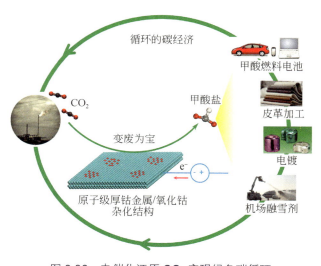

图 3.36　电催化还原 CO_2 实现绿色碳循环

3.21

纳米绿色印刷

  印刷产业是一个国家国民经济的重要组成部分，2017 年中国印刷产业总产值约为 1.2 万亿元。20 世纪 80 年代，王选院士主持开发的汉字激光照排技术，将依赖"铅与火"的活字印刷技术推进到"光与电"的新时代。近年来，印刷产业面临着电子出版及环境污染带来的巨大压力，发展绿色印刷技术，是当前国际印刷业发展的趋势。而纳米印刷技术因其突出的环保优势和广阔的发展前景引起国际印刷界的高度关注。

  在纳米印刷中，构筑具有特殊结构和性能的微 / 纳米复合材料，创新印刷墨滴精确调控的理论和方法，发展具有普适性的微 / 纳米材料印刷图案化技术，是纳米印刷材料和功能器件应用的关键。中国科学院化学研究所科研人员围绕上述科学问题开展了系统深入的研究，并取得一系列重要突破。通过对液滴扩散、融合以及黏附行为的系统研究，实现了对墨滴从零维到三维结构的精确控制，发展了普适性的纳米粒子图案化技术；针对当前印刷产业链中版基制造、印刷制版到印刷油墨中的污染问题，从原理创新发展出一系列绿色环保的新材料和新技术：成功突破传统印刷制版感光成像的技术思路，利用纳米转印材料和纳微米结构版材对表面浸润性的调控，发展出无须曝光冲洗的纳米绿色制版技术；针对国际上通用的电解氧化版材生产工艺，利用纳米功能涂层材料在版基表面形成特殊微纳结构和亲水特性，发展了变革性的纳米绿色版材制备技术；同时，针对溶剂型油墨带来的挥发性有机化合物（volatile organic compounds，VOC）排放问题，通过对成膜树脂及颜料纳米粒子的设计，制备出能在不同塑料表面实现良好印刷效果的环保油墨；完成了包括绿色制版、绿色版基和绿色油墨在内的绿色印刷产业链创新技术体系的建立，从源头彻底解决了印刷产业的污染问题（图 3.37）。研究成果入选中国科学院"十二五"期间"25 项重大科技成果及标志性进展"，并获 2016 年北京市科学技术奖一等奖。纳米绿色印刷技术受到业内专家及企业的高度肯定，被誉为可以与汉字激光照排相提并论的重大技术突破；在印刷企业集中区建成绿色印刷制版中心，可覆盖百余家印刷企业，在行业起到了积极的引领示范作用。得到版材龙头企业的支持，建成世界上首条无电

作者简介：宋延林，博士，研究员；单位：中国科学院化学研究所，北京，100190

解氧化工艺的版基示范生产线，并制定了新型纳米绿色版材的行业标准；同时，与企业合作，建立了绿色油墨规模生产基地，实现了绿色油墨的广泛应用，产品已出口 10 余个国家和地区。

图 3.37   纳米绿色印刷制版中心局部

针对印刷产业的未来发展，研究团队提出和发展了绿色印刷制造技术，将印刷技术应用于建材、印染等众多重要产业的技术变革，并拓展印刷电子、印刷光子等新的发展方向，推动印刷产业向"绿色化、功能化、立体化、器件化"发展。研究团队成功突破传统印刷技术的精度局限，实现对印刷墨滴的精确调控和纳米尺度精细图案的大面积印刷制备，发展出一系列新概念印刷技术，实现了微纳线路和功能器件的印刷制造；利用微模板印刷方法，制备了基于微纳米曲线阵列的高灵敏柔性应力传感器；提出利用微结构调控二维泡沫的图案化的方法（图 3.38），并用于透明电极等制备。这些工作发表在 *Nature Communications*、*Advanced Materials*、*Angewandte Chemie International Edition*、*Journal of the American Chemical Society* 等著名学术期刊上，有 30 多篇论文被选为封面或 VIP 论文，并多次被作为研究亮点报道，如 *Nature* 期刊以 *The Chinese researcher painting the printing industry green* 为题专题报道了纳米绿色印刷研究成果，研究团队还负责起草了第一项由中国主持的国际印刷电子标准，为相关产业的发展打下了坚实基础；获授权中国发明专利 100 余项，美国、日本、欧盟等发明专利 22 项。目前，合作企业中已经有两家在新三板上市；利用纳米绿色印刷电子技术印制的电子电路等也已在众多领域得到应用，引领产业的绿色发展。德国马普学会前副主席 Wegner 教授评述："它（纳米绿色印刷技术）不仅是源于原始创新的新技术服务中国市场的有效实例，而且可能成为一个最有用的基础创造世界范围的新产业。"

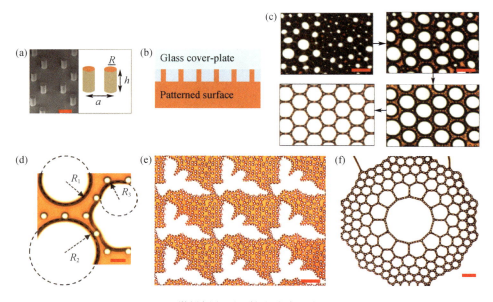

图 3.38   微模板印刷调控泡沫演化实现图案化

3.22

摩擦纳米发电机

　　能源问题已经成为制约一个国家或地区发展的重大瓶颈问题，解决能源危机已成为一项世界性的难题。但是，新能源产业的发展，强烈地依靠着新能源技术的创新发展。新能源一般指来自于太阳能、风能和生物质能等可再生能源。然而，随着可移动电子设备的数量激增，关于能源存储的研发显得愈发重要，而目前的技术大多由电池实现。虽然每个电子器件本身消耗的能量很小，但是器件的整体数目非常巨大。世界上有超过30亿人拥有移动电话。如果全球都安装了传感器网络，数目巨大的传感器会遍布世界各个角落；而用电池来驱动这种数目惊人的、由数以万亿计的传感器是不大可能的，因为人们需要不时地寻找电池的位置、更换电池及检测电池是否正常工作。因此发展能够满足物联网络和传感网络时代的移动式、分布式能源就形成了一个领域，即新时代的能源。摩擦纳米发电机就是新时代能源技术中的核心之一。

　　摩擦起电现象是人们在日常生活中广为熟知的现象。比如：人们在脱衣或两人握手时，会产生电火花甚至产生被电击的感觉等。但是，通过摩擦产生的电却一直未能被人类有效地利用。摩擦纳米发电机是通过纳米尺度的材料和结构设计，将摩擦起电效应和静电感应效应耦合起来，从而将机械能转换为电能的一种装置。因此，它与传统的电磁感应发电机相比，有着本质上的区别。

　　摩擦纳米发电机有以下几个突出的特点及主要应用领域（图3.39）。

　　一是摩擦纳米发电机可以直接对环境中能量的变化进行响应，进而将环境中的能量转化为电能。因此，它就使得环境中广泛存在的如水力、风力、波浪能、潮汐能、震动能等一次能源开发利用又多了一种全新的方式；特别是对波浪能、潮汐能、震动能来说，利用摩擦纳米发电机更显示出独特的优势，使得人类开发广阔海洋中蕴藏的巨量蓝色能源成为可能。据初步估计：如果将这些摩擦纳米发电机结成网状放置到海洋中，每平方公里的海面将可以产生兆瓦级的电能！

　　二是摩擦纳米发电机具有用材质轻、绿色、柔软等特点，因此可以将其制成可穿戴式自供电能源包，直接将人体运动过程中产生的机械能转化为电能，给广泛使用的

作者简介：王中林，博士，研究员，中国科学院外籍院士、欧洲科学院院士；单位：中国科学院北京纳米能源与
　　　　系统研究所，北京，100083

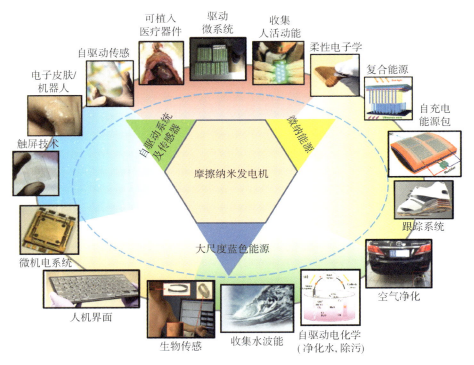

图 3.39　摩擦纳米发电机的 3 个主要应用领域
图中的具体例子都是从王中林课题组的相关工作中提取出来的

便携式电子设备提供持续的能量供应。这将是一个巨大的市场，并将有可能为解决特殊群体在特殊环境中的电能需求提供解决方案，为物联网络、传感网络和大数据时代提供可持续的能源保证。

三是摩擦纳米发电机是一种可对环境中的能量变化产生敏感电势响应的一种装置，且可以方便地进行小型化制造。因此，可以将其制成自供能的智能传感器件或系统，广泛应用于资源与环境、身体健康、物联网络等领域的监测或监控。

2012 年，王中林研究团队发明了摩擦纳米发电机。经过科研团队的集中攻关，近年来多种类型的摩擦纳米发电机接连被研制出来，不断革新着人们对能量收集的传统概念，其功率密度呈指数式增长，已从最初发明时的 3.67mW/m^2 发展到 313W/m^2。目前实验室已经达到最高 500W/m^2 的输出功率密度，而且能量转换效率高达 55%。

摩擦纳米发电机技术的发明已经在国际上产生了重大影响，并引发了激烈的国际竞争。全世界已经有 120 多个研究组（其中美国有 10 个组、欧洲有 10 个组、中国有 50 个组、韩国有 40 个组）在跟随开展这方面的研究，分布在 30 多个国家和地区，有多家国际大公司竞相设立相关研究主题，包括韩国三星集团、乐喜金星集团、现代汽车公司，荷兰飞利浦公司等。

　　摩擦纳米发电技术是一种全新的变革性新能源技术。但是由于微纳能源器件研究历史短，缺乏对基础理论更深入的研究，特别是在纳米材料与纳米结构的量产化、器件集成与封装等关键技术上缺乏研究，使微纳能源器件与下游应用领域的对接尚不通畅，不能使中国的科研优势迅速转化成产业优势。因此，在前期研究的基础上，加大力量进行基础研究、突破关键技术、实现高性能微纳能源器件的集成化与量产化，解决物联网、数字医疗、环保监测及国家安全等传感技术所急需的量大面广的长效驱动能源问题，是促进产业升级换代、提升中国经济核心竞争力的重要措施。随着物联网、数字医疗和国防网络的迅速发展，与微纳能源相关的传感器产业将迎来一个重要的发展机遇，抓住这一机会，占领无线传感、物联网及分布式能源的制高点，将对中国在下一轮全球经济发展和竞争中占领主导地位起到重要的作用，其产业化前景远大。

3.23
信息功能陶瓷的研发与应用

　　信息功能陶瓷是电子元器件（电容器、电感器、换能器、驱动器与传感器、谐振器、滤波器等）产业的核心材料，广泛用于信息技术、人工智能、航空航天、交通运输、生物医疗、超声以及国防军工等高新技术领域。随着信息技术、智能化等的快速发展，信息功能陶瓷材料及其元器件研究一直是一个十分活跃的领域，也是国际材料科学研究前沿，国际竞争激烈。在973计划项目等多年的支持下，中国在该领域，对重要的信息功能陶瓷材料从功能原理到材料体系、技术、概念器件设计及应用，实现了半贯通研制链条。

　　电介质陶瓷优异的微波特性使陶瓷微波元器件成为现实。但长期以来，微波介质陶瓷的主要材料体系知识产权被美国、日本、欧洲等国家或地区垄断。为突破国外知识产权壁垒，以浙江大学陈湘明等团队为代表，基于微波响应的基本原理，通过微结构调控，设计并研发出一系列具有自主知识产权的微波介质陶瓷新体系，具有超低损耗、介电常数与温度系数在宽范围内可调节的特点。其中若干材料已经获得初步应用，可望为中国微波通信，尤其是第五代移动通信提供关键材料。为实现陶瓷微波元器件低温共烧模块化，西安交通大学汪宏等团队为代表的中国学者在国际上率先研发出了一系列具有自主知识产权的超低温烧结微波介质陶瓷新材料体系，获得了最低可在450℃烧结的新型超低温烧结微波介质陶瓷材料，在中国电子科技集团公司等产品上获得初步应用（图3.40）。

图3.40　微波介质陶瓷滤波器

　　压电陶瓷在信息功能陶瓷材料中始终占有重要地位，传统压电陶瓷中的铅含量达60%，无铅化压电陶瓷研究已是国际关注焦点。以清华大学李敬锋等、中国科学院上海硅酸盐研究所李永祥等、四川大学肖定全等、西安交通大学徐卓等为代表的中国多个团队，通过成分优化设计与调控，开发出了多种无铅压电陶瓷，并提出陶瓷织构化、

作者简介：南策文，博士，教授，中国科学院院士、发展中国家科学院院士；单位：清华大学，北京，100084

畴工程技术，显著提高了无铅压电陶瓷的压电性能（压电系数 d_{33} 高达 700pC/N）及其温度稳定性，可与传统铅基压电陶瓷相媲美；同时，中国科学院上海硅酸盐研究所罗豪甦等团队也开发出具有自主知识产权的大尺寸高性能压电单晶。使中国在无铅压电材料研究领域保持领先优势，促使中国压电器件的自主快速发展（图 3.41，图 3.42）。

图 3.41　KNN 体系无铅压电陶瓷
及无损探伤换能器

图 3.42　KNN 无铅压电单晶

多铁性材料是一类新型信息功能陶瓷材料，兼备电介质（铁电／压电）、磁介质（磁性）等多种特性。以清华大学南策文、南京大学刘俊明、中国科学技术大学李晓光、北京大学董蜀湘等为代表的中国多个团队，在多铁性磁电材料多场耦合效应物理基础研究处于国际领先行列，提出并发展了新型多铁性材料体系，设计演示了多种新概念磁电器件（如电压调控磁电随机存储器、磁电逻辑门、电场辅助磁写储存器，新型超高灵敏度磁传感器等）（图 3.43）。在设计的电压调控磁电器件中，使用电压而非电流来调控磁化方向的特性，将焦耳热耗散量降至最低，可从根本上解决高功耗问题，实现全新的超低功耗、快速磁信息存储与处理等。这与目前基于电流驱动的磁电子器件相比，将具有重大突破。

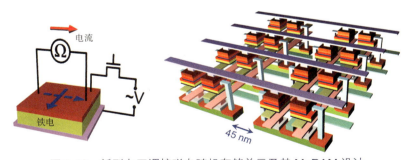

图 3.43　新型电压调控磁电随机存储单元及其 MeRAM 设计

　　上述中国团队的工作都发表在众多重要的国际学术期刊，受到了国际同行广泛引用和评价，在复合多铁性材料、无铅压电等方向，处于国际引领行列。中国学者在国际陶瓷材料领域具有重要影响力，多位学者执掌相关国际重要学术组织，发挥了领导作用，例如，国际陶瓷联盟（International Ceramic Federation，ICF）理事长、亚洲电子陶瓷协会主席、亚洲铁电协会主席等。相关成果为打破国外垄断、提升中国关键陶瓷材料元器件国产化做出了贡献。未来该领域新的增长点，在于结合陶瓷材料中多自由度相互作用及其量子效应、介观科学等多种方法来探讨更深入的科学问题，以及与信息/智能、新能源等科技的深度融合。

中国生命科学
前沿进展

4

4.1

小鼠全脑介观神经连接图谱与精细血管立体定位图谱

2016 年 5 月 30 日，习近平总书记在全国科技创新大会、两院院士大会、中国科协第九次全国代表大会报告中指出："脑连接图谱研究是认知脑功能并进而探讨意识本质的科学前沿，这方面探索不仅有重要科学意义，而且对脑疾病防治、智能技术发展也具有引导作用。"开展全脑介观神经环路连接图谱研究，既符合国家和社会发展的重大需求，又能展现出大国的责任担当。

明确脑内有多少种类型的神经元，获取脑内各种类型神经元的数目、解剖定位及神经元连接等信息，是准确解析神经结构的空间构成，进而建立脑连接图谱的关键。以往生物学研究中，人们主要采用手工切片、每张脑片分别成像，抽样估算神经元的数目，再通过对照参考脑图谱，大致确定神经元和神经环路的解剖定位。这种做法不仅耗时费力，而且对于认识三维脑空间内神经元真实复杂的形态结构，无疑是有着明显的缺陷。

针对这一关键问题，美国和欧盟等的脑计划都优先布局，哈佛大学、斯坦福大学、艾伦脑科学研究所、珍妮莉娅研究园区以及霍华德·休斯医学研究所等机构都有针对性地积极发展新技术、新方法，虽然取得了重要进展，但都还没有获得各向分辨率优于 1μm、展示全脑完整的神经或血管连接的成像成果。华中科技大学骆清铭团队潜心多年，自主研发了显微光学切片断层成像（micro-optical sectioning tomography，MOST）系统，实现了连续获取突触水平（亚微米分辨率）的完整脑数据，相关成果于 2010 年发表在 *Science* 期刊上。在此基础上，该团队又建立了荧光显微光学切片断层成像（fluorescence micro-optical sectioning tomography，fMOST）方法和技术，相关研究成果于 2013 年发表在 *NeuroImage* 期刊上。为了能在单神经元水平解析及定位全脑的神经元，该团队发明了高通量双通道全脑成像（dual-color fluorescence micro-optical sectioning tomography，dfMOST）的方法，可同时获取小鼠脑内每一个神经元精细形态及相应的解剖学空间位置信息的全脑数据集，该研究成果于 2016 年发表

作者简介：骆清铭，博士，教授；单位：华中科技大学，武汉，430074
龚辉，学士，教授；单位：华中科技大学，武汉，430074
李安安，博士，教授；单位：华中科技大学，武汉，430074
袁菁，博士，教授；单位：华中科技大学，武汉，430074
李向宁，博士，副教授；单位：华中科技大学，武汉，430074

在 *Nature Communications* 期刊上。

乙酰胆碱能神经元是脑内一群重要的调制类神经元，主要分布在基底前脑和脑干等多个脑区，通过其广泛分布的轴突纤维投射释放乙酰胆碱，调控皮层和皮层下核团的神经活动，参与运动、睡眠以及情感与记忆等重要功能。这类神经环路异常与阿尔茨海默病、睡眠异常或认知障碍等有关,相关机制的研究是医学与神经科学领域的热点。2017 年 12 月 19 日，*PNAS* 在线发表了骆清铭团队与中国科学院神经科学研究所仇子龙课题组和美国艾伦脑科学研究所曾红葵的合作成果，在单神经元水平解析了小鼠胆碱能神经元在全脑定位分布和基底前脑内的精细形态结构。利用 dfMOST 全脑精准成像技术［图 4.1（a）］结合荧光蛋白特异性标记的小鼠模型及病毒标记技术，他们获取了世界上第一套完整的胆碱能神经元三维全脑分布图谱，该图谱包括了小鼠胆碱能神经元在全脑的高分辨率分布数据集［图 4.1（b）］、21 个主要分布脑区的定量信息［图 4.1（c）］，为胆碱能神经元的功能研究提供了解剖学参考。在此基础上，该研究还重建了 50 个小鼠基底前脑乙酰胆碱能神经元的完整形态［图 4.1（d）］，结合遗传标记、连接组和形态学参数进行了神经元分类［图 4.1（e）］，并通过分析这些神经元的投射脑区，提出了单个神经元与下游脑区的新连接模型，即单个神经元的轴突分支倾向于共投射到具有相互连接关系的下游脑区，且相邻的胆碱能神经元可连接完全不同的下游环路［图 4.1（f）］。该研究为理解胆碱能神经元如何调控神经活动提供了新的参考，也为划分神经元亚类提供了新的启示。审稿人在评价这项研究时，给予评述是："这种技术正是美国脑计划所需要的。"

脑是血管极为丰富的器官，全身总耗氧量的四分之一都是用于维持神经的活动。有研究表明，如果阻断血管的血液供应，几秒后神经元就会停止发放动作电位，几分钟就会导致永久性的神经损伤。一些常见的脑部疾病，如脑卒中、阿尔茨海默病、脑胶质瘤等也都伴随着脑血管结构的异常。脑血管的形态特点是迂曲易变，血管之间通常互相交错，所以需要三维的图像才能展现复杂的血管解剖关系。在生物医学领域广泛应用的计算机断层扫描（computed tomography，CT）和磁共振成像（magnetic resonance imaging，MRI）等三维影像技术由于分辨率较低，无法分辨直径仅为数微米的毛细血管。近些年发展的三维光学显微成像技术，虽然能分辨毛细血管，但受限于光的散射和吸收，成像深度有限，其研究仍然局限在局部脑皮层区域。

2017 年 12 月 19 日，*Frontiers in Neuroanatomy* 在线发表了骆清铭团队有关脑血管图谱的研究成果。该研究以 MOST 成像技术获取的 5 套尼氏染色小鼠全脑数据集为基础（体素分辨均为 $0.35\mu m \times 0.35\mu m \times 1\mu m$，每个鼠脑采集了 1 万张冠状面，5 个鼠脑总数据量是 10TB），首次在全脑范围内系统性构建和标识出包含动脉、静脉、微动脉和微静脉的精细脑血管图谱（图 4.2）。研究不仅对完整血管树进行了三维重建，而且

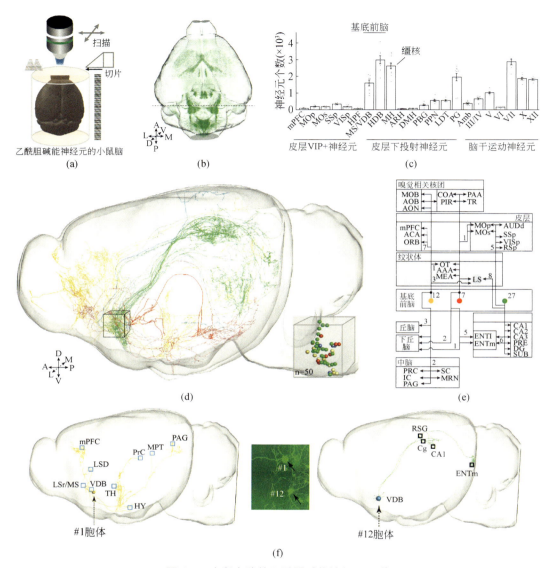

图 4.1　小鼠全脑的乙酰胆碱能神经元图谱

（a）切片成像示意图。（b）全脑三维分布。（c）主要分布的 21 个脑区内乙酰胆碱能神经元数量的统计结果。（d）50 个小鼠基底前脑乙酰胆碱能神经元的完整形态。（e）基于神经元投射连接的分类结果。（f）相邻胆碱能神经元具有不同的投射模式

注：此为实验结果示意图

利用同一鼠脑的细胞构筑图像提供的解剖结构信息，在单细胞水平实现了血管分支起点的立体定位。借助高分辨的血管重建数据，发现了许多之前未曾报道的静脉分支，并按通行的命名规则给予命名。此外，进一步定量分析了动脉、静脉血管与脑区的连通性及供血关系，有助于直观了解动脉血是经过哪些血管分支输送到了特定脑区／核团，供能后的静脉血又是如何被收集、汇聚的。该图谱将为脑功能和脑疾病的研究提供重要的基础性资源数据库。

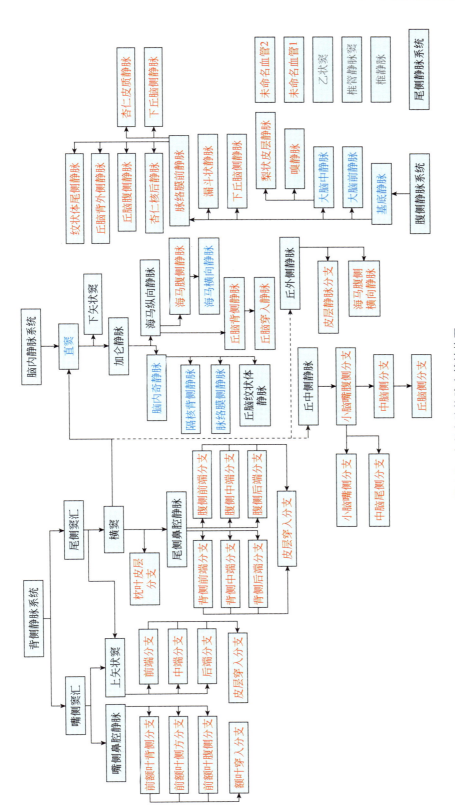

图 4.2　小鼠全脑静脉血管结构图

黑色和蓝色分别为曾在小鼠和大鼠研究中已报道过的分支，红色为新发现的分支

国际同行评价："这个工作是一项类似于打造'辞典'一样的具有非常重要意义的基础性研究，为脑血管领域提供了一份难能可贵的、可以纵观全局的参考文献，尤其是对静脉分布的研究。"这项研究为与脑血管相关的疾病（如脑卒中）、与血氧水平依赖的功能成像提供了解剖基础。

4.2
超高时空分辨微型化成像系统开启脑科学研究新范式

人类大脑是智力演化最伟大的奇迹。以阐明大脑和神经系统工作原理和机制为目标的脑科学是国际各方都密切关注的研究领域。脑科学的研究成果直接关系到人类智力发展、认知行为、神经系统和心理疾病、人工智能等科学，是各国在政府层面给予重点大力支持的科学项目。

大脑是脊椎动物身体中最复杂的器官。如小鼠的大脑皮层就包含大约 7000 万个神经元，每个神经元通过突触连接到数千个其他神经元。各国脑计划的核心方向之一就是打造用于解析脑连接结构图谱和功能动态图谱的研究工具，在全脑尺度上以单细胞乃至单突触精度进行结构与功能的解析，此举将使研究者"看得见"大脑思维，是最终理解大脑认知和计算机制以及脑疾病基础的必由之路，也是发展类脑智能技术的有效途径。

北京大学超高时空分辨微型双光子显微镜多学科交叉研发团队，在程和平的带领下，在国家自然科学基金国家重大科研仪器研制项目的支持下，运用微集成、微光学、超快光纤激光和半导体光电学等技术，在超高时空分辨在体成像系统研制方面取得突破性技术革新，成功研制 2.2g 微型化可佩戴式双光子荧光显微镜，国际上首次获取了小鼠在自由行为过程中大脑神经元和神经突触活动清晰、稳定的图像（图 4.3）。研究成果于 2017 年 7 月发表在 *Nature Methods* 期刊上，其相关技术文档同步发表在 *Protocol Exchange* 上，并申请了 6 项国家发明专利和 1 项国际专利。

超高时空分辨微型化双光子荧光显微镜体积小，质量仅为 2.2g，适于佩戴在小动物头部颅窗上，实时记录数十个神经元、上千个神经突触的动态信号；此外，在大型动物上，还可望实现多探头佩戴、多颅窗不同脑区的长时程观测。

作者简介：陈良怡，博士，教授；单位：北京大学，北京，100871

宗伟健，博士研究生；单位：北京大学，北京，100871

吴润龙，博士研究生；单位：北京大学，北京，100871

陈燕川，博士；单位：北京大学，100871

张云峰，博士，副教授；单位：北京大学，北京，100871

王爱民，博士，副教授；单位：北京大学，北京，100871

程和平，博士，教授，中国科学院院士；单位：北京大学，北京，100871

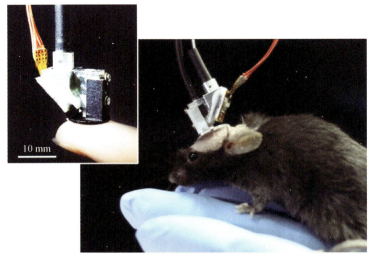

图 4.3　超高时空分辨微型化双光子荧光显微镜用于动物实验

超高时空分辨微型化双光子荧光显微镜应用双光子激发具有良好的光学断层、更深的生物组织穿透能力等优势，实现了横向分辨率 0.65μm，从而具有细胞与亚细胞分辨能力的活体三维成像能力，成像质量可媲美商品化大型台式双光子荧光显微镜，远优于目前领域内主导的、美国脑计划核心团队所研发的微型化单光子宽场显微镜。

此项突破性技术将开拓新的研究范式，在动物觅食、哺乳、打斗、嬉戏、睡眠等自然行为条件下，实现长时程观察神经突触、神经元、神经网络、多脑区等多尺度、多层次动态信息处理（图 4.4）。未来，与光遗传学技术的结合，可望在结构与功能成像的同时，精准地操控神经元和神经回路的活动。这样，不仅可以"看得见"大脑学习、记忆、决策、思维的过程，还正为可视化研究自闭症、阿尔茨海默病、癫痫等脑疾病的神经机制发挥重要作用。

从微型化、分辨率、成像速度综合来看，超高时空分辨微型化双光子荧光显微镜处于国际领先地位。2014 年度诺贝尔生理学或医学奖获得者 Moser 博士对微型化双光子显微镜给予了很高赞誉，称其将为神经科学研究，特别是他研究的大脑空间定位神经系统提供一个"革命性"的新工具，认为"这个新技术将在活体动物神经成像中占主导地位，工作对科学界极其重要"。

该项成果入选 2017 年度"中国科学十大进展"，也与其他动物活体成像技术一起成为 *Nature Methods* 期刊评选的 2018 年的年度方法，反映了中国生命科学家已具备研制整系统尖端科研仪器设备的能力，提升了中国高端生物显微成像设备的研制水平，可为实现"分析脑、理解脑、模仿脑"的战略目标发挥不可或缺的重要作用。

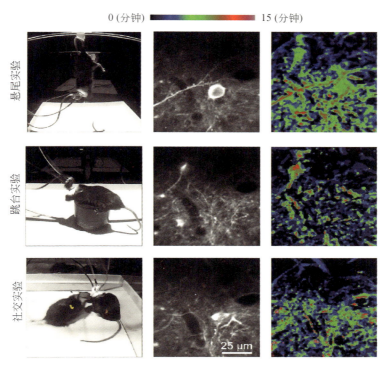

图 4.4　记录小鼠自由运动、社交时脑神经活动图

4.3

脑网络组：理解脑及脑疾病的新途径

探索并理解脑的结构与功能是人类认知自然界及自身的终极挑战。脑的结构和功能具有高度的复杂性，过去一个多世纪以来，从分子、细胞等微观水平对脑进行研究是最重要的研究手段；同时随着研究的不断深入，人们也认识到，神经细胞是组成神经系统的基本功能单位，神经细胞之间通过相互联系形成的神经环路则是脑处理信息的基本单位；脑功能不是单个神经元或单一脑区所独立完成的，而是由神经环路内的神经元团（群）、功能柱或者脑区的交互作用来实现的。近年来新型神经技术的涌现及其所获得的研究结果提示，需要从新的角度来认识脑研究，也需要给脑研究及其临床应用赋予新的内涵。

2005 年，国际上提出脑连接组（connectome）概念，逐步为学术界接受认同。随着技术的发展和学科的交叉融合，中国学者独立提出了脑网络组（brainnetome）概念和研究体系。脑网络组是以脑网络为基本单元的组学，研究内容包括发展和利用各种成像技术、脑大数据以及仿真建模技术在宏观、介观及微观尺度上建立人脑和动物脑的脑区、神经元群或神经元之间的连接图（脑网络），以及在此基础上研究脑网络的拓扑结构、动力学属性、脑功能及功能异常的脑网络表征和脑网络的遗传基础。脑网络组与国际上流行的连接组有本质的区别，连接组只关注脑网络的连接，而脑网络组不仅强调脑网络的连接的重要性，而且强调脑网络节点的重要性。脑网络组的研究目标是从脑网络的连接模式及其演变规律阐明脑的工作机理及脑疾病的发生和发展机制，为研究人脑内部复杂的信息处理过程与高效的组织模式提供有效的途径，为理解脑的信息处理过程及脑的高级功能开辟新途径，为实现类脑的智能系统与机器奠定基础。

脑网络组研究的关键科学问题是如何确定脑网络的节点和连接。只有在此基础之上才能进而研究脑网络的结构和功能属性及其信息处理机制，以及脑疾病对脑网络的影响等问题。宏观尺度脑网络节点的研究很大程度上可以归结为脑图谱的研究。2016年，中国科学院自动化研究所蒋田仔团队突破传统脑图谱绘制瓶颈，引入脑连接信息进行脑图谱构建的新思想，成功绘制出全新的人类脑图谱：脑网络组图谱（图 4.5）。

作者简介：蒋田仔，博士，研究员；单位：中国科学院自动化研究所，北京，100190
　　　　　　樊令仲，博士，研究员；单位：中国科学院自动化研究所，北京，100190
　　　　　　宋明，博士，副研究员；单位：中国科学院自动化研究所，北京，100190

脑网络组图谱发布之后，引起了国内外的广泛关注，被国际著名神经解剖学家、澳大利亚科学院院士 Paxinos 教授撰文特别评述，认为脑网络组图谱揭开了脑图谱研究的新篇章；欧盟人类脑计划将它作为代表性的人类脑图谱纳入其神经信息平台，被国际上脑成像分析主流软件推荐使用；并入选中国两院院士评选的 2016 年度"中国十大科技进展新闻"，以及 2016 年度"中国十大医学进展"；2018 年，脑网络组图谱作为面向世界科技前沿的 15 项成果之一，入选"中国科学院改革开放四十年 40 项标志性重大科技成果"。脑网络组图谱的成功构建将引领人类脑图谱未来发展从标本走向活体，从粗糙走向精细，从单一的解剖结构描述到集成结构、功能和连接模式等多种知识的综合描述，为实现脑科学和脑疾病研究的源头创新提供基础。

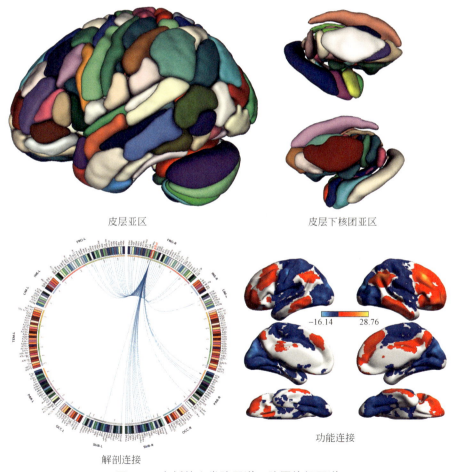

图 4.5　全新的人类脑图谱：脑网络组图谱
包括 246 个精细脑区亚区的定位以及脑区亚区间的多模态连接模式

脑网络组在脑疾病的临床应用研究中，证明很多脑疾病，在网络层面中均体现了不同程度的拓扑结构差异，这些成果为重大脑疾病的早期诊断和预后及疗效评价提供了新视角，具有重要的临床现实意义。中国科学家目前在脑网络及其在神经精神疾病中作用的研究中做出大量的工作。中国科学院自动化研究所蒋田仔团队自 2001 年以来一直研究脑网络的理论和方法，在此基础上研究精神分裂症和阿尔茨海默病等重大脑疾病的脑网络组异常变化及其遗传机制等；四川大学华西医院龚启勇团队针对抑郁症的异常脑网络研究；国防科技大学胡德文团队利用脑功能网络进行抑郁症分类的系列研究；南京军区总医院卢光明团队联合电子科技大学陈华富团队对原发性癫痫异常的脑功能网络模式研究；北京师范大学朱朝喆团队对卒中康复过程中脑网络的动态变化研究；北京师范大学贺永团队对阿尔茨海默病和儿童发育障碍的脑网络组研究等。以上研究通过探讨由疾病导致的脑网络结构和功能上的异常变化，从而在系统水平上为揭示脑疾病的病理生理机制提供新的启示，并在此基础上建立描述疾病的脑网络影像学标记，为脑疾病的早期诊断和疗效评价等提供重要的辅助工具。

在介观、微观水平的脑网络组研究方面，如何将不同成像技术获得的脑网络组与宏观水平的脑网络组进行"无缝"结合是脑网络组研究的主要挑战。在脑网络结构解析方面，由于缺少合适的工具，如何在单个神经元水平探测完整大脑的精细结构一直是极具挑战的技术瓶颈。为了解决这个问题，华中科技大学骆清铭团队致力于开发高分辨、大探测范围和高通量的三维光学显微成像技术，实现哺乳动物脑网络的可视化。2010 年该团队研发的 MOST 平台，摒弃了裱片工序，利用钻石刀具对脑组织进行连续切片的同时，在光镜下直接对切片扫描成像，之后进行高通量的显微图像三维重建。MOST 第一次提供了显示精度可至神经突触水平的小鼠全脑网络图谱，该成果入选 2011 年度"中国科学十大进展"。2013 年，该平台的升级版 fMOST 已经面世，结合改良的组织包埋方法，可清晰显示荧光标记的神经纤维。在脑网络功能解析方面，2017 年北京大学程和平团队，成功研制出新一代超高时空分辨微型化双光子荧光显微镜，并获取了小鼠在自由行为过程中脑内神经元和神经突触活动清晰、稳定的图像。微型化双光子荧光显微镜体积小，质量仅 2.2g，适于佩戴在小动物头部颅窗上，实时记录数十个神经元、上千个神经突触的动态信号，极大地推动了研究人员对脑认知过程动态观测和解析。未来，与光遗传学技术的结合，可望在结构与功能成像的同时，精准地操控脑网络的活动。

解析脑网络的结构与功能是阐明高级脑功能机理的前提和基础，上述原创性研究成果将不仅推动脑科学的发展，也将带动其他交叉学科的进步，将逐渐推动中国成为脑科学相关领域的领跑者。脑是世界上最复杂的系统，研究已经表明，只有从整体、系统的角度来开展脑研究，才有可能真正认识脑的工作原理。未来，以绘制多模态跨尺度脑网络组图谱和面向脑网络组研究相关的尖端科研仪器开发为代表的脑网络组研究会成为脑科学和脑疾病研究的重要方向，为脑科学和脑疾病及类脑计算和智能技术的研究带来革命性变化，为人类"认识脑，开发脑，改造脑"提供新途径。

4.4
脑机融合的混合增强智能模型与方法

　　近年来以脑机接口为代表的神经技术突破使得脑与计算机之间的结合越来越紧密，脑机融合及其一体化已成为未来计算技术发展的一个重要趋势。研究生物脑（生物智能）与机器脑（人工智能）深度融合并协同工作的新型混合智能系统（图 4.6），是当前人工智能与脑认知科学交叉领域面临的重要课题，在类脑智能、神经康复、智能机器人等关系到国计民生和国家安全的领域具有重大应用需求。

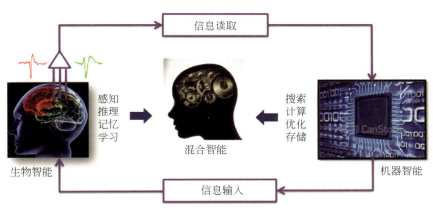

图 4.6　混合智能：新型智能形态

　　围绕生物脑与计算机的深度融合，浙江大学在植入式脑机接口与混合智能方面做了开拓性工作；清华大学在非植入式脑机接口的编码原理、高速脑机交互方法等方面取得突破；华南理工大学、上海交通大学在非植入式脑机接口的解码方法方面具有长期深厚的研究积累；中国科学院深圳先进技术研究院在神经假肢方面做出了有特色的工作。另外，天津大学、国防科技大学、华中科技大学、北京师范大学、兰州大学、中国科学院半导体研究所等单位也做了大量的基础工作。这些工作大大推进了中国在此领域的研究水平。

　　在国家重点基础研究发展计划（973 计划）、国家高技术研究发展计划（863 计划）、国家自然科学基金项目的资助下，浙江大学在脑机混合增强智能的计算模型、系统结构、

作者简介：吴朝晖，博士，教授，中国科学院院士；单位：浙江大学，杭州，310058

信息编解码及闭环智能增强等方面进行了系统性的研究；针对脑机间智能交互难题，建立了神经信息实时鲁棒非线性协同解码、感觉信息神经直接反馈的闭环增强技术，形成了脑机融合系统信息编解码及闭环智能增强的基础性技术框架；基于脑机融合的混合智能理论，建立了听视觉增强的大鼠机器人原型、非人灵长类动物（猴）植入式意念控制机械臂原型、国内首次人植入式意念控制机械臂玩石头剪刀布游戏等。

现阶段中国在脑机融合混合智能方面的研究，已取得了重要的国际影响力。国内学者在感觉－运动整合的脑信息表征原理、脑机融合的认知计算模型、脑在回路的混合智能体系结构等方面都取得重要成果，推动并引领国际上该方向的研究，成为人工智能及脑科学研究的学术新前沿，展示了生物智能与人工智能紧耦合的广阔未来。

4.5

病理性记忆的分子基础和消除策略

　　记忆是一种积累和保存个体经验的生物学过程，对于个体适应环境、促进生存和发展至关重要，是人类学、心理学、分子生物学和神经生物学领域研究的重要问题，也是 Science 期刊公布的全球最具挑战性的科学难题之一。病理性记忆可以侵占并利用正常记忆相关的神经环路，在脑内持久而强烈地存在，不易消除，并最终导致一系列精神疾病，如药物成瘾、创伤后应激障碍、惊恐障碍、焦虑障碍等。目前临床上针对病理性记忆的药物治疗效果并不理想且存在副作用，因此亟须开发新型有效的治疗手段。由于病理性记忆信息编码后存在巩固、再巩固等不稳定阶段，为相关疾病的干预提供了可能性，然而目前病理性记忆的神经机制尚不清楚。

　　中国在病理性记忆的分子基础和消除策略研究领域取得了一系列突破性进展。北京大学陆林团队发现泛素化依赖的蛋白降解和 eIF2α（eukaryotic initiation factor 2α）调控的蛋白翻译过程是记忆去稳定和再稳定的必要条件，胶质细胞和神经元间的乳酸转运以及神经元内的多个激酶［如 PKMζ（protein kinase Mζ）、cdk5（cyclin-dependent kinase 5）、GSK3β（glycogen synthase kinase 3β）等］通路的活化是病理性记忆维持的分子基础，而神经元周围基质网在病理性记忆消除过程中发挥着关键的调控作用。这一系列成果解释了病理性记忆在脑内长期存在的生物学基础，发展了精神疾病的病理性记忆理论，为药物成瘾等病理性记忆相关精神疾病的临床治疗提供了理论支持和潜在的干预靶点。在以上研究的基础上，该团队以实验动物和成瘾人群为研究对象，首次提出"条件性刺激唤起－消退"心理学范式可有效消除病理性成瘾记忆（图 4.7），即利用环境线索短期暴露（条件性刺激唤起）后记忆不稳定的特点进行消退，可以有效消除与该线索相关的成瘾记忆，显著降低成瘾动物的觅药行为，之后在海洛因成瘾者中发现该范式可显著降低成瘾者的心理渴求，预防复吸的发生，且该作用效果可以持续至少 180 天。这些工作于 2012 年在 Science 期刊上发表后，英国广播公司（British

作者简介：陆林，博士，教授，中国科学院院士；单位：北京大学，北京，100871

　　　　　时杰，博士，研究员；单位：北京大学，北京，100871

　　　　　薛言学，博士，副研究员；单位：北京大学，北京，100871

　　　　　吴萍，博士，副研究员；单位：北京大学，北京，100871

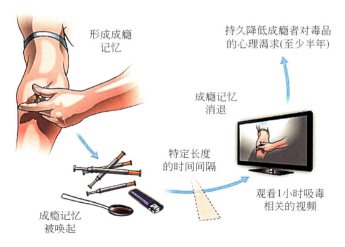

图 4.7　唤起－消退心理学范式消除成瘾记忆

Broadcasting Corporation，BBC）、美国环球邮报（Global Post）等 30 余家国内外媒体均在第一时间报道了这一重大发现，全球相关领域的专家也对此发现给予了高度评价，英国皇家学会院士、剑桥大学 Everitt 教授在 *Science* 同期期刊上撰写了题为 "Wiping drug memories" 的专题评论，认为 "该研究以成瘾记忆为靶点，提出 '非药理学治疗范式'，并成功转化应用于海洛因成瘾者，为物质成瘾的治疗提供了 '新途径'"。芝加哥大学精神病学家 de Wit 教授在 F1000prime 对该论文予以推荐并给予积极肯定评价，认为 "该研究是一项具有创新性、卓越的研究，有望为物质成瘾提供有效的防复吸疗法"。美国的研究人员在尼古丁成瘾者中应用该范式进行了随机对照临床研究，发现可以显著降低吸烟者的每日吸烟量。北京大学陆林团队又在国际上率先提出 "非条件性刺激唤起" 模式，在动物模型中发现利用小剂量成瘾药物或模拟创伤事件唤起记忆后进行干预，可有效抹除与所有线索相关的病理性记忆，作用效果更为广泛。随后该团队又将此创新性的治疗理念成功应用于临床。在尼古丁成瘾者中，利用小剂量的尼古丁作为非条件性刺激唤起记忆后，给予肾上腺素受体阻滞剂普萘洛尔，能够破坏与尼古丁关联的所有记忆，降低多种吸烟相关线索（如打火机等）诱导的心理渴求。这一系列工作发表后，*JAMA Psychiatry* 等期刊上发表了专门评论文章，认为 "非条件性刺激唤起" 模式改变了病理性记忆一旦形成就难以消除的传统观点，找到了消除物质成瘾核心病理机制的治疗手段，向治疗成瘾及其他的精神疾病迈出了标志性一步。另外，北京大学陆林团队针对临床治疗负性情绪障碍时患者需反复体验不良情绪的弊端，创新性地提出通过在睡眠中暴露记忆相关线索从而无痛苦地消除负性情绪反应的新方法，获得国际同行的高度评价，认为 "在睡眠这种无意识状态下实现不良记忆的消除令人兴奋且具有吸引力"，该研究 "为源于病理性记忆的精神疾病和行为障碍的治疗开辟了全新的视角"。

　　这一系列原创性和系统性的研究不仅从病理性学习记忆的角度阐释了精神疾病的发病机制，而且提出了干预病理性记忆的新模式，克服了现有治疗手段的局限性，是中国在精神疾病研究领域的重大科学突破。

4.6

记忆遗忘和记忆灵活提取的新机制

不同学科对"认知"的理解不同。《牛津词典》解释是获取知识的心理过程，包括感知觉、思维、理解。心理学、神经病学、精神病学、认知科学等主要是指感知觉和学习记忆。40 多年前出现的神经科学综合了这些学科，由此认知包括了感知觉、学习记忆、决策、语言、情感、社会活动、逻辑推理、自我意识等。学习是对自我、对外部世界的认识过程和能力，记忆是学习的基础，构成人们独特的精神世界、认识模式、行为等。遗忘是记忆信息的丢失或不能被提取的现象。泛化是指记忆提取的一种模式，实现活学活用的能力。这些均是认知工作原理的根本基础。

20 世纪国际社会对心理学、神经病学、精神病学、认知科学等高度重视，逐渐把这些学科整合为专门研究大脑的神经科学；投入了巨大资源，培育人才队伍、推进项目和硬件设施；大多数著名高校相继开设了相关的课程或院系（中心或研究所）。中国仅有少数高校和研究所开设了相关课程或院系。中国现有神经科学领域人才队伍几乎均靠留学归国人员组成，总体体量仅与以色列相当，使用的仪器设备和试剂耗材等几乎全靠进口。尽管如此，近 20 年来也稳步成长，在一些方向取得了可喜的进展。

从孔子的"学而时习之"，到 18 世纪德国艾宾浩斯（Ebbinghaus）的遗忘曲线、俄国巴甫洛夫（Pavlov）的条件反射，都对学习记忆进行了规律性总结，成为广泛使用的行为学模式。从 1949 年加拿大赫布（Hebb）提出记忆储存的突触效能理论假说，1953 年美国米尔纳（Milner）和斯科维尔（Scoville）发现海马负责长时记忆的形成，到 1973 年英国布利斯（Bliss）发现海马突触效能的长时程增强，使得学习记忆研究深入到了脑区、细胞和分子层次。随着遗传操作、分子生物学技术的迅猛发展，使得学习记忆的研究初步阐明了谷氨酸受体和信号通路如蛋白激酶 A、转录因子、表观遗传等机制的关键作用。近十几年随着光遗传、药理遗传、病毒示踪和单细胞测序技术的发展，神经科学领域正步入新时代，研究细胞特异性的神经环路机制，许多学习记忆机制正在从神经环路的角度得以重新认识。在此简要描述一些近期代表性成果：美国戴瑟罗斯实验室，不仅纠正了过去认为长时记忆的提取不再依赖于海马的片面认识，

作者简介：徐林，博士、研究员；单位：中国科学院昆明动物研究所、中国科学院脑科学与智能技术卓越创新中心，昆明，650223

还发现小鼠前额叶-海马通路,以认知科学领域的从上自下调控(top-down control)方式提取记忆。美国利根川进实验室发现阿尔茨海默病小鼠的记忆损伤是由于记忆的提取障碍,而不是过去认为的记忆形成障碍。美国蔡立慧实验室发现阿尔茨海默病小鼠的治疗可以通过40Hz的视觉刺激。

杨雄里(首席科学家)负责的973计划项目"脑功能和脑重大疾病的基础研究",非常及时地组建了涵盖几乎全国神经科学领域的大部分科研团队开展研究,其中就包括学习记忆研究方向。该项目培育了大批神经科学领域的科研人才,如973计划项目"脑功能的动态平衡调控"首席科学家陈军、973计划项目"遗忘的功能和机制研究"首席科学家徐林等。这些年来获得了一些独特的原创性成果:徐林实验室首次发现了成瘾记忆的糖皮质激素受体机制;钟毅实验室首次发现了间隔学习的分子机制和主动遗忘的分子开关;管吉松实验室发现背景恐惧记忆广泛分布于皮层的第二层、海马表观遗传机制;毕国强实验室首次发现长时记忆形成的线粒体炫机制;徐林实验室首次发现记忆提取的快速泛化现象并解析了该新现象的神经环路机制;等等。重要的是,遗忘的分子机制(图4.8)和快速泛化的神经环路机制(图4.9)的发现,是中国科学家在该领域的原创性贡献,被国际同行认为是开辟了学习记忆领域的新方向,为深入理解学习记忆和相关脑疾病提供了新思路。

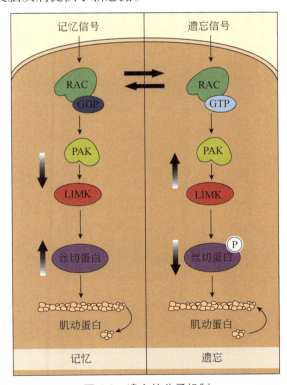

图4.8 遗忘的分子机制

RAC分子与GDP和GTP结合,可分别导致记忆的巩固和遗忘

113

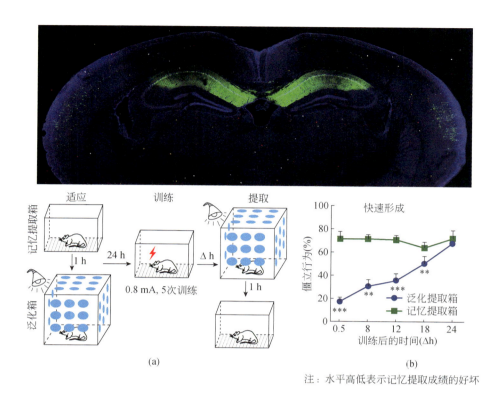

图 4.9　记忆灵活提取的神经环路机制

左右海马 CA1 之间的神经环路（上图），特异负责了记忆提取的快速泛化［下图（a）和（b）］

4.7

自闭症食蟹猴模型的建立及意义

随着人类社会的发展以及科学技术的进步，对人类生命健康造成严重威胁的一些疾病如天花、疟疾、结核等，已得到有效地控制及能够妥善地治疗。但新的疾病如癌症、代谢性疾病、神经系统疾病等却站在了人类的面前，成为人类追求美好生活之路上的"拦路虎"，大众谈之色变。在这些新时代的健康"拦路虎"中，自闭症（autism）因其逐年递增的发病率、高度复杂的发病机制及表征，以及如《雨人》《海洋天堂》这样艺术作品的描写，成为公众关注度很高的一种神经系统疾病。

在普罗大众的印象中，自闭症是对那些不善社交、性情内向者的一种性格标签。然而对于医学和神经科学相关的专业人士而言，自闭症却并非如此。自闭症的首次临床定义是在 20 世纪 40 年代由美国医生 Kanner 提出的，经过几十年来的发展，专业领域一般认为自闭症是一类广泛性的神经系统发育性疾病，包括雷特综合征（Rett syndrome）、阿斯佩格综合征（Asperger syndrome）、童年瓦解性障碍（childhood disinte-grative disorder）等病症。患者从婴幼年便开始发病，主要的病因是由遗传、免疫、孕期理化因子刺激等因素引起。患者的临床表现主要在：①社会交往行为的障碍；②交流性障碍；③兴趣缺失及重复刻板性行为；另有少量患者出现癫痫、智力低下、个体发育迟缓等较严重病症。

近几十年来，研究人员对于自闭症的理解越来越深入。目前的研究结果显示：自闭症并不是神经系统严重的、明显的损伤，而是与神经系统的发育过程及功能相关，其中最重要的则是与神经突触功能与调节息息相关。而与此功能相关的基因，毫无疑问也与自闭症有着密切联系。在这些相关基因中，一个名叫甲基化 CpG 岛结合蛋白 2（MeCP2）的基因吸引了研究者们的注意，MeCP2 基因是一种甲基化 DNA 结合蛋白，它能够通过结合 DNA 的甲基化 CpG 岛或是招募转录因子来操纵突触及神经系统相关的基因表达，中国科学院神经科学研究所程田林与仇子龙等研究者发现 MeCP2 除了能够操纵基因表达外，还能够通过影响 DGCR8 与 Drosha 酶从而调控 microRNA 的进程，进而影响到神经元树突的生长。当 MeCP2 基因功能缺失时，可导致雷特综合征类自闭

作者简介：仇子龙，博士，研究员；单位：中国科学院神经科学研究所、中国科学院脑科学与智能技术卓越中心，上海，200031

症；而当 MeCP2 表达过多时，却又会导致另一类被称为 MeCP2 重复综合征（MeCP2 duplication syndrome）的自闭症。由此可见，体内 MeCP2 基因的表达量必须保持精妙的平衡，过多或者过少，都会导致神经突触及神经系统功能的异常，从而导致自闭症。

在遗传背景和分子机制已经明晰的情况下，近年来该领域内又成功建立了 MeCP2 转基因与敲除的小鼠模型，其表型与人类自闭症患者非常相似，然而自闭症毕竟涉及多种复杂的高级神经活动，如果要为临床研究与治疗提供更为有力的支持，小鼠模型已显得捉襟见肘，更高级的动物模型是非常必要的。

为了解决这个问题，就必须通过遗传操作的手段建立非人灵长类动物模型。而对于非人灵长类的遗传操作，中国科学家一直都在进行积极探索，中国科学院昆明动物研究所季维智研究组对卵母细胞采集、体外培养及移植进行了优化并建立了有效的流程。站在前人的基础上，中国科学院神经科学研究所仇子龙研究组与苏州灵长类平台通过使用慢病毒载体侵染带入外源基因的方法，成功地建立了在神经系统中特异性表达 MeCP2 的转基因食蟹猴模型。通过遗传与生化鉴定，外源 MeCP2 基因有效地插入了食蟹猴的基因组中，并且能够只在神经系统中表达［图 4.10（a）—（c）］。此外，研究人员对此模型进行了长期的体征观察和大量的行为学测试。在体征观察与记录中，MeCP2 转基因食蟹猴表现出明显的体重发育迟缓以及血浆中脂肪酸代谢的异常，该表型与 MeCP2 重复综合征患者的临床表现非常相似；而在行为方面，对单只食蟹猴进行行动路线追踪的结果显示，转基因食蟹猴会花费更多的时间在一种刻板的重复性路径行进上［图 4.10（d）］；而当人为地给予转基因食蟹猴威胁性刺激时，相对于野生型猴对照，该型食蟹猴会表现出更强烈的焦虑情绪与敌意；在最为重要的社交行为及能力方面，无论是在社群内的社交行为［图 4.10（e）］还是与另一只配对的社交行为，转基因食蟹猴的社交频率统计结果均显著低于野生型猴对照［图 4.10（f）］。而在转基因食蟹猴学习能力检测中，转基因食蟹猴虽没表现出明显的学习障碍，但却出现了重复刻板行为，以上这些结果对于评估 MeCP2 转基因食蟹猴的类自闭症表型具有重要的意义。

为了深入研究自闭症遗传性问题，研究人员通过将转基因食蟹猴的精巢组织移植至裸鼠皮下并使用激素促进成熟，成功地在短期内得到了原代转基因食蟹猴（F0）的子代猴（F1）［图 4.10（g）］，遗传学检测显示 F0 代转基因食蟹猴基因组中的外源插入片段的位点，通过种系传递，遗传至 F1 代子猴的基因组中，并能够在神经系统中特异性表达。行为检测结果也显示，F1 代转基因食蟹猴相较于野生型猴对照也展现出社交行为频率的显著下降［图 4.10（h）］，该表型与 F0 亲代猴以及自闭症患者的临床表型相似。

综合上述结果，仇子龙研究组与苏州灵长类平台成功地建立了神经系统特异性表达 MeCP2 的转基因食蟹猴模型，且该转基因可以通过种系传递向子代进行遗传。并且，无论是 F0 还是 F1，MeCP2 的异常表达都导致了转基因食蟹猴出现明显的类自闭症行为，简而言之，作为与人类亲缘关系很近的猴子患上了自闭症。该项工作是世界上首次人工建立自闭症的非人灵长类模型。同期，昆明理工大学陈永昌、季维智和同济大学孙毅等通过 TALEN 技术建立了雷特综合征的非人灵长类模型，中国科学家在此领域的努力与取得的先进成果，为观察自闭症的病程进展提供了一扇很好的窗口，并为之后进一步研究自闭症的机制提供了坚实的基础，也为自闭症的临床治疗提供了良好的试验平台。

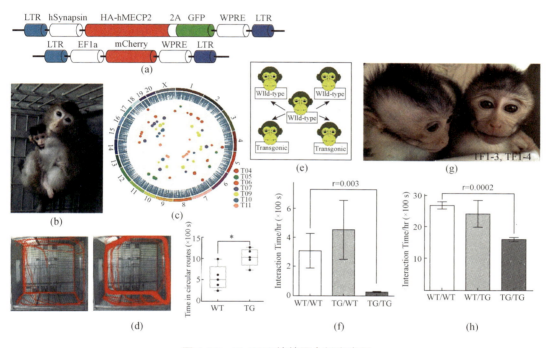

图 4.10　MeCP2 转基因食蟹猴表征

（a）慢病毒转基因载体的设计示意。（b）哺乳期的转基因食蟹猴。（c）通过深度测序绘制出的外源基因在食蟹猴全基因组中插入位点的分布图谱。（d）独立行为观察实验中进行行动路径追踪时出现的刻板性重复路径示意及刻板性重复路径的时间统计，结果显示转基因食蟹猴显著地高于野生型猴对照组。（e）社群内社交行为示意。（f）配对社交行为实验结果，显示转基因食蟹猴配对的社交时间相对于野生型猴配对的社交时间有明显下降。（g）哺乳期的转基因 F1 子代猴 TF1-3 与 TF1-4。（h）配对社交行为实验结果，显示 F1 子代转基因食蟹猴配对的社交时间相对于野生型猴配对的社交时间有明显下降

注：此为实验结果示意图

4.8
体细胞克隆技术与非人灵长类模式动物构建

　　非人灵长类动物为社群性动物，具有明显的社会等级关系和复杂的行为活动，在遗传结构、形态解剖、行为心理和生物医学特性上最接近于人类，是生命科学研究中的高级实验动物，特别是在人类脑功能与神经系统疾病研究中，更是具有其他实验动物难以替代的作用。随着对人类医药和健康研究的深入，低等模式动物已经不能满足研究的需要，因此迫切需要建立诸如猴等高级动物模型。如在神经退行性疾病如阿尔茨海默病和帕金森病的动物模型构建中，由于啮齿类动物在认知和行为上与灵长类的较大差异，使啮齿类动物模型在病理学与行为学特征的模拟以及药物疗效评价等方面都存在一定的不足，借助于非人灵长类动物神经系统疾病模型有望在较大限度上克服这些不足，从而更好地促进人类健康事业发展。

　　针对特定遗传相关疾病的转基因动物模型可以让科学家更好地理解疾病发生、发展的过程和机制。早在20世纪80年代科学家就已经能够在小鼠模型上开展转基因操作，并构建了数以万计的转基因小鼠模型。这些模型已经被广泛应用于人类疾病治疗和药物代谢等研究领域。2001年，美国俄勒冈健康与科学大学 Schatten 团队利用高滴度的反转录病毒载体成功将外源基因导入恒河猴的胚胎，获得了世界上首只转基因灵长类动物 ANDi（意指 inserted DNA）。Anthony 团队于 2008 年利用该技术得到了世界上首批亨廷顿舞蹈症转基因恒河猴。2016 年，中国科学院神经科学研究所非人灵长类研究平台用同样的方法得到了有类似人类自闭症表型的转基因食蟹猴，并利用平台首创的猴精巢异种移植技术提早得到了 F1 代子猴。然而，慢病毒载体介导外源转基因是以多位点多拷贝整合的方式整合到宿主基因组中，这导致转基因首建个体存在基因型不一致的缺陷。

　　随着人工核酸酶技术的出现，尤其是高效的 CRISPR/Cas9 核酶的出现，使得非人基因编辑成为可能。2014 年，以季维智为主的科学家首先将该技术应用于非人灵长类，得到了基因编辑食蟹猴。但这些首建基因编辑猴多为嵌合体，且有潜在的脱靶问题；同时，利用现有的基因编辑技术很难实现在小鼠模型上广泛开展类似 Cre-LoxP 系统的

作者简介：孙强，博士，研究员，中国科学院神经科学研究所，上海，200031
　　　　　刘真，博士，研究员，中国科学院神经科学研究所，上海，200031

条件基因操作；此外，非人灵长类主要的实验动物食蟹猴和恒河猴还存在着遗传背景复杂和传代时间过长的问题。这些缺陷严重地限制了这些基因编辑猴的使用，使其无法成为可广泛应用的动物模型。

　　体细胞克隆是指通过显微操作技术将体细胞的细胞核导入到去核的卵母细胞中，得到一个含有体细胞基因组的重构胚胎，重构胚胎经激活后启动发育进程，再将其移植到代孕受体完成生长发育到个体出生的过程。在核移植前，对体细胞进行基因编辑操作可得到含有目的基因修饰的细胞。将基因修饰后的体细胞作为供体核进行克隆就可得到一批遗传背景一致的基因修饰克隆动物。体细胞克隆技术的建立对于开展非人灵长类基因编辑动物模型研究至关重要。首先，在体细胞上可实现复杂的遗传操作；其次，通过严格筛选可去除脱靶；最后，可在一个孕周期（160 天）内获得遗传背景一致且无嵌合的克隆猴，因此有效地解决了现有基因编辑猴模型构建技术所无法克服的困难。孙强团队从 2012 年开始从事非人灵长类体细胞克隆研究，经过 5 年攻关，终于克服了克隆胚胎重编程效率差的主要发育障碍，并成功获得了两只克隆猴"中中"和"华华"（图 4.11）。

图 4.11　克隆猴"中中"和"华华"

　　上述中国学者的工作都发表在众多重要的国际学术期刊上，如 *Cell*、*Nature*、*Cell Research* 等，这些原创性研究成果极大地推动了非人灵长类模式动物构建技术的研究，成为该研究领域的领跑者，并多次入选年度"中国科学十大进展"和年度"中国生命科学领域十大进展"等。而体细胞克隆猴的成功，实现了该领域从无到有的重大突破，为非人灵长类基因编辑操作提供更为便利和精准的技术手段，使得非人灵长类可能成为可以广泛应用的动物模型，将推动灵长类生殖发育、生物医学，以及脑认知科学和脑疾病机理等研究的快速发展（图 4.12）。

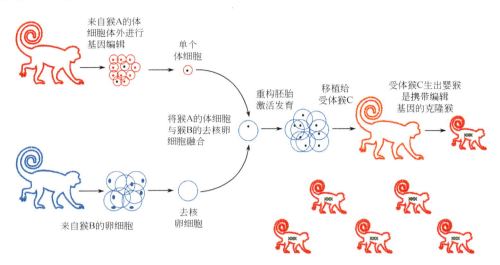

图 4.12　基于体细胞克隆技术的基因编辑猴构建技术

4.9

非人灵长类动物模型与生物医学研究

　　非人灵长类在基因组、生理及神经发育和高级认知等方面与人类有着极高的相似性,是研究人类生长发育的基础理论和疾病机制的理想动物模型。利用新技术如干细胞、靶向基因编辑等,中国学者取得了一系列开创性和有世界影响力的进展。

　　首先是胚胎发育的早期调控和干细胞的研究。早期胚胎 DNA 甲基化是发育的一个重要事件,这一过程可能会影响个体的生长发育乃至健康。由于技术和条件的限制,只有小鼠早期胚胎的 DNA 甲基化得到深入研究。昆明理工大学谭韬、季维智团队于2017 年首次利用猕猴精子、卵和着床前不同发育阶段胚胎详细探讨了 DNA 再甲基化过程;与小鼠不同,发现猕猴早期胚胎发育过程中在 8 细胞阶段存在着再甲基化。进一步的分析发现这一再甲基化过程是在全基因组水平同时伴随着 DNA 去甲基化过程发生的, DNA 甲基化酶和去甲基化酶的时空特异性表达是造成这一现象的潜在机制。结论在 2018 年由中国学者在人类胚胎得到进一步证实,修正了经典理论着床前胚胎只存在去甲基化的理论。

　　多能性是干细胞生物学的核心科学问题也是再生医学的基石。灵长类是否存在真正的多能性干细胞,关系到开展细胞治疗和再生医学研究的理论依据。检验干细胞多能性的金标准是嵌合体或四倍体补偿。此前美国学者认为猴胚胎干细胞不能获得嵌合体猴,因而不具备多能性。昆明理工大学李天晴、季维智团队于 2015 年通过改善培养体系, 获得了世界首例胚胎干细胞嵌合体猴。该研究为理解细胞全能性,进而开展体内组织器官的再生和器官移植研究提供了重要的理论基础。

　　其次是基因编辑建立灵长类动物模型和体细胞克隆猴的研究。利用非人灵长类建立人类疾病的动物模型是理解疾病致病机理和开展新药及新疗法研发的重要途径。世界第一例转基因猴诞生于 2001 年,中国在 2007 年启动了转基因猴的研究工作。2010年, 中国科学院昆明动物研究所季维智团队报道了国内首例、全球第 3 例携带并表达GFP 的猕猴,标志着中国科学家已成功建立非人灵长类转基因动物研究平台,与美国

作者简介:陈永昌,博士,教授;单位:昆明理工大学、云南中科灵长类生物医学重点实验室,昆明,650500
　　　季维智,博士,教授,中国科学院院士;单位:昆明理工大学、云南中科灵长类生物医学重点实验室,昆明,650500

和日本一起形成有能力开展灵长类基因组修饰研究的世界先进研发团队。2014 年，昆明理工大学季维智团队与南京大学黄行许、南京医科大学沙家豪团队合作，首次报道了利用 CRISPR/Cas9 技术成功获得基因敲除的食蟹猴，实现了对食蟹猴基因组的定向编辑。这一研究克服了传统转基因效率低、外源基因随机插入存在安全隐患这一难题。被 Nature 评为 2014 年最成功的科学事件之一；MIT Technology Review 列为当年十大科技突破。2018 年，昆明理工大学季维智及合作团队，通过 CRISPR/Cas9 介导的同源重组建立了 Oct4-hrGFP 基因敲入食蟹猴，中国科学院神经科学研究所杨辉等分别报道了利用同源臂介导的末端结合构建了 mCherry 基因敲入的食蟹猴，首次证明对灵长类动物进行基因精准敲入是可实现的。至此，中国学者在世界上率先建立灵长类动物转基因、基因敲除和基因敲入的体系。

体细胞核移植，与多能干细胞诱导都是验证终末分化细胞再程序化的技术体系。获得体细胞核移植动物也是物种资源保护和建立动物模型的有效手段。自 1997 年首例克隆动物"多莉羊"被报道后，陆续在多个物种上都获得了克隆动物。然而灵长类动物的克隆一直未能获得突破。中国科学院上海生命科学院神经科学研究所孙强、蒲慕明团队于 2018 年 1 月报道了首例存活的体细胞核移植猴。这既证明体细胞核移植在灵长类动物上是可行的，也为构建灵长类动物模型开辟了新的路径，意味着中国将率先建立起可有效模拟人类疾病的动物模型，克隆猴的成功将为脑神经系统、免疫缺陷、肿瘤、代谢等疾病的机理研究、干预、诊治带来前所未有的光明前景。

最重要的是人类疾病的猴模型建立及致病机理研究。自 2014 年，中国学者率先利用基因编辑建立人类疾病的灵长类动物模型后，已有多种疾病模型，如雷特综合征、自闭症、帕金森病、杜氏肌营养不良症等模型相继建立。

在这些猴模型的研究中不仅发现其病理和行为表型与病人十分相似，还证明了一些无法在其他物种实现的疾病表型和在人类无法研究的致病机理。这些灵长类动物模型的原创性研究成果极大地推动了生物医学研究的发展，并多次被 Nature、Science、MIT Technology Review、Science Translational Medicine 等期刊评论和推荐，其中多项成果入选国内外年度科技进展等，为利用灵长类动物开展生物医学及转化医学研究及相关知识的科学传播在国内外产生了广泛影响，使中国成为灵长类生物医学研究的引领者（表 4.1）。

表 4.1　中国学者灵长类动物模型研究主要进展

物种	基因或操作	途径	参考文献	主要贡献
猕猴	GFP	Virus vector	Niu，2010，PNAS	中国第一例转基因猴
食蟹猴	Ppar-γ/Rag1	CRISPR/Cas9	Niu，2014，Cell	首例 CRISPR/Cas9 基因编辑猴
猕猴、食蟹猴	MECP2	TALEN plasmid	Liu，2014，Cell Stem Cell	首例 TALENs 介导的基因编辑猴

续表

物种	基因或操作	途径	参考文献	主要贡献
食蟹猴	MECP2	TALEN mRNA	Liu，2014，Neuroscience Bulletin	TALENs 介导的基因编辑猴
猕猴	α-syn（A53T）	Virus vector	Niu，2015，Human Molecular Genetics	首例转基因帕金森病猴模型
食蟹猴	Ppar-γ/Rag1/Dax1/	CRISPR/Cas9	Chen，2015，Cell Research	证明生殖腺实现了基因编辑
食蟹猴	P53	CRISPR/Cas9	Wan，2015，Cell Research	首例纯合敲除猴
猕猴	Dystrophin	CRISPR/Cas9	Chen，2015，Human Molecular Genetics	首例杜氏肌营养不良症猴模型
食蟹猴	Dax1	CRISPR/Cas9	Kang，2015，Human Molecular Genetics	首例 Dax 基因敲除猴
食蟹猴	Embryo/ESCs 嵌合体		Chen，2015，Cell Stem Cell	首例胚胎干细胞嵌合体猴
食蟹猴	MECP2	Virus vector	Liu，2016，Nature	首例转基因自闭症猴模型
食蟹猴	MCPH1	TALEN mRNA	Ke，2016，Cell Research	首例小头症基因编辑猴
猕猴	猕猴早期胚胎		Gao，2017，Cell Research	分析了猕猴早期胚胎 DNA 甲基化模式
食蟹猴	MECP2	TALEN	Chen，2017，Cell	首例雷特综合征猴模型
食蟹猴	Shank3	CRISPR/Cas9	Zhao，2017，Cell Research	首例 Shank3 基因敲除食蟹猴
食蟹猴	Oct4-GFP	CRISPR，konck in	Cui，2018，Cell Research	首例同源重组基因敲入猴
食蟹猴	mCherry	CRISPR，konck in	Yao，2018，Cell Research	首例同源臂介导的末端结合的基因敲入猴
食蟹猴	体细胞核移植		Liu，2018，Cell	首例克隆猴

4.10

精子 tsRNAs 介导的父源获得性性状的代际传递

很多证据表明，某些上一代的获得性性状可以遗传给下一代。过去由于对该现象背后的分子机理缺乏清晰的了解，导致获得性表型的遗传现象曾饱受质疑。然而，在过去的 10 年中，伴随着表观遗传学的迅速发展，该现象重新得到了高度的关注并被认为是今后表观遗传学领域最具挑战、最有意义的研究方向之一。随着近年来人类生活环境和生活或饮食习惯的巨大改变，由环境暴露和生活或饮食习惯改变导致的获得性表型跨代传递与人类的健康息息相关，该现象背后相关的表观遗传机理也成为该领域研究的重中之重。近年来中国学者通过动物模型揭示大鼠可卡因成瘾和小鼠营养代谢状况能传递到子代，引起了国际学术界和公众的广泛关注。

研究证据表明生殖细胞中一些表观遗传标记（例如 DNA 甲基化、组蛋白修饰以及非编码小 RNA）可能将亲代的获得性信息保存下来，这为获得性性状的跨代遗传提供了可能的分子机理。然而，目前对精子中携带的关键表观遗传信息载体以及如何将获得性性状传递到子代仍然缺乏清晰的了解。中国科学院动物研究所段恩奎和周琪团队前期在小鼠成熟精子中发现了一群来源于成熟的 tRNA 的 5′ 端，长度为 29—34nt 的小 RNA，将其命名为 tRNA 来源的小 RNA，即 tsRNAs（tRNA derived small RNAs）。随后发现 tsRNAs 在哺乳动物血清中也大量存在，并可通过序列上的核酸修饰维持其稳定性，且在机体应激等情况下发生敏感变化。由于 tsRNAs 在成熟精子头部特异性富集，说明在受精时它们能被带入受精卵，从而传递父代信息。

为了检测精子中 tsRNAs 能否将父代获得性性状传递给子代，中国科学院动物研究所周琪和段恩奎团队与上海营养与健康研究所翟琦巍团队合作，建立了高脂 c57 肥胖的父代小鼠。这些小鼠表现出葡萄糖代谢紊乱和胰岛素抵抗的表型，并且证实这些代谢紊乱表型能通过精子传递给子代。接着通过分别提取高脂饮食小鼠和正常小鼠精

作者简介：张莹，博士，副研究员；单位：中国科学院动物研究所，北京，100101
　　　　　段恩奎，博士，研究员；单位：中国科学院动物研究所，北京，100101
　　　　　翟琦巍，博士，研究员；单位：中国科学院上海营养与健康研究所，上海，200031
　　　　　周琪，博士，研究员，中国科学院院士、发展中国家科学院院士；单位：中国科学院动物研究所，北京，100101

子总 RNA，分别注射到正常的受精卵中，发现精子总 RNA 也能将父代代谢紊乱表型传递给子代，高脂小鼠精子 RNA 注射的后代出现葡萄糖不耐受症状。为了研究具体发挥作用的精子 RNA，研究者通过聚丙烯酰胺尿素变性胶将精子总 RNA 分成不同区段，分别注射到受精卵中，发现只有 tsRNA 区段的小 RNA 能将高脂父代小鼠的部分代谢紊乱表型传递给子代。实验过程中研究者发现外源合成的 tsRNAs 不具备传递获得性性状的能力，经过检测发现合成的 tsRNAs 无法在生理情况下维持稳定。这是由于生理状况下的 tsRNAs 由成熟 tRNAs 切割而来，继承了 tRNAs 上丰富的修饰，而合成 tsRNAs 上不含有任何修饰。为了检测 tsRNAs 上的修饰，研究者建立了一种基于色谱 - 质谱的检测平台，检测了精子不同区段 RNAs 上的修饰及变化，发现高脂小鼠精子 tsRNAs 区段的 m5C 和 m2G 修饰含量相对于正常小鼠显著上升，而其他 RNA 区段没有明显的变化。这些结果提示 tsRNA 上的 RNA 修饰在记录和传递父代代谢紊乱的表观信息上可能有重要作用。

与此同时，研究者还探索了 tsRNAs 传递父代代谢紊乱性状的机制。通过测序发现肥胖小鼠子代胰岛基因组中代谢相关基因表达发生了明显的变化，但是其甲基化程度并没有很大的差别，说明这些代谢基因的变化来源于更早的时期。通过收集注射高脂和正常饮食精子 tsRNAs 得到的 8 细胞胚胎和囊胚进行差异转录组分析，发现高脂精子 tsRNAs 注射后的 8 细胞胚胎已经表现出大量基因的差异表达，并且 tsRNAs 主要与基因的启动子结合，提示 tsRNAs 可能通过转录调控调节了早期胚胎中重要基因的表达，进而影响子代胰岛功能造成代谢疾病（图 4.13）。

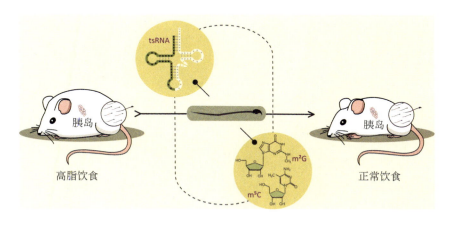

图 4.13　精子 tsRNAs 将父源获得性代谢紊乱性状传递给子代

上述中国学者的研究工作首次提出精子 tsRNAs 是一类新的父本表观遗传因子，可介导获得性代谢疾病的代际传递。论文于 2016 年在 *Science* 发表后获得 *Science*、*Nature Review Genetics*、*Cell Metabolism*、*Cell Research* 等多家国际重要刊物的评价，引起国际各大媒体的关注，发表至今论文已经被引用超过 400 次。同时研究团队受邀在 *Nature Review Genetics* 上就精子 RNA 介导的表观遗传传递撰写综述。此研究成果入选 2016 年"中国科学十大进展"、2016 年"中国生命科学领域十大进展"以及 2016 年"中国百篇最具影响国际学术论文"。此项研究从精子 RNA 角度，为研究获得性性状代际遗传开拓了全新的视角，也是未来该领域一个新的研究方向。

4.11

哺乳动物异种杂合二倍体胚胎干细胞

　　理解不同物种的基因组及其调控差异是生物学研究的最根本问题之一。物种间杂交个体是研究这一问题的重要模型，在进化生物学、发育生物学和遗传学中应用广泛，例如"杂交优势"的研究及其在农业育种中的应用。这是因为它们具有独特的杂合遗传背景和性状，是研究物种形成、基因调控进化、染色体间基因对话和哺乳动物 X 染色体失活的重要模型。然而由于物种间存在生殖隔离，哺乳动物远亲物种间的配子无法受精和发育，因此种间杂交只在近亲物种间发生，如马和驴杂交产生骡子。19 世纪80 年代，人们曾经试图通过单精注射的方法克服种间受精隔离，但形成的种间杂合胚胎由于基因组不兼容而不能发育。为了生物学研究的便利，在过去的半个世纪中，人们利用细胞融合技术创造出各类远亲物种间的杂合细胞，如小鼠－大鼠、人－啮齿类、人－牛等杂交细胞。但由于这些细胞都是体细胞融合产生，因而都是四倍体并且基因组不稳定，往往出现大量的染色体丢失，而且几乎没有分化能力。能否绕开生殖隔离的屏障，创造出哺乳动物远亲物种间的二倍体杂合细胞，是科学界一直悬而未决的难题。

　　生殖隔离主要体现在两个方面：异种配子的受精隔离以及异种胚胎的早期胚胎发育不兼容。中国科学院动物研究所周琪和李伟等学者通过哺乳动物单倍体胚胎干细胞技术，让大鼠和小鼠两个物种的雌雄配子分别单独完成早期胚胎发育过程，获得单倍体囊胚，进而建立单倍体胚胎干细胞系，再通过细胞融合技术将小鼠孤雄（雌）和大鼠孤雌（雄）单倍体干细胞融合，从而绕开了小鼠和大鼠的受精隔离以及精卵融合后无法发育的生殖隔离障碍，获得了异种杂合二倍体胚胎干细胞。由于该细胞类似于正常细胞的"二倍性"，因此其基因组非常稳定，这是研究进化及基因组互作的前提和基础。此外，这类杂交细胞具有胚胎干细胞的三胚层分化能力，甚至能够分化形成早期的生殖细胞，并且在培养和分化过程中保持异种二倍体基因组的稳定性。基因表达分析发现，异种杂合二倍体细胞展现出"高亲""低亲"等独特的基因表达模式以及独

作者简介：李伟，博士，研究员；单位：中国科学院动物研究所，北京，100101

　　　　　王加强，博士后；单位：中国科学院动物研究所，100101

　　　　　周琪，博士，研究员，中国科学院院士、发展中国家科学院院士；单位：中国科学院动物研究所，北京，100101

特的生物学性状，对两者结合进行分析能够有效地挖掘出物种间性状差异的分子调控机制；同时杂合细胞的 X 染色体失活也不采用哺乳动物常见的"随机失活"模式，而是采用小鼠 X 染色体特异失活模式。利用这一特性，该研究系统鉴定了小鼠 X 染色体失活逃逸基因，揭示了 X 染色体失活和失活逃逸的新方式与新机制（图 4.14）。

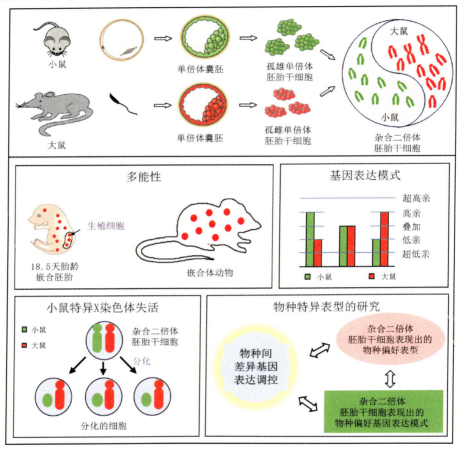

图 4.14　通过将单倍体胚胎干细胞融合而产生大－小鼠异种杂合二倍体胚胎干细胞的流程和检测示意图

　　上述中国研究者的工作发表在重要的国际学术期刊 *Cell* 上，这项成果是世界首例人工创建的、以稳定二倍体形式存在的异种杂合胚胎干细胞。同时，该研究建立了一种新方法，能够创造全新的哺乳动物细胞类型——哺乳动物异种杂合二倍体干细胞，极大地推动了在哺乳动物水平开展在遗传和进化研究中常用的低等生物种间杂交研究；并通过项目发现证实这一类细胞为哺乳动物进化生物学、发育生物学和遗传学等研究提供了全新的模型和发现基础。这类细胞为研究异种基因组的调控差异和兼容性提供了新的途径。随着 Hi-C 技术的发展，也使得基于这类细胞开展同源基因间的空间互作及调控互作研究成为可能。可以预见，这类新技术和新的细胞类型的建立，在未来将催生更多的生物学新发现。

4.12

"人造精子细胞"介导基因编辑技术助推生命科学研究

单倍体细胞，如酵母，由于只含有一套遗传物质便于开展基因功能的分析，是生命科学研究的重要工具，但一般只存在于低等生物中。高等生物往往以二倍体的形式存在（含有两套遗传物质），需要同时突变基因的两个拷贝才能研究基因功能，给生命科学研究带来了极大的不便。如果能建立哺乳动物的单倍体细胞，将极大地促进生命科学的研究。早在20世纪七八十年代，科学家就尝试建立哺乳动物的单倍体细胞，但均以失败告终。2011年9月，*Nature*报道小鼠卵子来源的单倍体胚胎干细胞的建立，中国科学院生物化学与细胞生物学研究所李劲松以及中国科学院动物研究所周琪团队随即组织优秀研究团队，尝试建立小鼠精子来源的单倍体胚胎干细胞。

采用显微操作的方法将卵子的核去掉,然后注入一个精子形成孤雄的单倍体胚胎。经过重构的胚胎一部分在体外能够发育到早期胚胎的状态（囊胚），研究人员从中建立了孤雄单倍体胚胎干细胞系。为了验证这些人工培养的单倍体细胞能否代替精子使用，科研人员将其注入卵子中，发现部分"受精"的胚胎（2%）能够发育成健康的小鼠（半克隆小鼠）（图4.15）。然而，半克隆小鼠的出生效率低，不能成为一个有效的研究工具。李劲松团队研究发现在正常精子中不表达的雄性印记基因*H19*和*Gtl2*在单倍体细胞和发育迟缓的半克隆小鼠中高表达，为此，研究团队通过敲除调控这两个基因表达的区域降低两者的表达，"优化"了"孤雄单倍体胚胎干细胞"，将半克隆小鼠的出生效率提升至22%（图4.16）。因此，优化的单倍体细胞又被称为"人造精子细胞"。

李劲松团队和周琪团队进一步建立了小鼠卵子来源的"人造精子细胞"，实现了哺乳动物高效的孤雌发育，具有重要的理论意义。李劲松团队还建立了食蟹猴和人卵子来源的孤雌单倍体胚胎干细胞，为灵长类遗传学研究提供了新的工具。周琪团队还建立了大鼠的孤雄单倍体胚胎干细胞。

单倍体干细胞在基于细胞和个体水平的基因功能研究方面具有独特的优势。

在细胞水平上，单倍体干细胞可以用于高效开展全基因组的遗传筛选研究，结合新的基因编辑技术CRISPR/Cas9，这一体系的优势将更加明显。另外，大鼠和小鼠单倍体干细胞通过融合获得异种杂合二倍体胚胎干细胞，为深入挖掘出物种间性状

作者简介：李劲松，博士，研究员；单位：中国科学院生物化学与细胞生物学研究所，上海，200031

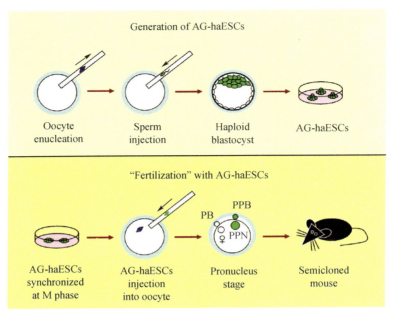

图 4.15 孤雄单倍体胚胎干细胞及半克隆技术的建立

图片来源：Cell，2012

差异的分子调控机制提供了新方法。

在个体水平上，"人造精子细胞"介导的半克隆技术可以在以下几方面起到独一无二的作用。第一，快速制备携带复杂基因修饰的小鼠用于模拟人类的复杂疾病。人类的复杂疾病通常是由多基因剂量不足引起的，通过"人造精子细胞"可一步获得携带多基因剂量不足的小鼠模型来模拟人类的复杂疾病，进而利用这些模型研究复杂疾病并用于药物筛选。第二，快速筛选与出生缺陷相关的重要突变位点。出生缺陷，如神经管畸形，是困扰人类健康的重大问题。DNA 测序发现了大量候选突变位点，通过"人造精子细胞"可以快速将人类的突变位点转入小鼠体内观察表型，从而确定关键的致病位点，为进一步开展遗传筛查降低出生缺陷提供理论依据。第三，快速确定发育相关的关键基因或者重要基因的关键核苷酸。研究组织器官发育需要确定关键的基因或者基因的关键核苷酸位点，"人造精子细胞"介导的半克隆技术与 CRISPR/Cas9 技术结合开展个体水平的遗传筛选，可以从大量候选基因中快速筛出重要的基因，或者针对一个特定基因确定关键的核苷酸位点。第四，实现基因组标签计划（Genome Tagging Project，GTP）。人类基因组计划（Human Genome Project，HGP）的完成揭示了大约 22 000 个编码蛋白质的基因，但是蛋白质功能的研究却因为缺乏有效的抗体进展缓慢，解决抗体问题的常规方法是将蛋白质带上一个小的标签（tag）蛋白质。"人造精子细胞"提供了一个全新的技术平台，可以用于在体外建立携带标签蛋白质的"人造精子细胞"库，进一步通过半克隆技术产生携带标签蛋白质的小鼠。GTP 的实施和完成将实现蛋白质的在体、实时、动态、定性和定量研究，极大促进我们对生命本质的了解（图4.16）。

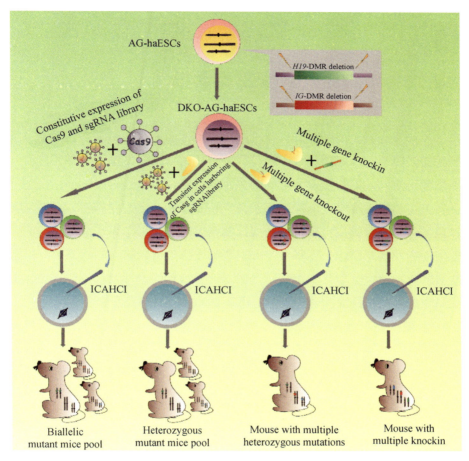

图4.16 "人造精子细胞"介导基因编辑技术的建立

图片来源：Cell Stem Cell，2015

　　上述中国学者关于单倍体干细胞技术的建立和发展研究工作均发表在重要的国际学术期刊上，如 *Cell*、*Nature*、*Cell Stem Cell*、*Nature Cell Biology*、*Cell Research* 等，这些原创性研究成果极大地推动了单倍体干细胞技术的发展，成为该领域的领跑者。特别是"人造精子细胞"介导基因编辑技术的建立，为生命科学研究提供了全新的手段，该技术与 CRISPR/Cas9 技术的结合将极大地促进生命科学研究的进程，这一具有自主知识产权的技术将为中国乃至世界生命科学研究提供新的动力。

4.13

人类原始生殖细胞的表观遗传调控

在物种的发生和发展中，有一类细胞承载了传递遗传物质至下一代以及物种延续的重要使命，这便是生殖细胞。生殖系的发育，包括生殖细胞的起源、迁移、增殖和分化都是受到精密调控的。人类原始生殖细胞（human primordial germ cell 或 hPGC）大约形成于从受精开始的胚胎发育第 2 周，于第 3 周开始发生迁移，在第 7—8 周定植到生殖脊。一旦这些调控机制出现错误，则有可能引起不孕不育、反复流产、胎儿畸形及生殖细胞肿瘤等问题。近年来，人类原始生殖细胞的研究广泛开展，同时，随着高通量测序等技术的迅猛发展，揭示人类原始生殖细胞调控机制的研究报道越来越多，其中一部分即是人类原始生殖细胞的表观遗传调控机制。

一般认为，生命个体中的细胞携带完全一致的 DNA 信息，但在不同种类的细胞甚至同种细胞的不同个体中，通过表观修饰表达特定的基因。细胞在分裂的过程中，不仅可以精准地复制 DNA，还能准确地"复制""粘贴"这些表观修饰。表观修饰主要包括 DNA 甲基化、组蛋白修饰、RNA 干扰等，这些修饰一般都具有动态、可逆等特点。人类原始生殖细胞的表观遗传调控不仅在国外有非常多的研究成果，国内也有非常多优秀的团队在这个领域取得突破性的研究进展。

2014 年 7 月，北京大学乔杰、汤富酬团队在 *Nature* 期刊上发表题为 "The DNA methylation landscape of human early embryos" 的文章，揭示了人类精卵结合后的早期胚胎发生大规模的去甲基化现象，绘制了着床前胚胎的 DNA 甲基化图谱，并且将此图谱精确到了单碱基分辨率。该项研究还发现了 DNA 甲基化组重编程对于基因表达网络的关键调控特征。随后，该团队在 2015 年 6 月，在 *Cell* 期刊上发表了题为 "The transcriptome and DNA methylome landscapes of human primordial germ cells" 的文章，较为系统、深入地分析了胚胎发育早期不同阶段原始生殖细胞的转录物表达特征谱和 DNA 甲基化重编程过程及相关特征。该团队的两篇文章，揭示了胚胎发育过程中的两次大规模 DNA 甲基化 "重编程" 的过程，第一次发生在胚胎的着床期前后，第二次则是原始生殖细胞把体细胞特异的 DNA 甲基化擦除，并重建生殖细胞特异的 DNA 甲

作者简介：乔杰，博士，教授，中国工程院院士；单位：北京大学，北京，100871

　　　　　汤富酬，博士，研究员；单位：北京大学，北京，100871

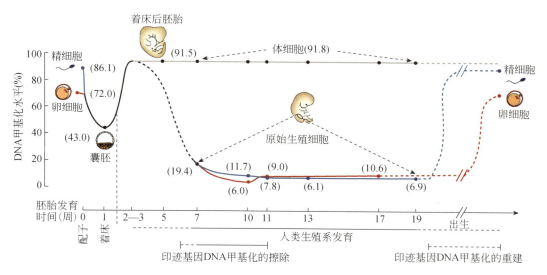

图 4.17　原始生殖细胞把体细胞特异的 DNA 甲基化擦除，并重建生殖细胞特异的 DNA 甲基化状态

基化状态（图 4.17），两篇文章均在国际上具有非常重要的影响。

　　2015 年 6 月，台湾"中央研究院"与加利福尼亚大学合作，利用发育 53—137 天的人类胎儿生殖细胞（prenatal germline cell）揭示了人类胎儿生殖细胞中的去甲基化动态，并在 Cell 期刊上发表了文章。与北京大学团队、台湾"中央研究院"同期发表关于人类原始生殖细胞研究的还有剑桥大学团队，3 个团队同时发表相关研究，充分证明了该领域的重要性。北京大学团队的研究结果是发育阶段覆盖最全面、分辨率最高、数据最精确、分析最深入的，引用量多达 130 次。

　　2016 年 9 月，清华大学颉伟课题组在 Molecular Cell 期刊上发表"Resetting epigenetic momory by reprogamming of histone modifications in mammals"的文章，揭示了 H3K27me3 修饰在原始生殖细胞、配子、植入前胚胎、植入后胚胎及上皮组织的重编程动态调控。

　　2017 年 2 月，北京大学团队在 Cell Research 期刊上发表文章，分析了人类和小鼠胎儿生殖细胞在发育中一系列关键时间节点的全基因组层面染色质开放程度和 DNA 甲基化组。该研究发现在人类胎儿生殖细胞中核小体缺失区域（nucleosome-depleted regions，NDRs）富集在高度动态调控的原件上，例如增强子。

　　自 2014 年起，北京大学乔杰、汤富酬团队，在人类原始生殖细胞表观遗传调控中取得了一系列重要成果，研究包括 DNA 甲基化图谱以及染色质开放性图谱等。随着技术的不断创新，中国各研究团队在该领域一定会有更大的突破。

133

4.14

单细胞测序研究进展

细胞异质性是生物系统的普遍特征，单细胞测序技术近年来发展迅速，为全面揭示各层面的细胞异质性提供了有力的工具。单细胞转录组测序技术发展最为快速，自2009年汤富酬等在 *Nature Methods* 期刊上首次报道以来，技术创新与应用如雨后春笋般涌现；单细胞基因组与表观基因组测序技术也在蓬勃发展。2013年，单细胞测序技术被 *Nature Methods* 期刊评为年度技术。

北京大学生物动态光学成像中心在单细胞测序领域走在国际前沿。在基因组方面，北京大学谢晓亮团队于2012年和2017年在 *Science* 期刊上分别报道了多次退火环状循环扩增技术和通过转座子插入的线性放大技术，不断地突破着单细胞全基因组扩增技术精确性与均匀性的极限。谢晓亮、白凡团队与北京大学肿瘤医院王洁团队合作，利用多次退火环状循环扩增技术对肺癌患者外周血循环肿瘤细胞进行了单细胞全基因组测序分析；白凡、谢晓亮团队与天津医科大学张宁团队合作，对来自结直肠癌、乳腺癌、胃癌、前列腺癌多个癌种患者外周血循环肿瘤细胞进行单细胞全基因组测序分析，这些研究揭示了在肿瘤转移过程中基因拷贝数变异的演化过程。

在转录组与表观基因组方面，北京大学生物动态光学成像中心汤富酬团队与其他团队合作，研发了一系列单细胞转录组与表观基因组测序新技术，包括：单细胞 DNA 甲基化组测序技术（scRRBS），能够同时检测含 polyA 与不含 polyA RNA 的单细胞转录组测序技术（SUper-Seq）（与黄岩谊团队合作），能够同时检测单个细胞中基因组拷贝数变异、DNA 甲基化组和转录组的三重组学测序技术（scTrio-Seq）（与黄岩谊团队合作），能够同时检测单个细胞中染色质状态、DNA 甲基化、基因组拷贝数变异和染色体倍性的单细胞多重组学测序技术（scCOOL-Seq）（图4.18）。另外，他们还与北京大学伊成器团队合作研发了单细胞 5- 醛基胞嘧啶测序技术（CLEVER-Seq）。在应用方面，汤富酬团队与北京大学第三医院乔杰团队合作，围绕人类生殖细胞发育过程、植入前胚胎发育及胚胎着床过程等开展了一系列工作，全面揭示了两个发育过程转录组和表观基因组变化规律。这些工作包括：人类植入前胚胎发育过程的单细胞

作者简介：汤富酬，博士，研究员；单位：北京大学，北京，100871

乔杰，博士，教授，中国工程院院士；单位：北京大学，北京，100871

转录组测序分析、DNA 甲基化组测序分析、胚胎生殖细胞发育的单细胞转录组测序分析和 DNA 甲基化组测序分析、人类胚胎着床过程基因表达调控网络和 DNA 甲基化动态变化规律分析等。汤富酬团队还与中国人民解放军第 307 医院刘兵团队、中国医学科学院袁卫平团队合作，在单细胞水平上系统、深入地解析了小鼠造血干细胞形成和特化过程中的关键特征。2017 年，北京大学生物动态光学成像中心张泽民团队与北京世纪坛医院彭吉润团队、美国安进公司欧阳文军团队合作，共同在 *Cell* 期刊上发表研究论文，首次在单细胞转录组水平上对肝癌微环境中的免疫图谱进行了全景式描绘。

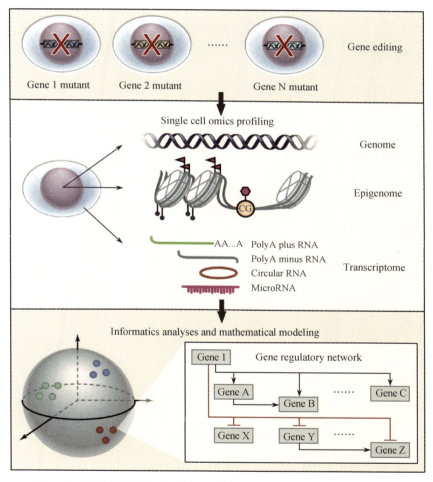

图 4.18　利用单细胞多重组学测序技术解析发育与疾病的基因调控网络

图片来源：Cell Research，2017

　　除了北京大学生物动态光学成像中心的系列研究成果产生了较大的国际影响外，国内其他研究团队也在单细胞测序领域迎头赶上。在转录组方面，同济大学范国平、薛志刚团队绘制了人类与小鼠早期胚胎发育过程的单细胞转录组图谱，并研发了同时检测单个细胞 DNA 甲基化与转录组的 scMT-seq 技术。同济大学孙毅团队与李思光团队合作揭示了成年小鼠前脑神经发生区域室管膜细胞的分子特征。中国科学院神经科学研究所张旭团队对小鼠背根神经节初级感觉神经元进行了全面分类。中国科学院生物化学与细胞生物学研究所景乃禾团队与中国科学院计算生物学研究所韩敬东团队合作，结合激光显微切割与单细胞转录组测序技术，绘制了小鼠早期发育原肠运动中期精细的胚胎三维转录图谱。浙江大学郭国骥团队与哈佛大学 Orkin 团队对小鼠胚胎干细胞群体的异质性进行了全面分析。北京大学徐成冉团队对小鼠胰岛细胞与肝胆细胞的发育过程进行了深入解析。南开大学刘林团队与同济大学李思光团队合作研发了一种同时检测单个细胞中转录组和端粒长度的 scT&R-seq 技术。南方医科大学潘星华团队研发了多种单细胞组学测序技术。

4.15

单细胞组学技术的应用

细胞是生命的最小独立遗传单位。生命体从一个受精卵开始分裂，逐渐发育成个体，细胞之间的差异越来越大，承担不同的功能。即使相同功能的细胞也存在差异。传统的组学技术"看"的是成群的细胞，"读"到的是一堆细胞遗传信号的均值，因此单个细胞的特异性表现容易被忽略。而单细胞组学技术，则通过"读"取单个细胞的遗传信息，很好地应对细胞群体异质性的问题。正因为如此，单细胞组学技术成为各国科学家研究的热点，并进一步推动了人类对于生命奥秘的认知。

2017 年 10 月，美国科学家联合多国科学家启动人类细胞图谱计划（Human Cell Atlas Project，HCAP），设想对人体中所有细胞进行单细胞水平的组学分析，系统地描绘人体细胞图谱，并通过这把钥匙，来加深对疾病诊断、监测、治疗的了解。Facebook 创始人 Zuckerberg 出资数亿美元支持这项计划。这项计划被认为是与人类基因组计划相媲美的科研项目。

中国在单细胞组学领域处于国际领先地位，特别是北京大学生物动态光学成像中心、华大基因研究院以及浙江大学干细胞与再生医学研究中心等单位在发展单细胞基因组测序、单细胞表观基因组测序、单细胞转录组测序以及单细胞多组学平行测序技术体系方面取得了一系列国际领先的成就。然而在高通量单细胞测序技术以及细胞图谱的绘制等方向，中国一直处于较为被动的地位。

2018 年，浙江大学郭国骥团队自主开发了一套完全国产化的高通量单细胞分析平台，在提升现有单细胞技术精确度的同时，使得单细胞测序文库的构建成本降低了一个数量级。利用这一世界领先的技术平台，该团队对来自小鼠近 50 种器官组织的 40 余万个单细胞进行了系统性的单细胞转录组分析（图 4.19），并构建了全球首个哺乳动物细胞图谱。

上述中国学者的工作都发表在众多重要的国际学术期刊上，如 *Nature*、*Science*、*Cell*、*Cell Stem Cell* 等，这些原创性研究成果极大地推动了中国单细胞组学的研究，成为该领域的领跑者。中国科学家在细胞图谱绘制这一前沿方向上后来居上，使中国

作者简介：郭国骥，博士，教授；单位：浙江大学，杭州，310058

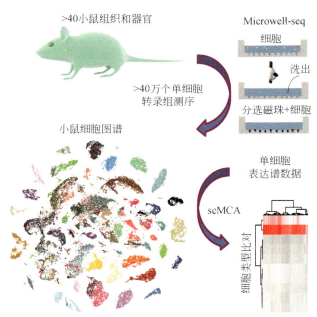

>40小鼠组织和器官

Microwell-seq

细胞

洗出

>40万个单细胞
转录组测序

分选磁珠+细胞

小鼠细胞图谱

单细胞
表达谱数据

scMCA

细胞类型比对

图 4.19　小鼠细胞图谱的绘制与应用

具备了引领人类细胞图谱计划以及单细胞基因组生物学发展的实力。细胞图谱的绘制，
必将推动前沿单细胞分析技术在基础科研和临床诊断的应用，并惠及细胞生物学、发
育生物学、神经生物学、血液学和再生医学等多个领域。

4.16

再生医学转化研究进展

干细胞与再生医学研究是目前国内外生命科学与健康领域的前沿及热点，利用干细胞、再生因子、生物支架材料等关键因素，实现组织器官的再生和再造，是再生医学要解决的关键科学问题。

干细胞的基础研究取得了一系列的重大突破与进展，国际上，相关研究近年来已3次获得诺贝尔生理学或医学奖。在973计划及中国科学院战略性先导科技专项等项目的资助下，中国干细胞领域研究已跻身国际领先行列。据中国科学院上海生命科学信息中心统计，2011年至2015年，中国发表干细胞相关SCI（Science Citation Index）论文数量已跃升至世界第2位，仅次于美国。在干细胞基础研究向临床转化方面，根据国家卫生和计划生育委员会、国家食品药品监督管理总局2015年7月联合发布的《干细胞临床研究管理办法（试行）》规定，目前已有临床级人胚胎干细胞来源的神经前体细胞治疗帕金森病、临床级人胚胎干细胞来源的视网膜色素上皮细胞治疗干性年龄相关性黄斑变性、卵巢早衰合并不孕症患者脐带间充质干细胞移植干预的临床研究等37项临床研究通过备案，取得了一些重要突破。但是，与美国、日本及欧洲的一些国家相比，中国在干细胞转化研究领域仍存在差距，在国际500余种干细胞药物研发中，中国仅有10余项，且尚无干细胞产品上市。干细胞产品的政策监管落后于其产业化进程，干细胞的制备、临床研究及转化缺乏技术标准体系等，都需要政府监管部门与科研、临床工作者共同推进解决。

除干细胞外，生物材料与再生因子也是再生医学研究应用于临床非常重要的因素，近年来科学工作者越来越认识到3个因素综合应用的重要性。

用于组织损伤再生修复的生物支架材料已有多年的研究进展，其中胶原材料作为一种天然材料，具有体内可降解、低免疫原性、良好细胞相容性等优点而被广泛应用。中国科学院遗传与发育生物学研究所戴建武团队通过近20年再生医学研究，发现再生医学的核心科学问题是如何构建引导组织再生的微环境，并提出基于智能生物材料构建组织再生微环境的设想。

戴建武团队建立了再生因子与支架材料特异结合技术，解决了重建组织再生微

作者简介：戴建武，博士，研究员；单位：中国科学院遗传与发育生物学研究所，北京，100101

环境时再生因子空间定位和浓度维持的技术难题；通过干细胞表面识别分子修饰支架材料，构建了特异结合干细胞的智能生物材料，解决了重建组织器官再生微环境时细胞的空间定位和干细胞选择性利用问题。基于此研制了两大系列智能生物材料，并提出组织内源干细胞的激活及分化是组织再生的重要机理。在以上智能生物材料研发和机理揭示的基础上，戴建武研究团队组织开展了多个再生医学产品的临床转化研究，目前已有 15 个临床方案完成了在美国国立卫生研究院（National Institutes of Health，NIH）的注册。戴建武团队在与南京鼓楼医院妇产科合作的单中心小病例子宫内膜再生临床研究中，通过智能胶原生物材料产品结合病人自体干细胞或脐带间充质干细胞成功引导了人体子宫内膜的再生。截至 2019 年 8 月已有 50 余名健康的"再生医学宝宝"诞生。

卵巢功能早衰被认为是导致不孕的"不治之症"。戴建武团队研制了可注射智能胶原支架材料，与南京鼓楼医院妇产科合作，开展脐带间充质干细胞复合胶原支架材料修复卵巢早衰临床研究，于 2018 年 1 月 12 日，诞生了世界首个干细胞复合胶原支架材料治疗卵巢早衰临床研究婴儿。该临床研究开展两年来，已入组患者 23 人，随访发现 9 位患者有卵泡活动，已有 2 位患者获得临床妊娠。

脊髓损伤修复是世界性医学难题。戴建武团队研制出适合脊髓损伤修复的智能化有序胶原蛋白支架产品，在完成临床前研究的基础上，于 2015 年 1 月 16 日国际上首次开展神经再生胶原支架结合细胞移植治疗陈旧性完全性脊髓损伤临床研究，首批 5 例患者经过 1 年的安全性评估未发现与瘢痕清理和神经再生胶原支架移植相关的严重不良反应。建立了严格的急性脊髓损伤的完全性判定标准，于 2015 年 4 月 22 日开展了智能生物材料移植治疗急性完全性脊髓损伤的临床研究。部分患者术后出现较明显

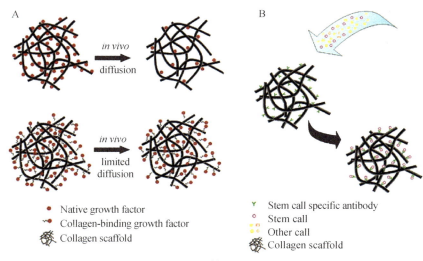

A

in vivo
diffusion

in vivo
limited
diffusion

• Native growth factor
⊶ Collagen-binding growth factor
⊛ Collagen scaffold

B

Υ Stem call specific antibody
○ Stem call
⬚ Other call
⊛ Collagen scaffold

(a)

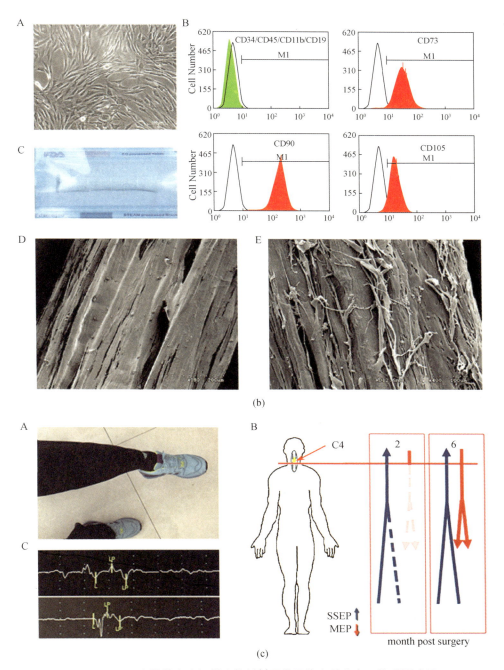

图 4.20　中国学者在智能生物材料研发及临床转化方面的重要成果

（a）发表于 *National Science Review* 期刊（介绍《中国再生医学进展》特刊）上的能特异结合再生因子及干细胞的智能生物材料。（b）发表于 *Cell Transplantation* 期刊上的神经再生胶原支架材料及细胞附着在支架上的形态。（c）发表于 *Cell Transplantation* 期刊上的急性完全性脊髓损伤患者术后有明显运动功能恢复

图片来源：（a）National Science Review，2017。（b）Cell Transplantation，2017。（c）Cell Transplantation，2018

的运动功能和大小便感觉的改善。在陈旧性完全性损伤患者中，同样发现部分患者出现感觉功能和运动功能的改善以及神经传导的恢复。该临床研究至 2019 年 6 月，已入组脊髓损伤病例 70 余例，这个目前世界上最大样本量的生物材料移植再生修复脊髓损伤的临床研究初步结果表明，智能生物材料移植可以作为脊髓损伤病人重建再生微环境的安全的临床方法。相关临床研究的入组和后期随访仍在进行中（图 4.20）。

中国有上千万因子宫内膜瘢痕造成不孕的育龄妇女，子宫内膜再生修复的临床研究是再生医学的重大原创性进展。该成果在中央电视台《新闻联播》、新华社等多家权威媒体相继报道。卵巢再生的临床研究，作为中国首批在国家卫生和计划生育委员会备案的干细胞临床研究项目，再次宣布了再生医学技术攻克生殖系统"不治之症"的胜利，是生殖医学领域继子宫内膜修复之后又一重大突破，还为妇女卵巢功能低下及抗衰老提供了新的技术手段，帮助卵巢早衰患者迎来了生育的希望之光。而神经再生胶原支架治疗陈旧性及急性完全性脊髓损伤的临床研究是世界上首批支架材料移植治疗陈旧性脊髓损伤的临床研究，该研究得到国内外同行的广泛关注和认可，使中国的脊髓再生与损伤修复产品的研制及其临床转化走在世界前列，也在脊髓损伤修复这一世界性难题上迈出重要一步。

4.17

干细胞标准化研究

　　干细胞是一类能够自我更新、具有多向分化潜能、能分化形成多种细胞类型的细胞。干细胞基础研究与临床试验的突破使得以干细胞为核心的再生医学将成为继药物治疗、手术治疗后的新型疾病治疗途径，从而成为新医学革命的核心。然而，由于干细胞自身生物学特性的原因使得该类产品的稳定性维持、安全性控制和功效性评价等遇到很大障碍；另外，干细胞的生产、储存、运输等亦会影响干细胞产品的稳定性。因此，干细胞标准化建设对于干细胞的转化应用及产业化发展具有重要意义。

　　干细胞是生物技术领域中的前沿技术。当前，生物技术的标准化建设工作在国际、国内均刚刚起步。国际生物技术标准化技术委员会（TC276）成立于 2013 年，是国际标准化组织（ISO）中的年轻成员。尽管当前已有若干在研生物技术标准项目，但至今尚未形成一例生物技术领域的国际标准并颁布实施。2017 年，为适应生物产业发展及生物产品国际化战略的需求，中国标准化研究院联合中国科学院筹建全国生物技术标准化技术委员会，统筹规划和研制中国生物技术标准。国际干细胞研究学会（International Society for Stem Cell Research，ISSCR）于 2016 年 12 月发布了《干细胞研究和临床转化指南》，规范干细胞领域的基础与转化研究，这是国际上第一个关于干细胞研究与临床转化的指导性文件，但尚未形成标准。

　　2015 年 7 月 20 日，国家卫生和计划生育委员会、国家食品药品监督管理总局联合发布《干细胞临床研究管理办法（试行）》。这是中国首个针对干细胞临床研究进行管理的规范性文件，旨在规范干细胞临床研究行为，保障受试者权益，促进干细胞研究健康发展。与此同时，为加强中国干细胞制剂和临床研究质量管理，2015 年 8 月 21 日国家卫生和计划生育委员会与国家食品药品监督管理总局共同颁布了《干细胞制剂质量控制及临床前研究指导原则（试行）》。另外，2017 年 12 月 22 日国家食品药品监督管理总局发布了《细胞治疗产品研究与评价技术指导原则（试行）》，明确了

作者简介：赵同标，博士、研究员；单位：中国科学院动物研究所，北京，100101

　　　　　周琪，博士、研究员、中国科学院院士、发展中国家科学院院士；单位：中国科学院动物研究所，北京，100101

细胞制品按药品评审的总原则。这一系列文件的出台为中国干细胞转化研究的规范化、有序化发展提供了政策保障。

标准化工作在政府监管中架起法律与科学之间的桥梁，为规范和控制行政裁量权提供了必要手段。依据新修订的《中华人民共和国标准化法》，国家质量监督检验检疫总局、国家标准化管理委员会及民政部于2017年12月15日联合发布了《团体标准管理规定（试行）》，赋予团体标准新的法律地位，这是标准化全面深化改革系列措施中的一项重要和关键性举措。团体标准将成为激发创新活力、推动成果转化，促进经济发展、保护知识产权、提质增效的新的重要手段。

中国干细胞标准化工作亦处于起步阶段。在周琪的倡导下，中国细胞生物学学会干细胞生物学分会于2015年开始组织干细胞领域专家和标准工作专家共同筹建干细胞标准工作组，并于2016年正式成立。针对干细胞缺乏通用的标准这一领域重大问题，干细胞工作小组参照国内外干细胞研究与应用的相关规定，广泛征询多方专家及用户的意见和建议，起草制订了《干细胞通用要求》草案。标准草案经广泛征求意见，反复讨论和修订，最终由中国细胞生物学学会干细胞生物学分会于2017年11月22日正式发布。该团体标准规定了干细胞术语和定义、分类、伦理要求、质量要求、质量控制要求、检测控制要求、废弃物处理等的通用要求，适用于干细胞的研究和生产。

《干细胞通用要求》是中国首个干细胞领域的通用标准，将在规范干细胞行业发展、保障受试者权益、促进干细胞研究健康发展等方面发挥重要作用。标准的颁布实施推动了中国干细胞标准化建设和发展，为中国的干细胞技术规范化标准化应用提供了有力支撑。

这一通用标准的发布引起产业界和社会相关各界的广泛关注，中央电视台、新华网、中国网，《人民日报》《光明日报》《科技日报》《健康报》《中国科学报》等媒体都做了广泛报道。中国干细胞专家倡议干细胞标准化建设要符合国际共识并与行业高度协调，应从国际和国内进展、研究和临床转化等角度考虑标准的制订方向和内容；倡导干细胞专家、从事标准化工作的专业组织和单位一起努力，共同推动干细胞领域的国家标准建设。

4.18

以防控人感染 H7N9 禽流感为代表的新发传染病防治体系重大创新

　　新发传染病始终是全球安全的重大威胁和人类面临的严峻挑战，对全球经济造成严重损失。20 世纪全球发生了 4 次世界性的流感大流行，每次均造成数十万至数千万人死亡。2003 年严重急性呼吸综合征（severe acute respiratory syndrome，SARS）对中国的惨痛教训记忆犹新，2014 年埃博拉病毒重创西非至今未能恢复，2015 年中东呼吸综合征（Middle East respiratory syndrome，MERS）对韩国的沉重打击影响深远。

　　党和国家高度重视传染病防治工作。针对新发传染病防治的重大国际性科学难题，以提升中国新发突发传染病应对能力和保障国家卫生安全水平为目标，由浙江大学传染病诊治国家重点实验室、感染性疾病诊治协同创新中心主任李兰娟领衔，联合中国疾病预防控制中心、汕头大学、香港大学、复旦大学等 11 家单位，汇聚优势力量，承担重大任务，创建国家平台，协同创新，联合攻关。在发现新病原、确认感染源、明确发病机制、有效临床救治、研发新型疫苗和诊断技术等方面取得了六大创新和技术突破，创立了代表"中国模式"和"中国技术"的新发传染病防治四大体系和两大平台，成功防控了人感染 H7N9 禽流感病毒：5 天内确认人感染了全新的 H7N9 禽流感病毒；发现活禽市场是人感染 H7N9 禽流感病毒源头，通过迅速关闭活禽市场，实现了精准防控，防止了疫情迅速蔓延；揭示细胞因子风暴等免疫病理反应是导致重症和死亡的关键因素；首次系统揭示人感染 H7N9 禽流感病毒患者临床特征，创造性运用李氏人工肝消除细胞因子风暴，创建"四抗二平衡"治疗新策略；成功研制我国首个人感染 H7N9 禽流感病毒疫苗种子株，打破中国流感疫苗株必须依赖国际提供的历史；2 天内成功研发检测试剂，7 天内由世界卫生组织向全球推广。

　　上述科研成果在 Science、Nature、The New England Journal of Medicine、Lancet 等国际顶尖期刊发表，5 篇入选"中国百篇最具影响国际学术论文"。研究成果还入选 2013 年度"中国科学十大进展"。同时为制订中国《人感染 H7N9 禽流感诊疗方案》《人感染 H7N9 禽流感疫情防控方案》等防控措施提供了关键科学依据。成功研制获得的人感染 H7N9 禽流感病毒核酸诊断试剂，已广泛用于国内临床实验室、疾控中心、

作者简介：李兰娟，博士，教授，中国工程院院士；单位：浙江大学，杭州，310058

检验检疫科学研究院和国家质量监督检验检疫总局等单位，累计检测 20 万余人次；被世界卫生组织推荐，向柬埔寨、泰国、菲律宾等国家提供了检测试剂和技术培训，用于全球人感染 H7N9 禽流感应对。

这是中国科学家在新发传染病防控史上第一次利用自主创建的"中国模式"技术体系，成功防控了在中国本土发生的重大新发传染病疫情，对保障中国生物安全和人民健康、维护社会稳定和经济发展做出了重大贡献。不仅避免了类似 SARS 病毒的悲剧重演，还在控制 MERS、寨卡（Zika virus）等病毒的输入和援助非洲抗击埃博拉疫情中取得卓越成效，为全球提供了"中国经验"，展现了"中国力量"，提高了中国在传染病防控领域的话语权；是中国特色大国外交的一次成功实践，有力提升了中国的软实力和影响力，为全球新发突发传染病防控做出了重大贡献，获得了党和政府的充分肯定和高度赞誉。

世界卫生组织在其《人感染 H7N9 禽流感防控联合考察报告》中评述："中国对人感染 H7N9 禽流感疫情的风险评估和循证应对可作为今后类似事件应急响应的典范。"世界卫生组织助理总干事福田敬二博士称"中国的人感染 H7N9 禽流感病毒疫情防控堪称典范"。标志着中国在国际新发传染病防治领域从"跟随者"成为"领跑者"。

4.19
病毒转化为活疫苗及治疗性药物的通用方法

疫苗诞生之前，许多高致死性病原体时刻戕害人类。以天花疫苗（包括中国人痘接种术和英国牛痘接种法）、脊灰糖丸、卡介苗为代表的新型干预方法的发现和全球推广，不仅使千百年来反复暴发的天花病毒被彻底消灭，也在不同程度上抑制了其他致命细菌和病毒感染暴发，疫苗的普及为人类医学发展史掀开了崭新的篇章。然而像流行性感冒、艾滋病、严重急性呼吸综合征和埃博拉出血热等传染病依然时刻危害着人类健康，其幕后"黑手"是结构多样且变异快速的病毒，而理论上疫苗也是预防病毒感染的有效手段。但是当前的病毒疫苗通常包括减毒、灭活、亚单位、载体疫苗等种类，这些疫苗因经过结构改造和减毒处理，其免疫原性或大大降低，或因残留病毒活性而致安全隐患，或因工艺复杂而不具普适性。特别是某些亚单位流感疫苗采用病毒表面少量膜蛋白片段，其接种效果有时不尽人意。小小的流感病毒所导致的恐慌和威胁从未停下过侵扰人类的脚步，病毒免疫探索之路任重道远。

北京大学周德敏、张礼和团队在973计划、国家自然科学基金、国家创新药物专项等项目的持续支持下，依托北京大学天然药物仿生药物国家重点实验室，以流感病毒为模型，成功研发了复制缺陷型病毒活疫苗制备技术。该团队提出了与传统减毒或灭活处理方式完全不同的病毒疫苗研制技术，核心技术是保留病毒完整结构和感染力，仅将病毒基因组中的一个或多个三联遗传密码子突变为终止密码，使病毒在宿主体内的繁殖复制机制失效，同时发挥其刺激宿主产生免疫保护的作用，甚至具有治疗前景的抗病毒药物。该团队以典型的Balb/c小鼠、雪貂、豚鼠动物为模型，发现复制缺陷型活病毒疫苗虽然具备野生型病毒相似的感染活性，但由于病毒复制能力缺陷，其感染之后对动物不构成生命威胁，其安全性优于市售的在体内仍旧保持低水平复制能力的减毒活疫苗。此外，该活病毒疫苗具有与野生型病毒类似的天然结构和感染活性，能够诱导产生强而广的免疫反应，包括体液免疫、细胞免疫和黏膜免疫，其免疫效果远超市售的灭活流感疫苗。

更重要的是，该团队发现活病毒疫苗与野生型流感病毒同时感染细胞或动物体时，由于病毒之间发生基因重排，含终止密码子的活病毒疫苗基因片段重排到野生型病毒

作者简介：周德敏，博士，教授；单位：北京大学，北京，10087

的基因组中，使得野生型病毒转变成含终止密码子的复制缺陷型病毒，从而削弱甚至消除了野生型病毒的复制能力。因此，该活病毒疫苗不仅可以作为常规的预防性病毒疫苗，还可能作为新型的生物技术药物用来清除已经感染的病毒，发挥治疗病毒感染的作用，这是目前市售流感疫苗所不具备的。研究还表明，该研究成果具有普适性，有可能在其他适宜病毒的疫苗研发中发挥作用。研究者在分离得到新发再发传染病病毒株后，理论上可以利用该技术改造病毒复制所需基因序列的一个密码子为终止密码子，所获得的新病毒就有可能作为疫苗加以应用。该技术有望成为人们抗击包括严重急性呼吸综合征、埃博拉等病毒感染的新武器，服务于国家生物安全战略。该技术颠覆了传统灭活/减毒疫苗的理念，前者需改变病毒抗原结构去除其毒性，只能部分激发人体免疫力，所以需要多次接种。后者需复杂的工艺处理方能保留病毒的完整结构，但仍具有弱的复制能力和潜在的致病性，安全隐患大。

Science 期刊以 "Generation of influenza a viruses as live but replication-incompetent virus vaccines" 为题刊发了该成果，并评述其为病毒疫苗领域的革命性突破。*Nature* 期刊以 "New way to tame a virus" 为题详细评述了该研究成果，认为北京大学周德敏团队的方法将整体促进和提高病毒疫苗的研发。*Genetic Engineering & Biotechnology News* 以 "Engineered flu virus a replicative dud, but stays live" 为题，评述其颠覆了病毒疫苗的研发理念，开辟了抗病毒药物新方向（图4.21）。该成果入选2017年度"中国科学十大进展"，这也是中国长期支持基础研究并鼓励科学家将基础研究进行临床转化政策导向下取得的典型范例，开创了兼具预防和治疗作用新型病毒疫苗研发的新策略与新路径。目前该研究成果及其相关技术已经申请了国际《专利合作条约》发明专利，并得到国家"十三五"创新药物专项的进一步支持。

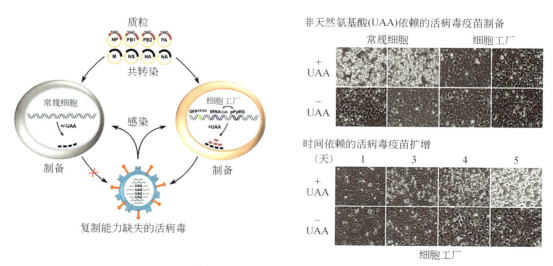

图4.21　含终止密码的复制缺陷型活病毒疫苗制备

4.20

质粒介导黏菌素耐药基因 *mcr-1*

近年来，细菌耐药问题日趋严重，使得人类在医学临床、兽医临床和食品安全等领域面临严峻挑战，引起全球高度关注。在这些耐药菌中，发展最为快速的是多重耐药的革兰氏阴性菌，被世界卫生组织归为急需开发新抗生素的极为重要耐药菌。黏菌素作为治疗人类多重耐药革兰氏阴性菌感染的"最后一道防线"药物，其耐药问题引起全球关注。中国学者基于国内动物源大肠杆菌对黏菌素耐药性的变化，在国际上首次发现了质粒介导的黏菌素耐药机制这一耐药性研究领域的突破性科学成果，引起国际学术界和公众的广泛关注。此后，中国学者对质粒介导的黏菌素耐药基因 *mcr-1* 开展了系列研究，系统阐明了 *mcr-1* 基因的流行分布、风险因子、传播机制、蛋白结构功能等。

过去认为，黏菌素的耐药机制仅由染色体突变介导，不存在可水平转移的耐药基因，不易引起耐药菌广泛快速传播。华南农业大学刘健华研究团队针对中国食品动物大量使用黏菌素的相关情况，在"十一五"国家科技支撑计划和 973 计划等项目支持下，从 2007 年开始连续对畜禽源大肠杆菌进行耐药监测，发现黏菌素耐药率呈逐年增加趋势，并于 2013 年发现上海某猪场黏菌素耐药率高达 50% 以上，提出大肠杆菌可能已产生了容易传播的质粒介导黏菌素耐药机制的假说。通过对耐药菌进行研究，发现了可水平转移的质粒介导的黏菌素耐药基因 *mcr-1*（图 4.22），并确证了其修饰黏菌素作用靶位脂质 A 的磷酸乙醇胺转移酶功能。在中国农业大学沈建忠的带领下，联合浙江大学和中山大学等持续开展研究，在国际上首次报道了质粒介导的黏菌素耐药基因 *mcr-1* 及其在畜禽、动物性食品以及病人来源肠杆菌中的流行特点，并发现该基因的存在使得黏菌素对小鼠体内的大肠杆菌清除率明显降低。*mcr-1* 基因的出现有可能会导致多黏菌素类药物耐药性发展更为快速，从而威胁其作为人类感染性疾病"最后一道防线"药物的有效性，因而引起国际上的广泛关注。

随后，全球近 50 个国家相继检测到 *mcr-1* 基因，中国学者也在中国不同省份多种样本中检测到 *mcr-1* 阳性菌株，包括动物（畜禽、水产和宠物）、环境（动物性食品、蔬菜、废水、土壤和河流）和人（临床和健康人群）。中国农业大学沈建忠团队

作者简介：沈建忠，博士，教授，中国工程院院士；单位：中国农业大学，北京，100083

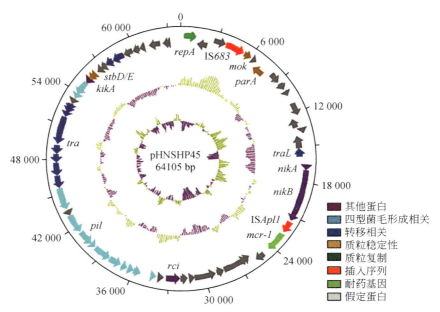

图 4.22　质粒介导黏菌素耐药质粒 pHNSHP45 的结构

对 *mcr-1* 基因进行溯源分析，发现早在 20 世纪 80 年代，黏菌素刚用于畜牧养殖业时，就已出现了携带有 *mcr-1* 基因的大肠杆菌，但 2009 年之后才广泛传播流行（图 4.23），个别畜禽养殖场大肠杆菌的携带率高达 80%，部分菌株同时携带 *mcr-1* 基因和碳青霉烯类耐药基因 bla_{NDM}，并且在 1 株猪源大肠杆菌中发现了能够高频率转移的新型多黏菌素耐药基因 *mcr-3*。

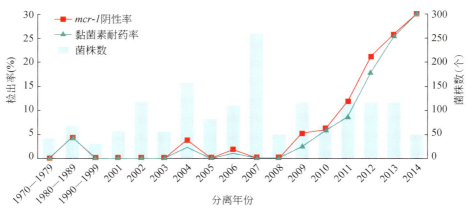

图 4.23　基因 *mcr-1* 的早期出现和发展

中国于 2017 年才批准黏菌素用于人医临床抗感染治疗，但沈建忠团队发现临床病人及健康体检者体内均存在 *mcr-1* 基因阳性大肠杆菌，通过分析医学临床 *mcr-1* 基因的大肠杆菌的流行特征和与之关联的风险因子及其所导致的临床风险，发现医院内抗生素的使用、畜禽的接触是 *mcr-1* 阳性菌株感染、定植的重要影响因素，并发现 *mcr-1*

阳性大肠杆菌感染造成的死亡率（11.8%）高于非阳性大肠杆菌感染造成的死亡率（7.3%）。另外，中国学者俞云松等发现国内血流感染病人分离的大肠杆菌和肺炎克雷伯菌中 mcr-1 阳性菌株检出率低，大部分 mcr-1 阳性菌株对其他类型的抗菌药物敏感，且血流感染 mcr-1 阳性菌株未对感染病人的预后造成影响。

mcr-1 基因的流行与可移动元件 ISApl1 和多个流行质粒有关。通过运用生物信息学方法对 mcr-1 阳性菌株基因组数据进行分析，中国学者王辉等推测 mcr-1 基因可能是在 2006 年通过 ISApl1 转座子转移而来，并且每年约以 7.51×10^{-5} 的突变率进行演化，首次为 mcr-1 基因的起源和传播提供了系统发育分析。迄今，mcr-1 基因已报道位于多种质粒骨架上，包括 IncI2、IncHI1、IncHI2、IIncP1、IncX4、IncY、IncK2 和 IncFII 型等，其中以 IncX4、IncI2 和 IncHI2 型质粒最常见。华南农业大学刘健华等对这 3 个 mcr-1 阳性质粒进行适应性和稳定性评估，发现 IncX4 和 IncI2 型质粒有很好的稳定性和适应性，初步揭示了 IncX4、IncI2 和 IncHI2 型 mcr-1 阳性质粒在全球广泛流行与传播的原因。

在 MCR-1 的结构功能方面，中国学者冯友军等发现 MCR-1 包含有 2 个结构域（N 端的跨膜区和 C 短的催化活性区），可催化磷脂酰乙醇胺水解形成一分子的磷酸乙醇胺并转移至类脂 A 的 Kdo2 基团；跨膜区或底物结合位点（锌离子和 Thr285）失活或缺失会影响 MCR-1 的催化活性。

上述中国学者的工作大都发表在重要的国际学术期刊上，如 *Lancet Infectious Diseases*、*Nature Communications*、*mBio* 等，这些原创性研究成果丰富了耐药性形成理论，带动了质粒介导黏菌素耐药机制的研究，使中国成为该研究领域的领跑者，多篇论文被推荐到 F1000 并入选 ESI（Essential Science Indicators）高被引论文和"中国百篇最具影响国际学术论文"等，不仅提升了中国在细菌耐药性研究领域的国际影响力，而且影响到多个国家和国际组织对黏菌素管理政策的调整，产生了积极而广泛的社会影响和效应。

4.21

中国肠道微生物组及其与慢性病相关的研究进展

　　微生物是地球生态系统的"基石"之一，几乎存在于其中所有的生态位（niche）中；对于每个生态位特定的环境条件，其中的微生物群（microbiota）也就有相应的组成。21世纪初，在基因组测序技术迅速发展的基础上，对微生物群的认识亦随之进入认识其全部基因组——元基因组（metagenome）的层次。由此，一个特定环境或者生态系统中全部微生物及其遗传信息（基因组）和相关生命功能的集合，被界定为微生物组（microbiome），它还涵盖微生物群之间及其与生态位环境（宿主）的相互作用（图4.24）。微生物组学（microbiomics）旨在研究微生物组结构与功能及其与环境或者宿主的相互关系，特别是认识这些关系在代谢、生理、生态等层次的调控机制，为人类健康和社会可持续发展服务。

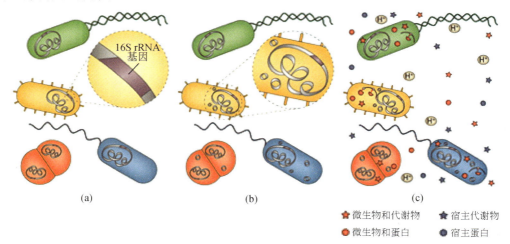

16S rRNA
基因

(a)　　　　　　(b)　　　　　　(c)

★ 微生物和代谢物　　★ 宿主代谢物
● 微生物和蛋白　　　● 宿主蛋白

图4.24　微生物群、元基因组、微生物组的定义

（a）微生物群：基于16S rRNA基因的各类微生物。（b）元基因组：微生物群的全部基因（组）。（c）微生物组：微生物群的全部基因（组），以及微生物和宿主的代谢产物

　　人体微生物数量庞大，其携带的基因组信息甚至超过人体自身基因组。肠道微生

作者简介：赵国屏，博士，研究员，中国科学院院士；单位：中国科学院上海生命科学研究院，上海，200031
　　　　　赵立平，博士，教授；单位：上海交通大学，上海，200240
　　　　　刘双江，博士，研究员；单位：中国科学院微生物研究所，北京，100101
　　　　　房静远，博士，教授；单位：上海交通大学，上海，200240

物占人体微生物 95% 以上，对人体微生物组的研究最先从肠道微生物组入手。2008 年，上海交通大学、浙江大学、国家人类基因组南方中心、中国科学院武汉物理与数学研究所及英国帝国理工大学组成多学科交叉国际化团队，采集中国家庭样本，开展系统的肠道微生物组研究，建立了肠道微生物群组成与宿主代谢物谱的动态关联分析方法，为人体微生物组领域开创了多组学关联分析的先河。此后的研究证明，人体肠道微生物组的正常活动和运行是保障人体健康的重要因素之一，元基因组结合代谢组分析肠道微生物组功能的技术路线也得到广泛应用。

人类面临的肥胖症、糖尿病、肿瘤、高血压等慢性疾病，几乎都与微生物组失调有紧密联系。近年来的研究，多以阐明疾病与菌群结构改变的相关性入手，但证明因果关系，进而进行干预性的防治，是一个巨大的挑战。中国科学家在这些方面取得了可喜的成果，其研究工作发表于 *Nature*、*Science*、*Cell*、*PNAS*、*ISME Journal* 等重要国际学术期刊上。

在肥胖症研究领域，上海交通大学赵立平团队遵循"科赫法则"的逻辑框架，确定阴沟杆菌 B29 菌株是造成人体肥胖的元凶之一。这是在国际上普遍采用菌群移植方法证明因果关系之外，提出的创新性思路。赵立平团队发展了药食同源的营养干预方案，通过改变菌群，可以有效减重和缓解代谢综合征，对儿童遗传性肥胖有显著效果。上海瑞金医院宁光等团队建立了"中国青少年肥胖 - 正常体重人群队列"（Genetics of Obestity in Chinese Young，GOCY 研究），并结合小鼠实验和临床干预等证据，证实多形拟杆菌（*Bacteroids thetaiotaomicron*）可下调血清谷氨酸浓度，增加脂肪分解和酸氧化，有望成为减肥产品和益生菌的研发靶点。

在糖尿病研究领域，华大基因研究院王俊等为肠道微生物研究创建了元基因组测序和生物信息学分析方法，并与欧盟人类肠道元基因组（metagenomics of the human intestinal tract，MetaHIT）项目合作，为研究中国人群 2 型糖尿病和肠道细菌的潜在联系奠定了分子基础。上海交通大学赵立平团队与广安门中医院仝小林团队联合研究"中药复方葛根芩连汤"（gegen qinlian decoction，GQD）引起的 2 型糖尿病患者肠道菌群结构变化，提示肠道菌群可能参与了 GQD 降糖作用的发生。赵立平团队还发现，非消化性多糖和某些植化素是中医药食同源食品调整菌群的有效成分，由此指导的营养干预方案可以有效缓解 2 型糖尿病，并通过元基因组分析，发现了一组与疗效显著相关的关键细菌类群的代表菌株，证实在肠道菌群中关键细菌是以"生态功能群"的形式存在，建立了用这些关键细菌的丰度和多样性为基础的可以预报疗效的统计模型，为 2 型糖尿病的监测与防治提供了新的路径。

在肿瘤研究领域，香港大学生物科学学院 El-Nezami、Panagiotou 及李俊博士等报道了新型混合益生菌"prohep"能够促进抗炎 IL-10 细胞因子分泌和抑制 Th7 细胞分化，有效抑制肝脏肿瘤生长，预示着肠道微生物标记物可能有效应用于肝癌及其他肿瘤的诊断治疗。上海仁济医院房静远、陈萦晅、洪洁和陈豪燕以及密歇根大学邹伟平等基于临床队列，证明大肠癌患者肠黏膜组织中具核梭杆菌（*Fusobacterium nucleatum*）丰度升高是常用化疗药物治疗失败和疾病复发的独立因素和预警标志，大肠癌细胞被具核梭杆菌感染后，对奥沙利铂和 5-氟尿嘧啶等化疗药物产生抗药性。

在高血压研究领域，中国医学科学院阜外心血管病医院蔡军、北京协和医院杨新春、中国科学院微生物研究所朱宝利等基于队列研究和动物实验，发现高血压患者肠道中普氏菌（*Prevotella*）和克雷伯氏菌（*Klebsiella*）过度生长，基于元基因组和代谢组数据构建的"疾病分类器"（*classifier*），可准确筛选高血压前期及高血压患者。

微生物组研究受到中央政府和科研资助机构的高度重视。2017年"微生物组"被多次列入国家规划文件中，例如，国务院《"十三五"国家科技创新规划》、科学技术部《"十三五"生物技术创新专项规划》等。2017年12月20日，中国科学院率先启动中国科学院微生物组计划，中国科学院微生物研究所联合14家研究单位联手攻关"人体与环境健康的微生物组共性技术研究"，为未来实施中国微生物组计划发挥先导和引领作用。

人体肠道微生物组研究已经取得了丰硕的成果，人体肠道微生物的种类和结构基本清晰，研究系统日益成熟；糖尿病等10余种慢性疾病的关联菌群得以确认；在相关性认识的基础上，研究重点已经转向探索因果机制和科学调控干预（图4.25）。为了

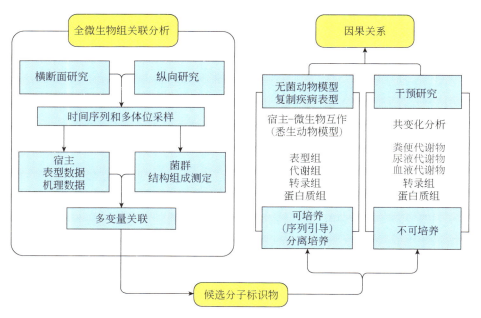

图 4.25　研究肠道微生物群对慢性疾病致病原因的策略

实现"精准"地防控疾病，尚需鼓励形成更为原创的科研思想，组织更为系统的科技攻关研究。中国在微生物资源、人群多元化和疾病谱多样性、传统中草药应用等方面具有优势和特色。若能把握关键领域重大问题的创新研究及跨领域、跨部门的系统性技术研发，不仅可期望相关知识与技术的突破，亦有可能催生一批相关的战略性新兴产业，在保障人民健康、环境保护和生态经济等重要社会发展领域中做出贡献。

4.22

基于胆固醇代谢调控的肿瘤免疫治疗新方法

免疫系统护卫人体的健康，在机体抵抗癌症的过程中至关重要。基于 T 淋巴细胞的肿瘤免疫治疗方法近年取得重大突破，被誉为继手术、放疗和化疗之外的第四大肿瘤治疗方法。CD8$^+$ T 淋巴细胞，又名杀伤性 T 细胞，可以通过细胞表面的 T 细胞受体（T cell receptor，TCR）特异性识别并杀伤靶细胞，是抗击肿瘤免疫的主力军。其在肿瘤组织中的浸润程度和肿瘤患者的免疫治疗预后直接相关。静息态的 CD8$^+$ T 淋巴细胞需要通过 TCR 通路被激活后才可以发挥杀伤性效应功能，分泌含有穿孔素、颗粒酶的细胞毒颗粒及抑制肿瘤血管生成的干扰素。在这个过程中细胞的代谢发生重调，产生更多的能量及物质需求。然而在肿瘤微环境中免疫细胞还要和疯狂增殖的肿瘤细胞竞争资源。免疫监测点阻断疗法成功的机制之一就是重新上调了免疫细胞被肿瘤微环境抑制的糖酵解。然而现有的肿瘤免疫疗法仍有各种限制。

最早被批准用于临床治疗的肿瘤免疫疗法是美国食品药品监督管理局（Food and Drug Administration，FDA）通过的干扰素 γ，或免疫刺激性细胞因子白细胞介素 2 全身给药法。由于易引起全身急性不良反应且响应率较低，目前已基本不再被使用。近年最成功的肿瘤免疫疗法是免疫检测点阻断疗法。通过单克隆抗体阻断免疫细胞的抑制性免疫检测点通路，如杀伤性淋巴细胞相关蛋白 4（CTLA-4）、程序性细胞死亡受体 1（PD-1）等，使被肿瘤微环境抑制的免疫细胞重新具有活性。目前美国 FDA 已经批准通过了针对 CTLA-4 的阻断抗体（Ipilimumab），针对 PD-1 的阻断抗体（Nivolumab；Pembrolizumab；Cemiplimab）和针对 PD-1 配体 PD-L1 的阻断抗体（Durvalumab；Avelumab；Atezolizumab），用于多种晚期转移性肿瘤。2017 年 5 月，美国 FDA 通过了 Pembrolizumab 用于治疗不限定组织或位点的肿瘤。这是美国 FDA 历史上第一个获批的不限定组织或位点的抗肿瘤药，标志着肿瘤免疫治疗的巨大成功。然而免疫监测点阻断疗法仍然不能解决只有部分患者响应的困境。嵌合抗原受体（chimeric antigen receptor，CAR）改造的 T 细胞（CAR-T）疗法通过改造 T 淋巴细胞的 T 细胞受体，使其特异性识别肿瘤特异表达抗原如 CD19，在体外培养扩增后再回输回患者体内。

作者简介：许琛琦，博士，研究员；单位：中国科学院上海生物化学与细胞生物学研究所，上海，200031
白轶冰，博士，研究生；单位：中国科学院上海生物化学与细胞生物学研究所，上海，200031

靶向 CD19 的 CAR-T 疗法在 2017 年被美国 FDA 批准用于治疗白血病和淋巴瘤。目前该疗法最大的局限是只在血液瘤中效果好，而在实体瘤中效果不佳。目前中国有多项肿瘤免疫疗法正在进行临床实验中，2018 年，数款 PD-1 类肿瘤免疫治疗药物被国家药品监督管理局批准上市，包括 Nivolumab、Pembrolizumab、国内创新药企研发的 Toripalimab 以及 Sintilimab 等，开启了中国肿瘤治疗的新纪元。

鉴于 T 细胞相关的肿瘤免疫疗法近年取得的成功，*Science* 期刊将其评为 2013 年度最大科学突破，但仍存在患者响应率低、在实体瘤中效果不佳、准备耗时过长且成本昂贵等缺点，新的疗法仍有待开发。中国科学院上海生物化学与细胞生物学研究所许琛琦团队和李伯良团队首次提出：胆固醇作为一种重要的膜脂质组成成分，其代谢影响 CD8$^+$ T 淋巴细胞的抗肿瘤免疫反应。细胞内的胆固醇主要来自自身合成和通过低密度脂蛋白（low density lipoprotein，LDL）受体由胞外向胞内转运。细胞内多余的胆固醇可以被外排出细胞外，或通过胆固醇酯化酶——酰基辅酶 A：胆固醇酰基转移酶（Acyl-coenzyme A：cholesterol acyltransferase，ACAT）的催化生成胆固醇酯储存。CD8$^+$ T 淋巴细胞中的主要胆固醇酯化酶是 ACAT1。通过小分子抑制剂抑制 ACAT1 活性，或在 T 细胞中条件性敲除 *Acat1* 基因，均导致 CD8$^+$ T 淋巴细胞产生更强的抗肿瘤免疫反应。其作用机制是 ACAT1 失活导致细胞内，特别是细胞质膜上的游离胆固醇水平升高。T 细胞的 TCR 在质膜上成簇化程度更高，有利于产生更强的 TCR 通路信号。另外，保障 CD8$^+$ T 淋巴细胞特异性杀伤靶细胞而不伤害临近细胞的免疫突触结构，在 *Acat1* 基因敲除的 CD8$^+$ T 淋巴细胞中形成得更好；细胞毒颗粒向着免疫突触面的极化和脱颗粒水平更高。人安全性良好的 ACAT 的小分子抑制剂 Avasimibe，在小鼠肿瘤模型中也显示出显著的肿瘤抑制效果。且 Avasimibe 和 PD-1 阻断抗体联合用药效果更佳（图 4.26）。

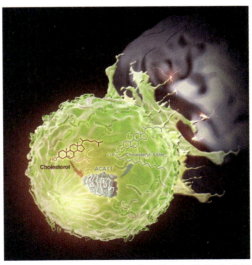

图 4.26　抑制 ACAT1 增强 CD8$^+$ T 淋巴细胞的肿瘤杀伤功能

　　这项工作发表在 *Nature* 期刊上。*Cell* 期刊主编在其《前沿精选》栏目中评论该工作："由于通过不同机制发挥作用，这种新策略是现有肿瘤免疫疗法如检测点阻断疗法等的潜在补充。""这项工作为对检测点阻断药物无法响应或产生抗性的癌症患者提供了新的希望。"曾经被众多药厂青睐的动脉粥样硬化及高胆固醇血症的治疗靶点 ACAT1，现在作为代谢检查点显示出成为肿瘤免疫治疗新靶点的强大潜力。这也为现有肿瘤免疫治疗提供了从代谢调控入手的新思路。

4.23

细胞焦亡及其功能和分子机制

　　程序性细胞死亡是指由细胞内部生化反应控制，细胞通过"自杀"而死亡的现象。程序性细胞死亡广泛发生在多细胞生命体的胚胎发育、生长和衰老的各个阶段且与多种疾病（如癌症、感染性疾病、心脑血管疾病和神经退行性疾病等）的发生和发展密切相关。程序性细胞死亡主要有 3 种：凋亡（apoptosis）、凋亡性坏死（necroptosis）和细胞焦亡（pyroptosis）。焦亡的细胞会发生裂解并释放细胞内容物，导致剧烈的炎症反应。细胞焦亡是人体非常重要的免疫防御反应，在对抗病原体感染过程中发挥重要作用。过度的细胞焦亡会引起人类多种疾病，如脓毒症、多种自身免疫病（如家族性地中海热）和代谢性疾病等。

　　细胞焦亡是指发生在单核细胞中由 caspase 蛋白酶家族成员 caspase-1 介导的程序性细胞死亡，但其性质和机制一直不清楚。此前的研究发现 caspase-4/5/11，作为细菌脂多糖（LPS）的胞内受体，在被 LPS 活化后也可诱导焦亡，并且这种细胞焦亡是 LPS 导致脓毒症的关键机制。2015 年以来，国内外的研究者还鉴定出了全新的 GSDMD 蛋白，该蛋白是 caspase-1 和 caspase-4/5/11 的共有底物，正常情况下处于自抑制状态，在被这些 caspase 切割后释放出其 N 端具有膜打孔活性的结构域，进而导致细胞胀大直至破裂。这些研究首次揭示了细胞焦亡的分子机理。鉴于细胞焦亡在多种疾病发生和发展中的重要作用，针对全新药物靶点 GSDMD 设计的小分子抑制剂将可能为治疗脓毒症、自身免疫病和艾滋病等多种疾病提供全新的途径。更为重要的是 GSDMD 代表了一个 Gasdermin 蛋白家族，还包括 GSDMA、GSDMB、GSDMC、DFNA5/GSDME 和 DFNB59，该家族的 N 端结构域均具有膜打孔和诱导细胞焦亡的活性。鉴于上述研究，北京生命科学研究所邵峰团队提出将细胞焦亡重新定义为由 Gasdermin 蛋白介导的一种程序性细胞坏死，开辟了一个全新的细胞死亡和先天免疫的研究领域（图 4.27）。

　　此前的研究发现，将 GSDMD 的 caspase-1/4/11 切割位点置换成 caspase-3 切割位点可以将肿瘤坏死因子（TNF-α）诱导 caspase-3 活化引起的 HeLa 细胞凋亡转换为细胞焦亡，在后续对照实验中，邵峰团队意外发现在细胞中表达野生型的 GSDME

作者简介：邵峰，博士，研究员，中国科学院院士、美国微生物学院会士；单位：北京生命科学研究所，北京，102206

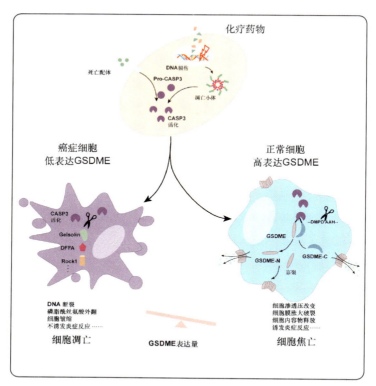

图 4.27　GSDME 决定化疗药物诱导癌细胞和正常细胞分别发生凋亡和焦亡

化疗药物会诱导细胞核中的 DNA 发生损伤进而激活 CASP3。在癌细胞中，GSDME 的表达
由于表观遗传修饰而沉默，CASP3 的激活诱导细胞发生凋亡；而在正常细胞中，CASP3 则
会切割活化 GSDME 进而诱导细胞发生焦亡，导致很强的炎症反应和组织损伤，最终对机体
产生毒副作用

也同样可以将凋亡转换为细胞焦亡。蛋白序列分析显示 GSDME 的 N 端和 C 端结构域之间有一个 caspase-3 切割位点。在体外生化实验中，纯化的 GSDME 蛋白确实能被 caspase-3 特异性切割，且效率显著高于已知的 caspase-3 底物。和 GSDMD 类似，caspase-3 切割产生的 GSDME 的 N 端片段可以特异性结合 4，5- 二磷酸磷脂酰肌醇并导致含有该磷脂的脂质体泄漏，负染电镜结果显示切割活化的 GSDME 可以在脂质体膜上打孔。这些结果说明 GSDME 是由 caspase-3 切割后活化，进而在膜上打孔并触发焦亡。

进一步研究发现，多数常用的（癌）细胞系均不表达 GSDME，但人的神经母细胞瘤细胞 SH-SY5Y 和恶性黑色素瘤细胞 MeWo 则表达高水平的内源 GSDME。在临床常用的、导致 DNA 损伤的化疗药物诱导 caspase-3 活化后，这两株细胞中均发生细胞焦亡，而不表达 GSDME 的 Jurkat 细胞，则和通常认知一样，发生经典的凋亡。后续的一系列细胞实验也证明了 SH-SY5Y 细胞在化疗药物作用下发生的焦亡确是由于 caspase-3 切割 GSDME 导致的。值得注意的是，NCI-60 中的 57 株癌细胞中只有不到

1/10 的细胞表达较高水平的 GSDME，这和之前文献报道的 GSDME 启动子在癌细胞中会发生甲基化而表达沉默一致。如将不表达 GSDME 的癌细胞用 DNA 甲基化酶抑制剂地西他滨（临床用抗癌药物）处理，可以诱导 GSDME 表达，同时也使得细胞对传统化疗药物更敏感、更易发生坏死。

和癌细胞不同，很多正常细胞和组织有很高的 GSDME 表达。研究发现高表达 GSDME 的原代细胞在用化疗药物处理后会发生细胞焦亡，同时伴随 caspase-3 依赖的 GSDME 切割；而不表达 GSDME 的原代细胞则发生凋亡。在 GSDME 阳性细胞中用 RNAi 敲低 GSDME 表达后，化疗药物引起的细胞焦亡则转换为凋亡。众所周知，传统化疗药物在临床使用中会产生很大毒副作用，限制了其抗癌效果。考虑到癌细胞基本不表达 GSDME，而正常组织却表达，邵峰团队推测 GSDME 介导的细胞焦亡很可能是化疗药物毒副作用的重要原因。为了验证这个想法，邵峰团队制备了 GSDME 缺失的小鼠。用化疗药物顺铂处理小鼠后，正常小鼠的肠道、脾脏和肺部均发生严重损伤，肠道和肺部也会有炎症反应，同时小鼠体重下降，而这些组织损伤在 GSDME 缺失小鼠上均可得到明显缓解。这些结果在 5- 氟尿嘧啶引起的小鼠肠道损伤及博来霉素引起的肺部炎症模型上也得到了进一步验证。

上述研究发现由 Gasdermin 家族蛋白 GSDME 介导的细胞焦亡很可能是传统化疗药物产生毒副作用的重要原因，为癌症治疗提供了新思路，同时，这也是首次展示细胞焦亡在天然免疫之外的生理病理过程中发挥重要功能；另外，该研究成果还发现 caspase-3 也可以（通过活化 GSDME）诱导细胞坏死（焦亡），打破了 caspase-3 激活必然导致细胞凋亡的经典概念，为后续细胞死亡研究指出了新的方向。研究工作 2017 年 5 月在 *Nature* 期刊上发表。

4.24

记忆 B 细胞分子机制

免疫记忆是机体再次感染同一病原时，能够通过更快、更强的反应控制感染、避免疾病的能力。B 细胞产生的抗体是机体控制感染的重要机制，而记忆 B 细胞是抗体免疫记忆重要的执行者之一。"生发中心"是一种淋巴组织，B 细胞在这里与一类被称为滤泡辅助 T 细胞的细胞协作，从而产生高亲和力保护抗体的潜能。经过"生发中心"筛选的 B 细胞最终离开那里，分化为可以直接产生抗体的浆细胞，或者处于静息态，但可以再次识别抗原并迅速响应的记忆 B 细胞。因此"生发中心"是记忆 B 细胞最重要的来源。然而，记忆 B 细胞如何从"生发中心"产生，并在离开"生发中心"后如何响应抗原再刺激的细胞生物学机制尚不明朗。哪些因素决定它们的发育和功能，仍然是免疫学重要的未解之谜。更进一步理解记忆 B 细胞的形成与分化机制对于深入理解体液免疫过程以及潜在的疾病应用治疗具有重要意义，故而该领域相关研究成为近年来国内外研究的热点之一。

有关记忆 B 细胞分化的模型，历来有若干假设。Shlomchik 研究组根据他们长时程 BrdU 标记分裂期细胞的追踪结果，提出了"生发中心"在后期分化中的时间依赖转换模型，即早期的"生发中心"主要输出形成记忆 B 细胞，晚期的"生发中心"则主要输出形成浆细胞。这个模型可以部分解释人们长久以来对记忆 B 细胞的观察，然而并不能解释所有的现象，特别是人们观察到记忆 B 细胞随着时间在"进化"。另外的可能解释是，记忆 B 细胞在面对抗原的免疫反应中逐步形成，因此其形成的时空特异阶段决定了不同阶段记忆 B 细胞的特征。

人们又从另一个角度入手思考，也就是认为记忆 B 细胞存在诸多亚群，具备不同的形成条件、特征及功能，从而匹配不同研究组所观察到的现象。首先被划分的就是 IgM 型与 IgG 型记忆 B 细胞。IgM 型记忆 B 细胞在抗原再次应答中更容易形成"生发中心"，而 IgG 型记忆 B 细胞则更倾向于形成浆细胞。相比于 IgM 型记忆 B 细胞，IgG 型记忆 B 细胞似乎才是"短时长存活"的那一类。

IgM 与 IgG 的划分并不能完全解释记忆 B 细胞在形成和功能上的区别。根据膜表

作者简介：祁海，博士，教授；单位：清华大学，北京，100084
　　　　　王毅峰，博士，研究生；单位：清华大学，北京，100084

面分子 CD80 与 PDL2 等，人们将记忆 B 细胞划分为不同的亚群：双阴性群体主要为 IgM 型，很少部分是 IgG 型，主要在再刺激中形成"生发中心"；PDL2 单独阳性群体具有较多 IgM 型，也有相当一部分 IgG 型，可以在再刺激中同时形成"生发中心"与分化为浆细胞；双阳性群体具有相似比例的 IgM 与 IgG 型，在再刺激中主要形成浆细胞。尽管这个分类将记忆 B 细胞的功能与其膜表面分子表达联系起来了，但这些表面分子与记忆 B 细胞的内在功能联系却没有建立。不论是 BCR 的重链类型，还是膜表面分子的表达，人们都还没能将记忆 B 细胞的形成和功能与其内在信号调控联系起来。记忆 B 细胞究竟如何在再次受到抗原刺激时决定其命运分化的方向尚没有一个清晰的答案。

国外研究组曾报道过记忆 B 细胞形成中必不可少的一些分子，或是记忆 B 细胞在"生发中心"前体细胞的特征标志分子，但均没有一个整体的、明晰的记忆 B 细胞形成的分子机制。

清华大学祁海研究组认为，"生发中心"B 细胞高度活化、高度增殖，而记忆 B 细胞却退出了细胞周期，不再分裂。从这种差异性入手，祁海研究组猜想"生发中心"里可能有处于这两种状态之间的过渡态细胞。通过一种可以报告细胞周期的荧光报告系统，祁海研究组在高度活跃的"生发中心"中确实发现并分离了同时兼具生发中心和记忆 B 细胞表面特征的过渡态细胞。这些细胞分布在"生发中心"组织的边缘，暗示着它们正要离开"生发中心"（图 4.28）。通过对这些细胞的深入分析，祁海研究组还发现不但它们的表面特征类似记忆 B 细胞，而且还有与记忆 B 细胞相类似的转录组特征以及功能潜力。

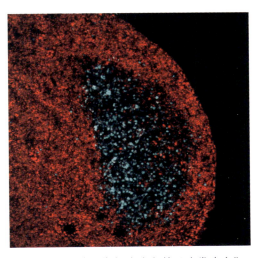

图 4.28　细胞周期报告小鼠的"生发中心"

红色代表细胞处于相对静止、不分裂的细胞周期；青色代表细胞正在合成 DNA 及进行分裂。
半圆形区域为"生发中心"，其中的红色细胞包括了该研究鉴定出的过渡态细胞

过渡态 GC-MP 细胞高表达白介素-9 的受体。白介素-9 是一种通常在细胞间传递信号的免疫分子，主要由 T 细胞产生，可以影响多种免疫细胞和其他非免疫细胞的功能。白介素-9 是否及如何影响抗体免疫应答，过去还鲜有研究。使用基因敲除小鼠、中和抗体阻断白介素-9 活性以及外加白介素-9 等实验，祁海研究组证明"生发中心"滤泡辅助 T 细胞所产生的白介素-9 恰恰是推动过渡态 GC-MP 细胞形成以及促使它们进一步分化发育为记忆细胞的一个关键因素。

上述中国学者的工作发表在众多重要的国际学术期刊上，如 *Nature Immunology* 等，这些原创性研究成果描绘了一个"生发中心"产生记忆 B 细胞的全景图，开创了领域新方向。这些工作不但为记忆 B 细胞如何从"生发中心"而来这一未解之谜找到了一个关键线索，也可能为未来免疫治疗与疫苗设计提供新思路。

4.25

控制炎性肠病的分子开关

炎性肠病（inflammatory bowel disease，IBD）包括克罗恩病（Crohn disease，CD）和溃疡性结肠炎（ulcerative colitis，UC）两种，两者都表现为肠道组织发炎、溃疡且易出血，导致营养不良甚至癌症。全球 IBD 患者约 500 万，IBD 是西方国家最常见、最重要消化道疾病，最近 10 年中国 IBD 发病率激增，总患者达 35 万，平均每 10 万人就有 3.44 人，是 20 年前的 24 倍，在亚洲最高。中国学者、公共卫生专家为此在每年 5 月 19 日的"世界炎性肠病日"都呼吁公众关注这一现代社会的健康新杀手。IBD 病情复杂，没有很好的诊断方法，UC 误诊率约 30%，CD 误诊率约 60%。IBD 病因不明，遗传因素、环境影响、病原感染以及免疫系统异常，都可导致这一慢性、致残性疾病。近年的研究工作表明，除了黄种人和白种人调节 IBD 的基因存在差异之外，免疫失调以及肠道菌群变化也与不同人种 IBD 发病紧密相关。

肠黏膜是机体最大的免疫场所，其中，天然免疫作为第一道防线，对维持肠道免疫微环境的平衡至关重要。其不仅要维持肠道共生菌（commensal bacteria），还要快速有力地清除入侵病原菌［例如，沙门氏菌等肠致病性大肠埃希氏菌（*enteropathogenic Escherichia coli*）］。一般认为，过度活跃的天然免疫反应则会引起肠道微环境的紊乱和肠上皮组织损伤，导致肠道局部的 IBD 发生，甚至引发哮喘和 I 型糖尿病等系统性免疫疾病。然而，肠道炎性反应的主要分子开关是什么，一直所知不详。果蝇具有跟高等动物十分类似的肠道结构和肠黏膜天然免疫系统，中国科学院上海巴斯德研究所唐宏团队利用大规模遗传筛选的方法，发现 Bap180 是调节肠道天然免疫平衡的重要抑制性转录因子（图 4.29），它通过与 NF-κB 互作，控制革兰氏阴性致病性细菌引发的肠炎因子［Eiger，也就是哺乳动物大名鼎鼎的炎性因子，即肿瘤坏死因子（tumor necrosis factor，TNF）］表达，以及肠道共生性细菌对肠上皮细胞的慢性炎性刺激。更重要的是，在小鼠和人群中，与 Bap180 高度同源的 Baf180 在肠上皮细胞中也行使同样的作用，控制依赖于 NF-κB 的相关炎性因子表达，例如 TNF，IL-1α，IL-1β 和 IL-18 等。不依赖于 NF-κB 表达的炎性因子，例如 IL-6，IL-17 等，不受 Baf180 的调控，提示了 Baf180 对肠炎的精细调控。此外，Bap180 控制抗菌肽（antimicrobial peptide，

作者简介：唐宏，博士，研究员；单位：中国科学院上海巴斯德研究所，上海，200031

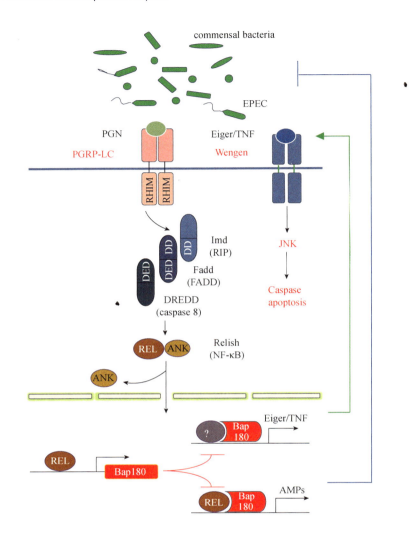

图 4.29　Bap180 维持肠道黏膜免疫稳态的分子机制示意图

共生菌或致病性细菌产生的肽聚糖 PGN，结合到肠道上皮细胞的受体 PGRP-LC，激活受体，募集细胞内的信号分子组装成信号传导机器（包括 Imd、FAD、DREDD 等蛋白分子），激活下游的转录因子 Relish/NF-kB，后者转移到细胞核内，激活 Baf180 的基因表达。Baf180 则抑制炎性因子 Eiger/TNF、抗菌肽 AMP 等基因的表达，而 Eiger/TNF 从肠上皮细胞分泌出去结合到其受体 Wengen 进一步促进肠上皮细胞死亡的炎性放大反应受抑，AMP 减少分泌也会导致肠腔内细菌复制增加

图片来源：Nature Microbiology，2017

AMP）的表达，对肠道共生菌群的结构也很重要。缺少 Bap180 导致抗菌肽表达增加，肠道菌减少。因此，唐宏团队发现的 Bap180/Baf180 是肠上皮天然免疫反应的重要开关，负责调节肠道菌群－天然免疫相互作用。Baf180 参与肠道稳态维持，将是 IBD 诊断的有力标志物及治疗 IBD 的新的靶点分子。这样的发现，为今后肠炎诊断、药物开发提供了重要依据。2017 年重要的国际学术期刊 *Nature Microbiology* 发表了这项工作，在学术界和医学界引起很大关注。

4.26

免疫炎症平衡调控新机制

炎症，作为一种组织器官损伤和病原体感染诱导的免疫病理过程，其症状和治疗早在远古时期就被神农和希波克拉底等中外医药之父所记载。机体通过模式识别受体（pattern recognition receptor，PRR）识别外来微生物的病原体相关分子模式（pathogen-associated molecular pattern，PAMP）和自身细胞释放的损伤相关分子模式（damage-associated molecular pattern，DAMP）等"危险"信号，活化细胞内复杂的信号转导网络，诱导蛋白和非蛋白类炎症介质和趋化因子的表达和释放，启动炎症反应，并招募免疫细胞以进一步激活天然免疫和适应性免疫，以快速清除病原体和损伤细胞，并促进机体组织修复和再生。长期的病原体感染或外界环境压力刺激会引发免疫失调和炎症消退障碍，导致各组织器官的慢性炎症，促进各种疾病的发生和发展，如肿瘤、心血管疾病、神经退行性疾病、糖尿病、肥胖症，以及自身免疫病和传统的炎症性疾病。近年来，国内外免疫学家聚焦表观遗传和转录调控分子介导的基因表达调控，蛋白功能和亚细胞定位的翻译后调控、三大代谢通路和长链非编码RNA在炎症反应中的作用，以及新型免疫细胞亚群的鉴定等方面，寻找免疫细胞分化，免疫应答启动、效应及转归的新机制，为进一步阐明机体免疫系统如何应对复杂的内外环境变化以保持健康和稳态，揭示炎症相关重大疾病的免疫学机制，研发疾病相关的根本性治疗策略和药物等提供新的基础理论依据。

探索经典免疫细胞分化、成熟的调控新机制，以及鉴定新型免疫细胞亚群，能够在细胞层面探索免疫稳态维持的机制，国内免疫学家近年来在该方面也有重要发现［图4.30（a）］。医学免疫学国家重点实验室曹雪涛小组发现DNA甲基化氧化酶Tet2和胞浆分布的长链非编码RNA lnc-DC通过调控细胞因子信号转导通路来促进天然免疫细胞的分化。中国科学院感染与免疫重点实验室范祖森团队立足于天然免疫淋巴细胞相关研究，鉴定到具有肠道炎症抑制功能的调节性天然淋巴细胞（ILCreg）和表达促炎细胞因子的NKB（natural killer-like B）细胞；长链非编码RNA lncKdm2b在

作者简介：张迁，博士，副教授；单位：医学免疫学国家重点实验室，上海，200433，中国医学科学院，北京，100730
曹雪涛，博士，教授，中国工程院院士、德国科学院院士、美国国家医学科学院院士、美国人文与科学院院士；单位：医学免疫学国家重点实验室，上海，200433，中国医学科学院，北京，100730

天然淋巴细胞 ILC3 的维持和功能中起关键作用。清华大学医学院刘云才课题组发现
E3 泛素连接酶 VHL（von Hippel-Lindau）促进天然淋巴细胞 ILC2 的成熟和功能。陆
军军医大学吴玉章和叶丽林团队以及清华大学祁海团队发现了 CXCR5 阳性的 CD8$^+$T
细胞，其能够迁移到 B 细胞淋巴滤泡，抑制病毒复制。清华大学丁盛团队和厦门大学
陈兰芬、周大旺团队分别发现转氨作用调控分子氨基氧乙酸和 Hippo 信号通路转录共
激活因子 TAZ（transcriptional co-activator with PDZ-binding motif）参与调控 Th17 和
iTreg 分化平衡。武汉大学刘勇团队发现内质网应激感应蛋白 IRE1α 抑制脂肪组织巨
噬细胞的选择性极化。

　　病原体和自身"危险"信号的识别及其相关信号转导通路的调控，以及炎症因子
的诱导和释放是启动炎症反应的关键环节，国内免疫学家近年来在多个层次揭示了相
关的重要调控机制［图 4.30（b）］。中国科学院感染与免疫重点实验室范祖森团队发
现内质网接头蛋白 ERAdP 能够识别细菌第二信使 c-di-AMP，启动 NF-κB 介导的抗细
菌感染炎症反应；DNA 病毒感受器 cGAS 的谷氨酰化修饰调控其 DNA 结合和催化活
性。医学免疫学国家重点实验室曹雪涛团队发现了一系列调控 PRRs 和 I 型干扰素信
号通路的关键靶分子，例如，表观酶分子 SETD2、DNMT3a、HDAC9 等，RNA 结合
蛋白 DDX46 等，E3 泛素化连接酶 RNF2 等。众多其他国内学者也报道了一些相关功
能分子，例如，转录调控分子 YAP，E3 泛素化连接酶 TRIM31、RNF128、TRIM29，
蛋白 iRhom2，激酶 CK1，肿瘤抑制分子 PTEN。这些蛋白在基因转录或蛋白翻译后
水平调控信号转导相关分子的表达、功能和亚细胞定位。DAMP 通过活化炎性小体介
导 IL-1 的加工和释放，以及活化 Caspase 家族成员诱导细胞焦亡，进一步放大炎症反
应，此过程的调控和功能受到广泛关注。浙江大学医学院王迪团队发现胆汁酸通过调
控 NLRP3 的翻译后修饰抑制炎性小体的活化。北京大学蒋争凡团队发现炎性小体活化
的 caspase-1 通过切割 cGAS 蛋白 N 端抑制其识别胞质 DNA。北京生命科学研究所邵
峰团队发现化疗药物通过 Caspase-3 剪切 Gasdermin E，诱导细胞焦亡。炎症信号对炎
性细胞因子和趋化因子转录诱导的调控机制也有报道，如清华大学胡小玉团队发现转
录抑制因子 Hes1 抑制趋化因子 CXCL1 的转录延伸，从而抑制中性粒细胞的招募；浙
江大学靳津和华人科学家孙少聪发现去泛素化酶 Trabid 通过表观修饰促进炎性细胞因
子的转录。炎症消退和免疫耐受是免疫失调和慢性炎症的关键调控环节，PRR 信号转
导通路的负调控一度受到广泛关注。近年来，新的调控机制也逐渐被报道，如医学免
疫学国家重点实验室曹雪涛团队发现 Tet2 能够在炎症消退期，通过组蛋白去乙酰化抑
制特异性细胞因子的转录；陆军军医大学吴玉章及张志仁团队研究发现巨噬细胞中的
促红细胞生成素信号促进了濒死细胞的及时清除及免疫耐受。

　　病毒感染诱导的急、慢性炎症是导致死亡、畸形和肿瘤等相关疾病的重要因素，

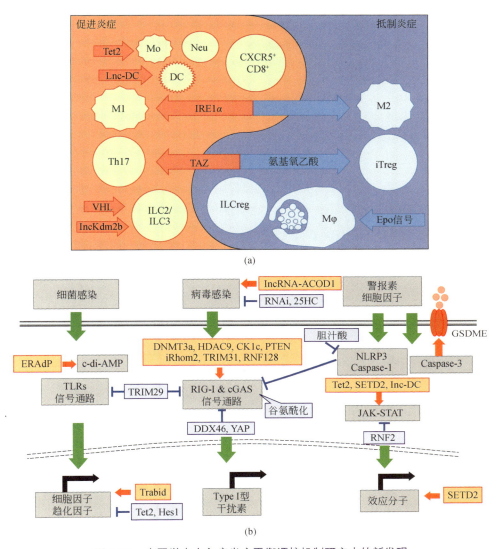

图 4.30 中国学者在免疫炎症平衡调控机制研究中的新发现

（a）调控免疫炎症平衡的细胞新亚群的鉴定，以及免疫细胞分化和功能的调控因子的发现。蓝色表示炎症抑制性相关细胞及其功能调控，橙色表示炎症促进性相关细胞及其功能调控。（b）感染和内源性危险信号的识别、信号转导通路以及炎症相关因子基因表达调控等三方面的调控分子及其调控机制的新发现，以及病毒感染特异性调控机制的新发现。蓝色表示负向调控分子，橙色表示正向调控分子

众多学者关注抗病毒感染新机制的研究，医学免疫学国家重点实验室曹雪涛团队发现病毒感染诱导的非编码 RNA lncRNA-ACOD1 通过结合代谢酶调控转氨作用来促进病毒复制。病毒学国家重点实验室周溪与病原微生物生物安全国家重点实验室秦成峰团队合作发现病毒来源的小 RNA 能够在哺乳动物中通过 RNA 沉默介导抗病毒天然免疫。中国医学科学院苏州系统医学研究所程根宏与多单位合作发现 25- 羟基胆固醇对寨卡病毒感染所致疾病具有明确的保护效果。

中国免疫和微生物学者的工作近几年来发表于国际一流学术期刊上，如 *Nature*、*Science*、*Cell*、*Nature Immunology* 和 *Immunity*，这些原创性研究成果极大地推动了对免疫炎症调控平衡新机制的研究，对国内医学免疫学的发展起到了积极的引领作用，在国际免疫学界也引起了广泛关注。个别研究团队也跻身国际一流实验室的行列。这些基础研究成果也为炎症相关疾病的临床治疗提供了坚实理论基础。炎症反应的精确调控和免疫稳态的维持是免疫学研究的重中之重，尽管相关成果层出不穷，但对炎症反应调控机制的认识还只是冰山一角，希望中国免疫学工作者能够立足未来，提出免疫应答及调控机制的新学说，阐明免疫炎症疾病发生发展的新机制，发现炎症相关疾病的干预新途径并创建新型免疫治疗方法，提高中国免疫学研究与应用的核心竞争力，形成免疫学研究领域的国际学术高地。

4.27

光合作用超级复合体结构研究的重要突破

　　光合作用是地球上最重要的化学反应之一，被誉为生物圈的能量引擎。光合作用是直接与农业、环境，以及太阳能利用和新能源开发等密切相关的重大课题，光合作用研究的每一项进展都备受关注。放氧型光合作用是由嵌在类囊体膜上的两个光系统（photosystem，PS）［光系统 I（PS I）和光系统 II（PS II）］共同驱动的。这两个光系统都是由众多蛋白亚基和色素分子组成的、分子量高达百万或近百万道尔顿级的超级复合体。显然，只有解析整个超级复合体的完整结构，才能获得复合体中各蛋白亚基的相互装配信息和色素分子的完整网络结构，从而为认识光系统内的能量传递和电子传递等光合作用机理问题提供准确结构数据。这也正是光合作用超级复合体结构研究的重要意义之所在，并进而使之成为本领域科学家竞相角逐的热点。在过去近20 年的时间里，针对原核蓝细菌光系统的结构生物学研究取得了很好的成果，来源于蓝细菌的 PS I 和 PS II 都获得了高分辨率的三维结构。近年来，中国科学家在真核生物的光合作用超级复合体的结构生物学研究中连续取得多项重要突破，并已成为该研究领域的领跑者。以下中国科学家的研究工作是本领域近年来的突出亮点。

　　高等植物的光系统 I（PS I）结合有 4 个捕光天线蛋白，它们与 PS I 核心之间的相互作用及能量传递需要基于高分辨率的结构信息构建。2015 年，中国科学院植物研究所沈建仁、匡廷云团队报道了豌豆 PS I 超级复合体 2.8Å 分辨率的晶体结构［图 4.31（a）］，该复合体包括 16 个蛋白亚基、190 个色素分子和其他辅因子，总分子量约 600kDa（1Da=1.660 54×10^{-27}kg，下同）。该工作首次解析了 PS I 的 4 个捕光复合物（light-harvesting complex I，LHC I）的精细结构，以及它们彼此之间的相互作用，揭示了 PS I 复合体全新的色素网络系统，提出了 LHC I 向 PS I 核心进行能量传递的 4 条可能途径。

　　高等植物的光系统 II（PS II）位于放氧光合作用电子传递链的最上游，具有更复杂的捕光天线系统和在常温常压下光能驱动的水裂解功能。PS II 是比 PS I 更大、更复杂的复合物，是科学家们探索多年未果的难题。中国科学院生物物理研究所柳振峰、章新政与常文瑞/李梅研究组组成的研究团队于 2016 年在国际上率先解析了菠菜 C$_2$S$_2$型 PS II 超级复合体 3.2Å 分辨率的三维结构，这个同型二体的超分子体系总分子量约

作者简介：常文瑞，研究员，中国科学院院士；单位：中国科学院生物物理研究所，北京，100101

1.1MDa，每个单体中包含了 25 个蛋白亚基、133 个色素分子和其他辅因子。研究结果首次揭示了其总体结构特征和各亚基的排布规律，提出了外周天线向核心传递能量的可能途径。

2017 年，中国科学院生物物理研究所团队再接再厉，又解析了来源于豌豆的更为完整的 $C_2S_2M_2$ 型 PS II 超级复合体的 2.7Å 和 3.2Å 分辨率的两个结构，其中 2.7Å 分辨率的结构也是当时在膜蛋白冷冻电镜结构中分辨率最高的结构［图 4.31（b）］。$C_2S_2M_2$ 型复合物是植物在弱光条件下为了最大限度地捕获光能而采取的一种超级复合物形式，总分子量达到 1.4MDa。结构中每个单体中分别包含了 28 或 27 个蛋白亚基、203 个色素分子和其他辅因子。该结构的解析不仅使 PS II 超级复合体中完整的能量传递网络得以构建，同时还提示了植物 PS II 超级复合体的捕光调节机制。

2017 年，清华大学隋森芳研究组报道了第一个完整藻胆体的近原子分辨率的冷冻电镜研究成果［图 4.31（c）］。藻胆体是低等藻类的捕光天线系统，它位于膜表面，并与嵌在膜内的反应中心结合，将吸收的太阳光能以极高的效率传递给反应中心。该藻胆体来自于真核红藻，分子量达 16.8MDa，包含 862 个蛋白亚基，这也是迄今为止国际上报道过的分辨率高于 4Å 的最大的蛋白复合体结构。该项工作首次解析了所有连接蛋白在完整藻胆体中功能组装状态下的结构和组装位点，确定了藻胆体中全部

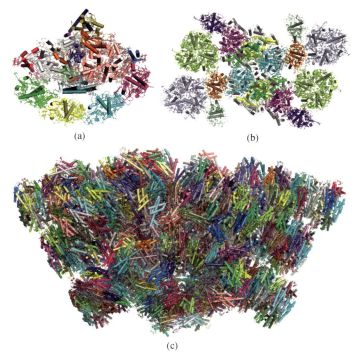

(a)　　　　　　　　(b)

(c)

图 4.31　光合作用超级复合体三维结构

（a）豌豆 PS I 超级复合体结构。（b）豌豆 $C_2S_2M_2$ 型 PS II 超级复合体结构。（c）红藻藻胆体结构

2048 个色素的整体排布，并推测出了多条新的能量传递途径，为揭示藻胆体的组装机制和光能传递途径奠定了重要基础。

上述中国学者的研究工作都发表在重要的国际学术期刊 *Nature* 和 *Science* 上，且相关期刊还为上述多项研究工作配发了推介评述。多项成果被 F1000 推荐，并入选"中国十大科技进展"或"中国生命科学领域十大进展"。这些原创性研究成果极大地促进了科学家对于光合作用机理的理解。中国科学家在光合作用超级复合体结构研究方面所取得的研究成果不仅具有重要的科学意义，也标志着中国在该研究领域进入国际领先行列。

4.28

人源线粒体呼吸链超超级复合物的结构与功能研究

呼吸，是每一个个体乃至每一个细胞在其生命活动过程中不可或缺的基本过程，是人类近百年来一直在孜孜以求而探索的研究领域。细胞呼吸是在细胞内最重要的、为细胞提供能量的细胞器线粒体中进行的生命体最基本的生命活动之一。针对呼吸作用研究具有深远的理论研究意义和实际应用价值。100 多年来，对线粒体呼吸链的结构与功能研究一直都是国际生命科学领域的热点之一。英国化学家 Mitchell 因提出线粒体呼吸链的化学渗透假说而获得了 1978 年度诺贝尔化学奖；英国著名结构生物学家 Walker 因对线粒体复合物 V（ATP 合酶）的结构生物学研究而获得了 1997 年度诺贝尔化学奖。然而，处于呼吸链上游的负责电子传递及形成质子浓度梯度的呼吸链复合物以及超级复合物，其结构比复合物 V 要复杂得多，相应地解析它们的结构也更加困难，是结构生物学研究领域一直以来的热点和难点。21 世纪初，中国科学院生物物理研究所饶子和最早解析了呼吸链复合物 II 的高分辨率晶体结构，阐述了复合物 II 的电子传递通路以及催化机理，这也是中国本土科学家的原创成果第一次在重要的国际学术期刊 *Cell* 上亮相，开创了中国科学家对线粒体呼吸链复合物进行研究的先河。

中国科学家在线粒体呼吸链研究领域的第二次重大突破是在 2012 年，清华大学杨茂君在 *Nature* 期刊上发表论文，首次报道了 II 型复合物 I 的高分辨率晶体结构，并在后续的研究中解析了该蛋白疟原虫来源的蛋白结构，并开发了一系列针对耐药性疟疾的药物前体分子，为人类对抗目前依然会导致死亡的疟疾提供了坚实的后备基础。

随着结构生物学技术手段的不断进步，解析无法结晶的大型蛋白质复合物机器的结构成为可能。2014 年，英国科学家 Hirst 解析了呼吸链中最大的单体复合物——复合物 I 的中等分辨率结构，大致确定了复合物 I 中各亚基的结合方式，但很快这一领域的研究就被中国科学家反超。2016 年，杨茂君连续又在 *Nature* 和 *Cell* 期刊上发表论文，首次获得了猪源呼吸链超级复合物 $I_1III_2IV_1$ 的高分辨率结构，并且将复合物 I 的分辨率提升至近原子分辨率水平。通过结构分析并结合以往的生化数据，杨茂君提出了一个更加合理的、与占据学界长达 40 年之久经典的 Q 循环理论所不同的电子传递机制。

作者简介：杨茂君，博士，教授；单位：清华大学，北京，100084

　　2017 年 9 月，杨茂君又在 *Cell* 期刊上发表论文，在国际范围内首次获得了人源呼吸链超级以及超超级复合物的结构，突破性地证明了线粒体中呼吸链超超级复合物 $I_2III_2IV_2$ 的存在。同时，依据以往的生化数据和计算机模拟，论文中预测了超超级复合物中复合物 II 结合的位置，提出了线粒体呼吸链复合物最高级的功能单元为 $I_2II_2III_2IV_2$ 的猜想（图 4.32）。值得一提的是，该结构是目前为止世界上所解析的最大的也是最复杂的人源膜蛋白结构。更为重要的是，研究组突破了以往此类蛋白复合物只能从新鲜动物组织中提取的技术壁垒，首次在体外培养的人源细胞中获得了大量该蛋白复合物的样品。人源超级复合物的大量纯化及高分辨率结构信息使针对人源呼吸链这一重要药物靶点的相关药物开发由不可能完成的任务变成了可能。目前课题组正在积极开展人源线粒体呼吸链超级复合物与中药有效成分的互作研究，初步结果显示大量中药有效成分小分子化合物与呼吸链存在相互作用，该研究为开发中国宝贵的中药资源提供了一个良好的开端。

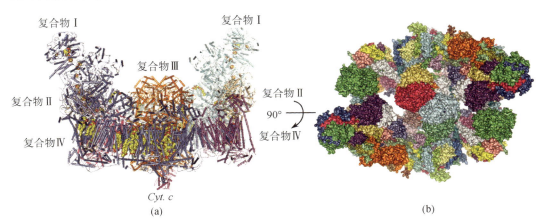

图 4.32　人源线粒体呼吸链超超级复合物的结构图

（a）各复合物均用相同颜色标注，复合物中的辅助分子以球状结构显示。（b）为（a）图结构旋转 90° 后的结构图。组成复合物的 159 个亚基均显示不同颜色

　　这一系列论文为科学家正确理解线粒体的功能提供了坚实的基础，是当前结构生物学乃至生物学研究领域所取得的重大突破性进展，为我们逐步揭开了线粒体呼吸链工作的分子机制，为攻克阿尔茨海默病、帕金森病等线粒体缺陷相关的疾病提供了重要的技术和理论支持。

　　杨茂君所领导的课题组在细胞呼吸分子机理相关领域的研究一直处于世界的前列。研究成果入选中国科学技术协会生命科学学会联合体 2016 年度"中国生命科学领域十大进展"和 *Cell* 出版社"2016 中国年度论文"等，且均被 F1000 重点推荐。2017 年的 *Cell* 期刊上发表的论文被国际知名的"世界科技研究新闻资讯网"重点介绍，作者评价该研究结果是"揭开了这一具有神秘色彩的生命问题的真面目""开启了线粒体

呼吸链研究的新篇章""为理解近百年来人类针对线粒体呼吸链的研究所积累的生化及突变数据提供了坚实的基础"等。杨茂君在线粒体呼吸链复合物研究中所取得的一系列重大突破性研究成果，尤其是针对人源线粒体超级复合物的研究，确立了中国科学家在这一重要研究领域的国际领先地位。

4.29

生物超大分子复合物的近原子分辨率三维结构研究取得突破

生命活动的很多基本过程是与系统的结构层次密切相关的。较高级的细胞结构层次显示出蛋白质、核酸等生物大分子单独所不具备的生命特征。对于生物超大分子复合物的研究正在成为结构生物学的新前沿。虽然 X 射线晶体学和磁共振谱学在过去几十年里提供了大量的生物分子结构信息，但技术方面的限制使其在复杂的超大分子复合物的结构研究方面遇到了极大的困难。近年来冷冻电子显微学的迅速崛起，特别是 2013 年图像采集设备和图像处理方法的技术突破引发了结构生物学的革命，在生命科学各领域获得了广泛应用。这一革命使得 2017 年度诺贝尔化学奖授予对冷冻电镜技术发展做出开创性贡献的 3 位科学家 Dubochet、Frank 和 Henderson。随着中国经济的高速发展和综合国力的不断增强，中国政府加大了科技投入，若干个高端冷冻电镜平台的建立为中国科学家应用冷冻电镜技术研究重要蛋白质复合物的结构并取得国际一流的研究成果奠定了基础。

2015 年，清华大学施一公研究组利用冷冻电镜技术在世界上首次报道了裂殖酵母内含子套索剪接体（intron lariat spliceosome，ILS）的 3.6Å 的结构（分子量为 1.3MDa），并展示了剪接体催化中心近原子分辨率的结构信息。自 2015 年第一个剪接体结构发表以后，施一公研究组相继利用冷冻电镜技术解析了 6 个不同状态剪接体复合物的近原子分辨率结构，对于揭示 RNA 剪接机理产生了革命性影响。

2016 年，清华大学杨茂君研究组经过多年的努力，利用冷冻电镜技术终于攻克了哺乳动物线粒体呼吸链超级复合物的近原子分辨率结构（分子量为 1.7MDa），在解决这一国际性难题方面取得突破。该呼吸链复合物是包括 44 个膜蛋白在内的 81 个蛋白亚基所构成的膜蛋白超级复合物；杨茂君研究组又于 2017 年首次阐述了人源线粒体复合物的近原子分辨率结构。这些复合物结构的解析不仅阐明了这些蛋白的作用方式及反应机理，也为人类攻克线粒体呼吸链系统异常所导致的疾病提供了一个良好的开端。

植物光合作用系统的精细结构是结构生物学研究领域中多年来一直研究的热点和难点课题。中国科学院生物物理研究所柳振峰、章新政研究组与李梅研究组通力合作，通过冷冻电镜技术，于 2016 年解析了菠菜 C_2S_2 型 PS Ⅱ-LHC Ⅱ超级复合体的三维结构（分

作者简介：隋森芳，博士，教授，中国科学院院士；单位：清华大学，北京，100084

子量为 1.1MDa），分辨率为 3.2Å；接着于 2017 年该研究组又报道了处于两种不同条件下的豌豆 $C_2S_2M_2$ 型 PSⅡ-LHCⅡ超级复合体的三维结构（分子量为 1.4MDa），分辨率分别达到 2.7Å 和 3.2Å。这些研究结果有助于深入理解植物高效捕获和传递光能的分子机理。

藻胆体是蓝藻和红藻中的超大蛋白复合体，吸收并传递太阳光能给藻类进行光合作用。自发现藻胆体半个多世纪以来，科学家们一直期望了解这种超大蛋白复合体是如何组装、如何高效地传递能量的，但要回答这些问题就必须知道藻胆体的三维结构。清华大学隋森芳研究组攻克了多个难题，最终于 2017 年获得了整体分辨率为 3.5Å 的藻胆体（分子量为 16.8MDa）的冷冻电镜结构，核心区域分辨率达到了 3.2Å。这是第一个完整藻胆体的近原子分辨率的三维结构，也是迄今为止国际上报道过的分辨率高于 4Å 的最大的蛋白复合体结构，包含 862 个蛋白亚基。该工作为揭示藻胆体的组装

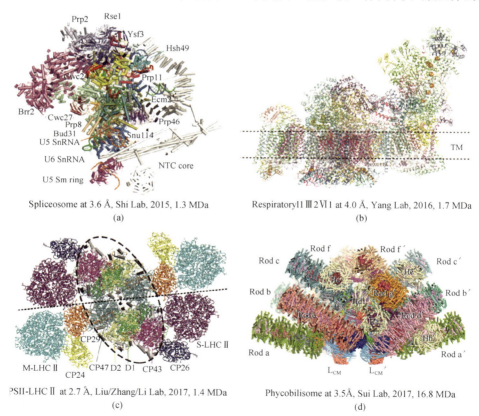

Spliceosome at 3.6 Å, Shi Lab, 2015, 1.3 MDa
(a)

RespiratoryⅠ2ⅢⅣ1 at 4.0 Å, Yang Lab, 2016, 1.7 MDa
(b)

PSII-LHCⅡ at 2.7 Å, Liu/Zhang/Li Lab, 2017, 1.4 MDa
(c)

Phycobilisome at 3.5Å, Sui Lab, 2017, 16.8 MDa
(d)

图 4.33 利用冷冻电镜技术解析的重要蛋白复合体的近原子分辨率结构

（a）清华大学施一公实验室 2015 年发表于 *Science* 上分辨率为 3.6Å 剪接体的结构。（b）清华大学杨茂君实验室 2016 年发表于 *Cell* 上分辨率为 4.0Å 呼吸链超级复合物的结构。（c）中国科学院生物物理研究所柳振峰等实验室 2017 年发表于 *Science* 上 2.7Å $C_2S_2M_2$ 型 PSⅡ-LHCⅡ超级复合体的结构。（d）清华大学隋森芳实验室 2017 年发表在 *Nature* 上分辨率为 3.5Å 藻胆体的结构
图片来源：（a）Science，2015。（b）Cell，2016。（c）Science，2017。（d）Nature，2017

机制和光能传递途径奠定了重要基础（图 4.33）。

　　上述中国科学家的杰出工作都发表在重要的国际学术期刊 *Nature*、*Science*、*Cell* 上，表明中国科学家在这一领域的研究水平已经走到了世界的前列。这些原创性的研究成果不仅极大地推动了结构生物学领域对超大生物分子复合物的结构研究，也引起了其他生命科学领域的高度关注。在 *Science* 评选出的"2017 全球十大科学突破"中，第二项就是冷冻电镜技术，将生命科学研究推进到原子级时代（life at atomic level），其中中国科学家的成果作为代表性工作列入其中。

4.30

人工设计合成酿酒酵母基因组取得突破

  基因组是生命遗传信息的承载者，基因组设计与合成是对基因组进行全新设计和从头构建，按需塑造生命，开启从非生命物质向生命物质转化的大门，推动生命科学由理解生命向创造生命延伸。继DNA双螺旋结构发现和人类基因组计划之后，以基因组设计合成为标志的合成生物学将引发第三次生物技术革命，更加透彻地了解机体的生物学机制、生物学反应、对各种环境的适应性以及进化过程等，对认识生命起源、演化、进化以及生命运动规律有重要意义，可望在人类健康、环境、能源、农业等领域产生革命性发展。

  基因组人工合成研究从病毒基因组设计合成起步，美国科学家已经完成了原核生物基因组的人工设计合成。中国学者天津大学元英进、清华大学戴俊彪、深圳华大基因杨焕明等团队与合作者围绕如何实现人工设计合成真核生物基因组并调控生命活动展开研究工作，创建了高效的真核生物长染色体构建技术和策略，创建了合成基因组生长缺陷靶点高效定位技术，成功调控酵母的生长和环境响应能力；完成了酿酒酵母syn II、syn V、syn X、syn XII共4条长染色体的从头设计与合成，在真核生物中实现了人工设计合成基因组对生命活动的调控（图4.34）。

  实际序列与设计序列的精确匹配对于系统性评价真核生物人工基因组的设计原则至关重要。全基因组范围内发生非常小的核苷酸变化，都可能对生物表型产生重大影响乃至致死。因此，超长人工DNA片段的精准合成难题亟待解决。中国学者发展了多级模块化和标准化基因组合成方法，创建了一步法大片段组装技术和并行式染色体合成策略，实现了由小分子核苷酸到活体真核染色体的定制合成；建立了基于多靶点片段共转化的基因组精确修复技术和DNA大片段重复的修复技术。首次实现了真核人工基因组合成序列与设计序列的完美匹配，该技术的突破为人工基因组的重新设计、功能验证与技术改进奠定了基础。

  在基因组尺度的DNA合成中面临的一个巨大的挑战是定位人工基因组中影响细胞表型的序列，即缺陷（bug）。常规排除缺陷的方法是将合成型DNA分段检测，逐步锁定靶点，缺点是耗时耗力，对于多靶点引起生长缺陷的问题难以定位。中国团队

作者简介：元英进，博士，教授；单位：天津大学，天津，300072

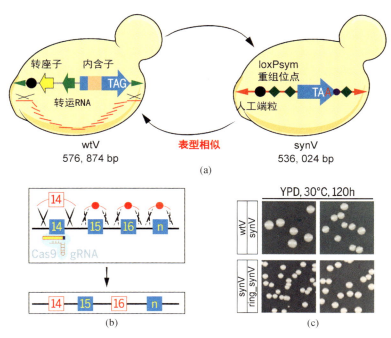

图 4.34 酿酒酵母 V 号染色体人工设计、合成、环化与表征

（a）以天然酿酒酵母 V 号染色体（wtV，576，874bp）为基础进行重新设计获得合成型 V 号染色体（synV，536，027bp）。（b）基于基因编辑的多靶点基因组精确修复技术，首次实现了真核染色体人工化学合成序列与设计序列的精确匹配。（c）合成型酿酒酵母菌株与天然酿酒酵母菌株具有相似的生长表型和生长适应性

开创性地利用聚合酶链反应（polymerase chain reaction，PCR）标签系统和混菌策略，创建了一种高效定位缺陷靶点的方法，命名为"混菌 PCR 标签定位法"（pooled PCRTag mapping，PoPM）。通过缺陷靶点的定位与排除，挖掘出未知的酵母生物学新知识，解决了合成型基因组导致细胞失活的难题。PoPM 可适用于任何有水印标识的合成型染色体的缺陷定位，是一个排除合成型基因组生长缺陷的有力工具，提供了一种表型和基因型关联分析的新策略，有助于延伸对基因组与细胞功能的认知（图 4.35）。

癫痫、智力发育迟缓、白血病等多种人类遗传疾病和癌症的发生与染色体成环密切相关，目前尚无有效的治疗手段。真核生物基因组呈线性，快速、定制化的染色体环化技术相对缺乏，限制了环形染色体疾病的机制和治疗研究。中国天津大学团队创建了一组合成酵母 V 号染色体环形模型，通过人工基因组中设计的特异标签实现对细胞分裂过程中染色体变化的追踪和分析，为研究当前无法治疗的环形染色体疾病的发生机理和潜在治疗手段建立了研究模型。

上述中国学者的研究工作发表在 *Science* 期刊上（4 篇学术论文），人工设计合成酿酒酵母长染色体的突破代表了中国在合成生物学领域的突破性成果，使中国成为继美国之后第二个具备真核基因组设计合成能力的国家，奠定了中国在基因组设计与

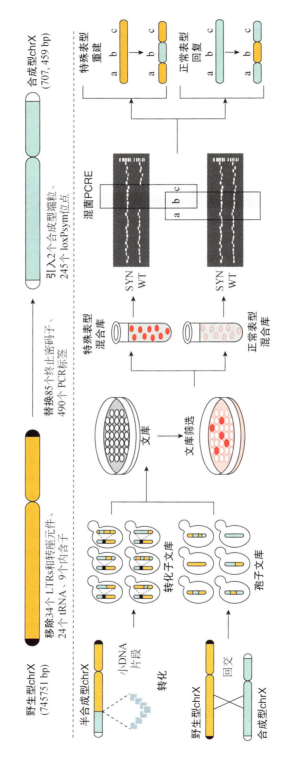

图 4.35　合成人基因组的缺陷位点快速定位策略

构建这一领域重要的国际地位，填补了中国合成生物学领域基因组合成研究的空白。研究成果引起国内外专家和媒体的极大关注，*Science* 同期发表专文评论。*Nature*、*Nature Biotechnology*、*Nature Reviews Genetics*、*Molecular Cell* 等多个重要的国际学术期刊均发表专文或亮点介绍，高度评价该工作，认为这是"第一个全合成真核生物基因组的重要里程碑"。下一步的基因组人工设计合成研究将向更大、更复杂的高等生物基因组领域拓展，整合干细胞、发育生物学等学科，为生物的起源、进化和演化等基础科学问题的研究拓展新的思路。

4.31

植物天然产物人工生物合成

　　植物天然产物在医药保健、食品日化等与人类生活密切相关的工农业生产领域中具有广泛的需求和应用。过去 20 年约 70% 上市新药直接或间接地来自于天然产物，其中抗肿瘤药物约半数以上直接源于天然产物。如吗啡、麻黄碱、长春花新碱、紫杉醇和青蒿素等药效显著的药物均属于植物源药物。随着市场需求的日益增大，从自然资源中直接获取天然产物的生产方式已经难以为继。基于合成生物学的原理，设计和改造微生物菌株来发酵生产植物天然产物的方法能有效控制市场的原料供给，促进自然资源及环境的保护，作为一条绿色高效的生产链已被科学界及工业界认可。近年来，中国学者在植物天然产物人工生物合成领域取得了很多突破性进展，在国际上率先完成了灯盏花素、丹参酮、人参皂苷、红景天苷等高附加值天然产物的人工细胞工厂创建，突破了复杂天然化合物在微生物底盘中高效合成的瓶颈，为植物天然产物人工生物合成颠覆性技术的产业化推广奠定了坚实的基础。

　　合成生物学以工程学原理对生物体进行系统设计和改造，甚至完全创建人造生命，可实现对生物行为功能的合成再造与合理控制。利用合成生物学技术人工创建植物天然产物细胞工厂具有巨大发展潜力。如 Amyris 和 Sanofi-Aventis 在酵母工程菌中成功实现抗疟疾中药青蒿的有效成分青蒿素前体青蒿酸的工业化生产，产量高达 25g/L；其不到 100m^3 发酵车间年产青蒿素达到 35t，相当于中国近 5 万亩（1 亩 ≈ 666.7m^2，下同）土地的种植产量，这种高效获取青蒿素的方法得到了世界卫生组织的批准。中国天然产物资源极其丰富，特别在植物药物资源方面，如在中国超五千年的传统医药临床实践中，有上万种植物（中药）被用于防治疾病。但是目前只有极少数分子结构简单的天然产物生物合成途径得到解析和知识产权保护，天然产物合成元件发掘改造、细胞工厂构建优化以及工程化生产放大等核心科技问题还需要进一步深入研究，整个领域具有巨大的发展空间。

　　随着组学测序与分析、基因合成与组装、高通量检测与筛选等技术的不断发展，生物元件发掘的效率都在不断地提高。例如中国中医科学院黄璐琦等利用转录组分析技术解析了丹参酮生物合成途径中的关键元件；中国农业科学院蔬菜花卉研究所黄三

作者简介：江会锋，博士，研究员；单位：中国科学院天津工业生物技术研究所，天津，300308
　　　　　刘晓楠，博士，研究生；单位：中国科学院天津工业生物技术研究所，天津，300308

文等利用全基因组关联分析，发现了葫芦素合成途径中的关键基因簇。中国科学院天津工业生物技术研究所江会锋等利用生物信息学与合成生物学相结合的策略，发掘了灯盏花素全合成关键基因。利用合成生物技术，人工构建的微生物细胞工厂性能也越来越高。例如中国科学院天津工业生物技术研究所张学礼等通过增加前提供应和高密度发酵成功地构建出高效的"人参酵母"细胞工厂，$1000m^2$车间的人参皂苷生物合成能力相当于10万亩人参种植，成本是人参种植提取的1/4。

　　近年来，中国科学家在植物天然产物人工生物合成方面的研究整体处于国际并跑水平，部分研究成果已达到国际领先水平。上述中国科技工作者的研究成果大都发表在重要的国际学术期刊上，如 *Nature* 及其子刊、*Science*、*PNAS*、*Metabolic Engineering* 等，这些原创性的研究成果极大地推动了天然产物合成领域的发展。随着经济社会的发展与资源环境利用之间的矛盾日益加重，具有绿色环保、低碳高效等特征的植物天然产物人工生物合成技术，将越来越受到关注和期待。未来应加强基因组测序技术、生物信息学技术、合成生物学技术等整合集成，发掘植物天然产物合成途径和形成核心知识产权保护；加强合成生物学核心能力建设，形成生物元件智能化计算与设计、DNA高通量合成与组装、合成生物自动化构建与测试等技术平台，使得中国合成生物的设计、合成与构建能力达到国际一流水平。加强装备设计和大规模发酵工艺等下游产业技术链研究，将基础研究与产业化生产有效结合，充分利用中国丰富的植物、动物、微生物资源，致力于走可持续发展的绿色工业化道路（图4.36）。

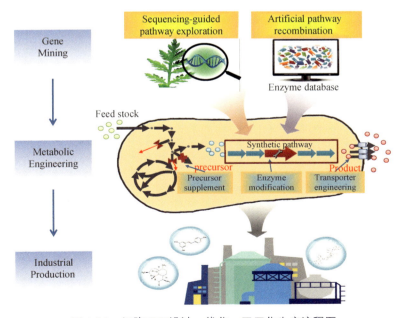

图4.36　细胞工厂设计，优化，工厂化生产流程图

图片来源：Microb Cell Fact，2017

4.32

葡萄糖的感知和代谢状态的调控

葡萄糖是生物中最基本、最主要的营养物质和能量来源。它的代谢产物又是几乎所有合成途径中最重要的原材料。正因此，感受其水平的变化并随时做出反应构成了生物体维持代谢平衡的基本过程，其调控机制也自然是代谢领域的研究热点。

已经发现，当葡萄糖水平升高时，机体能通过一系列感受器感受这一变化并引发多层次的反应来同化葡萄糖，启动合成代谢，如肝脏和胰岛 β- 细胞中的葡萄糖转运蛋白质 GLUT2（Glucose transporter 2），因其具有较高的 Km（即米氏常数），故能特异性地在高葡萄糖水平下结合、转运葡萄糖，促进肝脏合成脂肪和糖原以及胰岛 β- 细胞分泌胰岛素。此外，肝脏中的核受体 LXR（liver X-activated receptor）能够直接结合葡萄糖，入核促进转录因子 ChREBP（Carbohydrate-response element binding protein）对多个脂合成酶的转录从而促进脂质合成。近年来还发现小肠 L 细胞上的受体 SGLT（Sodium-dependent glucose transporter）能够结合葡萄糖并引发胰高血糖素样肽 -1（Glucagon-like peptide 1，GLP-1）的分泌从而改善葡萄糖刺激的胰岛素分泌，并维持全身糖脂代谢稳态。目前，人们已开发出 GLP-1 的类似物，并成为糖尿病治疗过程的重要手段。

相比之下，机体感应葡萄糖水平降低的机制研究还处于初步阶段。目前的理论将葡萄糖的水平看作一种单纯的"能量信号"：葡萄糖水平下降引起 ATP（adenosine triphosphate）合成的减少和 ADP（adenosine diphosphate）水平的升高，两个分子的 ADP 被腺苷酸激酶催化形成一个分子 ATP 以补充机体对能量的需求，同时产生的另一分子 AMP（adenosine monophosphate）则作为一种信号分子调节一系列代谢途径，而其中最为重要的就是激活 AMPK（AMP 激活蛋白质激酶，AMP-activated protein kinase）。早前无细胞体系研究发现，AMP 可以结合 AMPK，促进 AMPK 被其上游激酶 LKB1（liver kinase B1）所磷酸化，还可以直接变构激活 AMPK。AMPK 的激活能够迅速启动外周组织中脂肪、蛋白质的分解代谢，抑制 mTORC1 等分子从而关闭合成代谢，推动肝脏合成酮体供给脑组织使用，加快肌肉、脂肪吸收葡萄糖，并促进这些

作者简介：林圣彩，博士，教授；单位：厦门大学，厦门，361005

组织中的糖酵解和氧化磷酸化，从而维持机体的能量和物质代谢的平衡。然而，AMP激活 AMPK 的结论源于体外实验，细胞究竟如何应对葡萄糖水平下降以及触发生理状态改变尚不清楚。

自 2013 年以来，厦门大学林圣彩课题组发现了一系列有关细胞如何感知低葡萄糖水平并激活 AMPK 的机制。他们首先发现了 LKB1 需要一个名为 AXIN（axis inhibition protein）的蛋白质作为构架才能连接到 AMPK 上。之后又发现了在葡萄糖饥饿时，AMPK 的激活是在溶酶体膜表面进行的，称之为"溶酶体途径"，该途径还同时抑制了促合成代谢的 mTORC1 的活性。新近的发现更是否定了此时葡萄糖作为一种单纯的"能量信号"的结论：无论在不含葡萄糖的细胞培养条件下，还是在饥饿的低血糖的动物体内，都不能检测到 AMP 水平的上升，充分说明了机体有一套尚不为人知的、独立于 AMP 的感应低葡萄糖水平的机制。他们进一步揭示了这一完整过程：葡萄糖水平下降将引起葡萄糖代谢中间物果糖 1，6- 二磷酸（fructose 1, 6-bisphosphatase，FBP）水平的下降，该过程进一步地被糖酵解通路上的催化 FBP 水解成三碳糖的醛缩酶感应；当醛缩酶不能结合 FBP 时，便发生变构，传递给溶酶体途径而激活 AMPK。该过程完全不涉及 AMP 水平的变化，是一条全新的、建立在实际生理情况上的通路。

该研究将低葡萄糖水平深化成了一种"状态信号"，即它的匮乏本身就是一种"状态"，可以直接被机体感受并引起一系列生理生化反应。这种反应机制和机体感受高葡萄糖水平形成了完美的对应，从此我们知道，在葡萄糖水平下降时，机体代谢的调控不需要"绕道"能量水平，而是可以直接被它的感受器感知从而关闭合成代谢，启动分解代谢。这一机制的好处也是显而易见的，在能量水平下降之前便做出应激反应，确保胞内的 ATP 水平保持恒定。"状态信号"的存在使得机体能够"前瞻性"地应对复杂的外界条件和各种应激压力，保证生命活动的有序进行（图 4.37）。

上述中国学者的研究工作发表在重要的国际学术期刊上，如 *Nature*、*Cell Metabolism* 等。其中细胞感应葡萄糖水平并调控代谢的分子机制的研究已入选由中国科学技术协会生命科学学会联合体评选的 2017 年度"中国生命科学十大进展"。这些研究深化了人们对于低葡萄糖水平下启动的、不依赖于 AMP 的应激反应机制的理解，其深远意义还在于提供了一个全新的靶点和通路，对开发用于治疗肥胖症，乃至延长寿命的药物具有重要的价值。

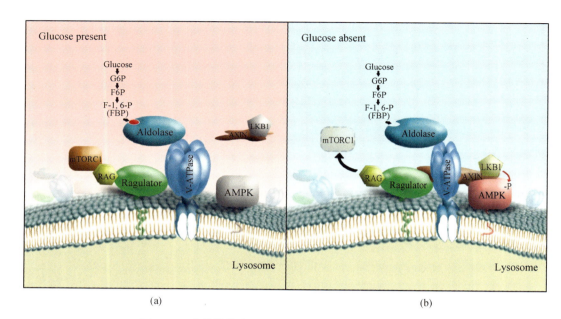

图 4.37　葡萄糖的水平决定细胞代谢与生长状态的机理

（a）当细胞处于葡萄糖富足的状态下，其代谢中间物果糖 1，6- 二磷酸（FBP）结合到催化 FBP 水解成三碳糖的醛缩酶，溶酶体膜上的 v-ATPase-Ragulator-Rag 复合体让促合成代谢的 mTORC1 保持激活状态。（b）葡萄糖水平下降将引起 FBP 水平的下降，醛缩酶不能结合到 FBP，此时 v-ATPase-Ragulator-Rag 复合体发生变构，与携带上游激酶 LKB1 的 AXIN 相结合，从而激活 AMPK，并使 mTORC1 脱离溶酶体表面而失活。该过程构成了葡萄糖感知的机制，同时调控了细胞的代谢状态，其过程不涉及 AMP 水平的变化

图片来源：Nature，2017

4.33
脂代谢过程机理与调控机制 *

　　脂质包括甘油三酯、胆固醇脂、磷脂和鞘脂等，是生命活动必不可少的物质，它是构成生物膜的主要组分和能量的重要载体，脂质还可以被转变为第二信使、激素、维生素或胆汁酸等发挥功能作用。脂代谢方向的基本研究内容主要包括脂质的合成、吸收、运输、储存、降解等关键步骤的分子细胞机制及其在个体正常发育、生理条件下的协同调控和发育异常、病理条件下的调控失衡。脂质代谢异常与许多疾病如心血管疾病、脑血管疾病、脂肪肝、肥胖症、糖尿病、癌症和神经退行性疾病等的发生、发展有密切关系。脂代谢研究也因此成为世界学者高度关注的领域。

　　中国学者在脂代谢研究领域做出了越来越多的贡献。对 2006—2015 年期间美国国家生物技术信息中心（National Center for Biotechnology Information，NCBI）"PubMed"数据库中在题目或者摘要中出现"metabolism"或"lipid metabolism"的 SCI 论文进行搜索，统计第一或者通讯作者隶属于国内高校或研究单位（表 4.2）。无论是代谢领域还

表 4.2　2006—2015 年期间中国学者在代谢研究领域发表于 NCBI "PubMed"数据库的论文统计[①]

Field	Metabolism			Lipid Metabolism		
Year	Total[②]	IF[③] ≥ 4	IF ≥ 10	Total	IF ≥ 4	IF ≥ 10
2006	541	47	5	51	5	0
2007	650	66	5	49	6	1
2008	797	93	5	81	10	1
2009	1055	167	13	104	11	0
2010	1211	163	15	156	32	5
2011	1423	190	20	171	18	3
2012	1982	262	19	243	32	4
2013	2429	359	37	309	31	4
2014	2733	415	48	333	46	11
2015	3656	699	51	522	81	11

　　①以 2006—2015 年期间"PubMed"上公开发表文章，以"metabolsim" or "lipid metabolism"出现在题目或者摘要进行检索，并且第一作者或通讯作者是中国高校或研究单位发表的文章数量。②文章发表总数。③ Impact factor（IF）of Science Citation Index（SCI），即影响因子

　　资料来源：IUMBM Life，2016

作者简介：李蓬，博士，教授，中国科学院院士、发展中国家科学院院士；单位：清华大学，北京，100084

　　　　　　徐俐，博士，副研究员；单位：清华大学，北京，100084

* 于 2016 年初撰写

是脂代谢领域，中国学者发表的论文数量都在上升，尤其 2011—2015 年上升幅度很大。譬如，"代谢"领域由 2006 年的 541 篇到 2015 年的 3656 篇，几乎增加到 6 倍；"脂代谢"领域由 2006 年 51 篇到 2015 年 522 篇，约增加到 10 倍。但是如果用高影响因子和被引用频次来评估发表论文的学术影响力的话，中国在代谢和脂代谢研究领域仍有很大差距。中国脂代谢领域学者发表的影响因子高于 10 的学术论文在 2010 年开始增加，2014 年后有了较大幅度增加（图 4.38），也暗示近 10 年的积累与加速成长。下面简要描述近年来中国学者在脂代谢研究方向取得的突出性研究进展。

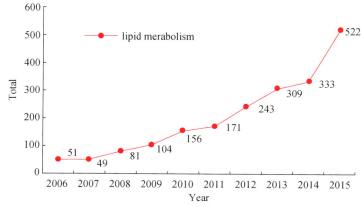

图 4.38　2006—2015 年期间 NCBI "PubMed" 数据库中国学者发表 SCI 论文数量
检索时 "lipid metabolism" 出现在文章题目或者摘要中
图片来源：IUMBM Life，2016

高血胆固醇是引发心血管疾病的一个重要因素。武汉大学宋宝亮团队对胆固醇吸收、合成以及转运进行了系统深入的研究，鉴定出一些调控参与胆固醇稳态的分子，证明了小肠细胞中 NPC1L1（NPC1 like intracellular cholesterol transporter 1）蛋白及相关的网格接头蛋白，如 Numb、ARH（autosomal recessive hypercholest-erolemia）和 DAB2（DAB adaptor protein 2）等协同作用促进食源性胆固醇的内吞，探索了内源胆固醇合成的负反馈调控机制——HMGCR（3-hydroxy-3-methylglutaryl-CoA reductase）蛋白的受控降解，并找到了能同时降低胆固醇和甘油三酯的活性化合物白桦酯醇；又通过基因组范围内 shRNA 筛选库，证明溶酶体上的 synaptotagmin 7 蛋白和过氧化物体上的磷脂 PI（4，5）P2 相互作用，协助胆固醇的运输。

脂滴是一个动态平衡的细胞器，作为脂肪储存的主要场所，它的代谢失衡与许多疾病如肥胖症、糖尿病以及脂肪肝等密切相关。中国学者对脂滴生物学研究有卓越贡献。中国科学院生物物理研究所刘平生团队建立了脂滴分离方法，结合蛋白组学的方法鉴定了不同物种的脂滴相关蛋白。清华大学李蓬专注于脂滴相关蛋白功能解析，尤其是 CIDE（cell death-inducing DFF45-like-effector）家族蛋白，不仅通过基因敲除小鼠证明

CIDE 蛋白在促进脂肪储存、脂滴变大以及脂肪分泌上的重要功能，而且解析了 CIDE 蛋白富集于相互接触的两个脂滴之间而开启了从小脂滴生长成为单室超大脂滴，提出了脂滴生长新模型——融合，进一步证明融合速率受到 Plin1 和 Rab8a 等蛋白调控，这些发现对脂滴生物学发展有重要的推动作用。此外，中国科学院遗传与发育生物学研究所黄勋证明 Seipin 蛋白定位于内质网上和脂滴接触处，与 SERCA（sarco/endoplasmic reticulum Ca（2+）-ATPase）蛋白相互作用，感知细胞内钙离子稳态而调节脂肪储存。

复旦大学汤其群团队在白色脂肪组织中特异过表达 BMP4 能显著减少白色脂肪组织的体积和脂肪细胞的面积，使白色脂肪组织呈现出棕色脂肪组织的特点，从而促进能量代谢。徐爱民与李校塋合作研究表明肝脏分泌因子 FGF21 调节脂肪分泌因子 adiponectin，从而促进胰岛素敏感性和促进能量代谢。上海交通大学宁光和李小英证明分泌因子 periostin 激活 JNK（c-Jun N-terminal kinase）通路而降低脂肪酸氧化分解而导致脂肪肝发生。此外，我国学者对 miRNAs、转录因子以及肠道微生物对宿主脂代谢的研究，都有重要贡献（图 4.39）。由于篇幅受限，不再详细阐述。

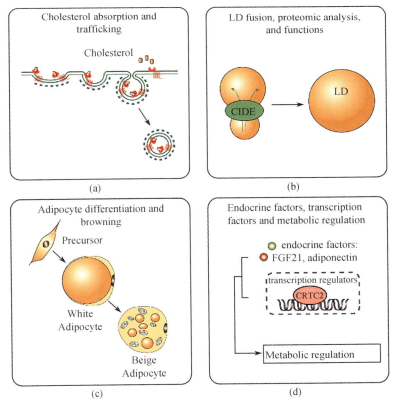

图 4.39　中国学者在近 10 年脂代谢领域主要贡献缩略图

主要是对胆固醇的吸收、合成和转运（a），脂滴生物学（b），脂肪细胞分化（c），
以及分泌因子和转录因子（d）等与代谢调控的研究

图片来源：IUMBM Life，2016

　　与欧美人群相比，中国人的体脂分布具有一定的特殊性，表现为肥胖程度较轻，而体脂分布趋于向腹腔内积聚，即易形成中心型肥胖，又称腹型肥胖，这种特点与胰岛素抵抗密切相关。上海交通大学贾伟平团队建立了中国人腰围男性 90cm、女性 85cm 可作为中国人腹型肥胖的诊断金标准，被《中国成人血脂异常防治指南》制定联合委员会采用，并根据该标准制定新的代谢综合征工作定义。此外，中国学者对中国儿童营养与肥胖关系也在进行系统研究。这些对研究中国人体的特殊性有重要作用。

　　以上中国学者的研究工作发表在众多重要的国际学术期刊上，如 *Cell*、*Nature Genetics*、*Nature Medicine*、*Journal of Clinical Investigation*、*Cell Metabolism*、*PNAS*、*Developmental Cell* 等。总之，中国学者在脂代谢研究领域受到了国家和政府的大力支持，近 10 年来取得了很大的成绩，国际影响力在逐步提高，甚至有一些研究方向在国际上起到了引领作用。未来一段时间内，以上研究方向仍将是脂代谢研究的重点，包括脂代谢研究的新技术和新方法等。运用已有的脂代谢研究基础以及其与各种疾病发生和发展的关系，寻找可能的药物靶点和药物开发也应成为未来的研究目标。

4.34

作物基因组编辑研究进展

以 CRISPR/Cas9 技术为代表的基因组编辑技术是近年出现的能够精确改造生物基因组 DNA 的一项颠覆性新技术，是目前生命科学中最具吸引力的研究热点，而作物基因组编辑更是因其最有可能最早实现育种产业化应用而备受关注。迄今，基因组编辑技术已在水稻、小麦、玉米、番茄、马铃薯、大豆等多种农作物中广泛应用。而以中国科学院遗传与发育生物学研究所高彩霞、李家洋，中国科学院微生物研究所邱金龙，中国科学院上海植物逆境生物学中心朱健康，华南农业大学刘耀光，中国农业科学院夏南琴、王克剑、谢传晓，中国农业大学陈其军，电子科技大学张勇，中山大学李剑锋等为代表的中国科学家在实现前沿技术活跃创新和推进精准育种应用方面均取得连续突破，使中国成为作物基因组编辑国际领跑者。

在技术引领方面，中国科学家研发了多种作物基因组编辑方法，如首次建立植物 CRISPR/Cas9 基因组编辑技术，建立高效精准的基因组编辑，建立各种 DNA-Free 基因组编辑技术，多途径实现基因定点替换和插入、基因定点激活，实现各种工具箱的拓展以及建立高通量水稻突变体库等。2016 年，*MIT Technology Review* 将遗传发育所研发的"植物基因精准编辑技术"评选为年度十大突破技术之一，评论指出"该技术能够精准、高效、低成本地进行植物基因编辑，有望用于生物安全的作物遗传改良和分子定向育种，提高农业生产率，满足日益增长的人口需求"。在技术飞跃方面，中国多家实验室都建立了植物单碱基编辑技术，还同时在三大重要农作物（小麦、水稻和玉米）基因组中实现高效、精准单碱基突变。*Nature Biotechnology* 期刊以封面故事推荐单碱基技术，并高度评价植物单碱基编辑在未来作物遗传改良中的重大贡献和在育种应用中的广阔前景。

在农作物遗传改良和品种创新方面，中国多家单位通过定点敲除不利关键基因实现高产、优质、抗病、抗逆、育性等重要农艺性状的遗传改良，创制出新的优异种质资源。如白粉病是小麦生产上的三大病害之一，中国科学家通过对基因组庞大、遗传背景复杂的六倍体小麦中的 *TaMLO* 基因 3 个拷贝同时进行了突变，创制了持久、广谱白粉病抗性小麦（tamlo-aabbdd）（图 4.40）。该研究一方面实现基于近缘物种基因信息的多倍体

作者简介：高彩霞，博士，研究员；单位：中国科学院遗传与发育生物学研究所，北京，100101
　　　　　陈坤玲，博士，副研究员；单位：中国科学院遗传与发育生物学研究所，北京，100101

作物品种分子设计，为作物分子育种提供了一个新思路，另一方面也部分解决了当前生产中白粉病抗原匮乏的难题，为抗白粉病小麦培育提供了优异亲本材料。这一工作为基因组编辑在农作物品种创新中应用树立了具有国际影响力的典型范例。研究入选 *Nature Biotechnology* 创刊 20 周年最具有影响力的 20 篇论文，并且是唯一一篇入选的植物研究的论文。2016 年，*TaMLO* 敲除抗白粉病小麦被美国农业部认证为非转基因，是首个认证的基因组编辑小麦产品，也是唯一一个经认证的由中国科学家创制的基因组编辑农产品。

图 4.40　白粉病抗性实验结果

（a）普通小麦。（b）*TaMLO* 基因组编辑小麦

在育种应用关键技术创新方面，中国实现了"基于基因组编辑的小麦生物安全新型育种技术"突破，通过 CRISPR/Cas9 的 DNA、RNA、RNP 瞬时表达的小麦基因组编辑技术体系的相继建立，全方位、多层次递进且成功地建立了生物安全性更高的新型育种新技术。研究不仅对现行的转基因技术实现了大幅度的技术升级和跨越，还可缓解目前公众对转基因农产品的安全疑虑，极大地推进了基因组编辑育种应用的可行性和产业化转化步伐。

在监管政策方面，为了规范和推动基因编辑技术在作物育种中的快速应用和健康发展，李家洋和欧美同行提出一个包括 5 项要点的"基因编辑作物管理框架"。指出以注册为前提、同等对待基因编辑作物和传统育种作物的透明管理机制以及其倡导的应基于产品而非基于技术管理规范理念。

综上所述，中国科学家在作物基因组编辑各方面的努力为中国继续保持植物基因组编辑技术研究领域的领先地位以及未来抢占生物种业科技创新战略制高点、加快推进中国生物种业跨越式发展打下了坚实的基础。

4.35
水稻高产优质稳产性状形成的分子机理及设计育种

近年来，中国科学家在植物科学领域取得了举世瞩目的成就。水稻功能基因组研究是中国植物科学飞速发展的缩影，在国际学术界居于领先水平。"十三五"以来，中国科学家在水稻高产、优质、稳产等重要农艺性状形成的分子机理和复杂农艺性状遗传调控网络的解析、分子设计育种等方面继续发力，原创性研究成果不断涌现，不仅体现在高水平论文的持续增加，更重要的是水稻基础研究成果逐步与水稻育种实践相结合，显现出巨大的应用潜力。

水稻高产、优质、稳产性状形成的分子机理阐明和重要调控基因的自然变异的挖掘将推动水稻优异品种的培育。鉴定了一系列调控水稻株型、穗数、穗粒数、千粒重、耐逆等重要农艺性状关键基因。例如，调控穗粒数的基因 *NOG1*、*GAD1*、*GNP1*、*FZP1* 等；影响千粒重的基因 *GLW7* 和 *GSE5/GW5*；增强水稻耐寒性的基因 *OsMAPK3*；影响水稻对低温适应性的基因 *CTB4a*；调控抽穗期的基因 *OsFTIP1*；调控水稻耐旱性的基因 *MODD* 和 *DHS*；*miR528* 负调控水稻对病毒的抗性，增加 OsNRT2.3b 表达能提高氮肥利用率提高产量；淀粉合成酶基因 *SS Ⅲ a* 和 *Waxy^a* 共同调节抗性淀粉的生物合成。这些成果对作物高产、优质、稳产性状分子设计具有指导意义。

株型塑造是提高产量的重要途径。科学家发现了理想株型基因 *IPA1* 新的等位形式，*IPA1* 位点基因组结构变异导致其启动子区甲基化水平降低和表达量的升高，植株出现理想株型的特征。同时，发现一个泛素连接酶 IPI1 能够精细调控不同组织中的 IPA1 水平，而去泛素化酶 OsOTUB1 自然变异会导致 IPA1 的积累，表现出理想株型特征。另外，IPA1 还是植物激素独脚金内酯信号途径中的关键转录因子。这些研究表明 IPA1 的剂量对株型有着精细的调控效应（图 4.41）。在育种中，通过 *IPA1* 不同等位基因及其调控基因的组合实现调控 *IPA1* 的适度表达是形成大穗、适当分蘖和粗秆抗倒理想株型的关键。在该理论指导下育成的"嘉优中科"系列品种具有株高适宜、分蘖适中、无效分蘖很少、茎秆粗壮、根系发达等明显的理想株型特征，熟期早，抗逆性强，增产效果显著，连续两年万亩示范平均产量比当地主栽品种增产

作者简介：李家洋，博士，研究员，中国科学院院士、英国皇家学会外籍会员、美国科学院外籍院士、德国科学院院士、发展中国家科学院院士；单位：中国科学院遗传与发育生物学研究所，北京，100101

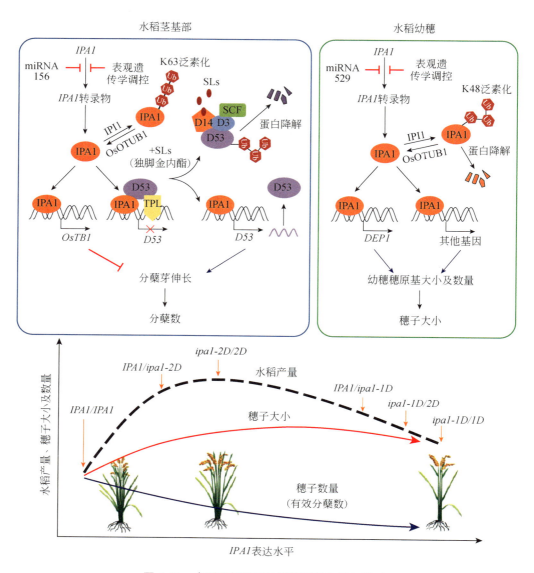

图 4.41　水稻理想株型的调控网络与精细模型

20% 以上，且适合机械化或直播等高效、轻简的栽培方式。这既是水稻超高产和抗性提升的完美结合，又实现了水稻种植区域北移，在长江中下游地区有着广阔的推广前景（图 4.42）。

　　杂种优势是一个复杂的生物学现象，在农业生产中广泛应用，但其遗传调控机理并不清楚。通过对大量水稻主栽品种与骨干亲本和杂交后代群体的基因组分析和田间产量性状考察，系统地鉴定出了控制水稻杂种优势的主要基因位点，分析了纯合基因型和杂合基因型的遗传效应，详细剖析了三系法、两系法杂交稻和亚种间杂交稻杂种优势的遗传基础，解析了水稻杂种优势的分子遗传机制。此外，还发现了

图 4.42　"嘉优中科"系列水稻新品种

水稻 *Sc* 位点的基因组结构变异调控籼粳杂交雄性不育的分子基础；解析了 *PMS1T* 调控水稻光敏雄性不育过程的分子机理；揭示了两系杂交稻"两优培九"产量优势的关键性状及相关的基因位点；阐明了 *TMS10* 和 *TMS10L* 调控花粉发育和 *HOX12* 调控穗颈长分子遗传机制，发展了利用核不育基因创制新型雄性不育系的新技术；开发了利用代谢组数据进一步提高杂交水稻产量的可预测性的新方法。这些成果为杂种优势利用奠定了基础，对提高优异品种选育效率和推动水稻分子设计育种实践具有重大意义。

水稻病害发生严重影响水稻的产量和品质。"十三五"以来，在水稻抗病分子机制和广谱持久抗性种质资源发掘方面取得了重要进展。对疫霉菌糖基水解酶基因 *XEG1* 及其自然变异的研究揭示了病原菌攻击宿主的全新致病机制，为开发可诱导植物广谱抗性的生物农药提供了理论基础。对水稻稻瘟病抗性基因 *Pigm* 位点的研究扩展了人们对植物免疫与抗病性机制的认识，为作物抗病育种提供了有效的新工具。抗病材料"地谷"中 *Bsr-d1* 的启动子变异增强了对稻瘟病广谱持久抗性，该等位变异对产量和品质没有明显影响，具有重要的育种价值。OsCUL3a 和 APIP10 通过影响靶蛋白稳定性参与调控水稻抗病性；OsGLIP1/2 通过调控脂代谢影响植物免疫反应。这些成果对培育具有广谱持久抗性的水稻品种具有重要作用。

通过传统杂交育种技术实现高产和优质性状的聚合需要大量的配组和筛选。利用分子标记定向选择技术，对涉及水稻产量、品质和生态适应性的 28 个目标基因进行优化组合，将优质性状基因的优异等位形式聚合到高产品种"特青"中育成了系列高产优质"品种设计"材料。更为重要的是，目前已在水稻中建立了基因组编辑技术体系，能够实现基因的敲除、激活、抑制、替换以及基因定点插入体系，为水稻基因功能的研究和分子设计育种提供了新的技术路线。这些成果将推动水稻育种逐渐向高效、精准、定向的分子设计育种转变。

上述成果充分说明水稻功能基因组研究不仅在基础研究领域起到引领作用，同时已经开始为提升中国育种效率和农业生产水平发挥重要作用。

4.36

小麦与冰草属间远缘杂交技术及其新种质创制

　　小麦是最主要的口粮作物之一，但新材料匮乏不仅限制了产量与品质的进一步改良，而且导致抵御病虫害与自然灾害的脆弱性增加。回顾小麦起源与育种历史不难发现，远缘杂交是解决育种新材料匮乏的最有效途径，并在物种进化、基因组研究与突破性新品种培育方面发挥了重要作用。冰草属(*Agropyron* Gaertn.)由仅含 P 基因组的物种组成，多年生，是小麦野生近缘植物，因其具有穗粒数众多、广谱抗病性、极强抗逆性等许多特异性状，被认为是小麦改良的最佳外源供体之一。为此，自 20 世纪 30 年代以来，国外许多科学家尝试了其间的远缘杂交，但均未成功。

　　中国科学家围绕破解小麦与冰草属间杂交及其改良小麦的国际难题，创立小麦远缘杂交新技术体系，突破了小麦与冰草属间杂交关键环节的技术瓶颈。针对杂交不结实的国际现状，创建基于受精蛋白识别免疫系统的幼龄授粉、盾片退化前的幼胚拯救和体细胞培养技术；针对高频率、规模化诱导小麦与外源基因组染色体异源易位技术缺乏的现状，创建了花器官不同发育时期的活体 ^{60}Co-γ 射线辐照高效诱导异源易位技术，平均异源易位频率达 17.9%；针对外源染色质难以检测与追踪问题，开发了 P 基因组特异标记 229 628 个；针对易位系等中间材料育种难以利用的问题，研发了外源标志性状与 P 基因组特异标记追踪、大群体选择的育种材料创制技术。这些技术突破了小麦与冰草属间杂交关键环节的技术瓶颈，并构成了完整的一体化小麦远缘杂交新技术体系。

　　创制类型多样的遗传与育种新材料 392 份，开创了通过远缘杂交规模化创制小麦新种质和转移多个育种重要目标基因的先河。利用新技术体系，首次获得小麦与冰草属 3 个物种间的自交可育杂种；创制类型多样的遗传与育种新材料 392 份；揭示了自交可育以及染色体结构重排的遗传机制，解决了利用冰草属物种改良小麦的理论基础问题；创新种质携带来自 P 基因组特异基因 5111 个；7 个生态环境下的表型与基因型分析发现，创新种质的典型特征为：高穗粒数、高千粒重和对白粉病、条锈病、叶锈病等主要病害具广谱抗性。其中，高穗粒数材料每穗粒数达 97.0—136.7 粒，比 6 个主

作者简介：李立会，博士，研究员；单位：中国农业科学院作物科学研究所，北京，100081

推品种提高了 64.9%—134.0%。

建立创新种质高效利用新途径，攻克利用冰草属物种改良小麦的国际难题，驱动育种技术与品种培育新发展。揭示了育种新材料多粒基因来自 P 基因组，受主效 QTL（quantitative trait locus）控制，可作为显性标志性状供育种选择，且与千粒重和有效分蘖形成优异基因簇，填补了小麦穗粒数缺乏主效 QTL 的空白，为提高互有拮抗作用的产量三要素亩穗数、穗粒数和千粒重的协调性开辟了新途径。创建了"在创新中利用与利用中再创新"的创新种质高效利用新模式，23 个优势育种单位通过验证培育新品种 7 个、参加国家或地区试后备新品种 24 个，涵盖 7 个主产区，且在继承创新种质高穗粒数、广谱抗病性、抗旱等方面表现突出，证实了新种质具有广泛的可利用性和适应性。其中，四川农科院利用小麦‐冰草多粒创新种质，培育"川麦 93"，2 年区试穗粒数平均达 54.2 粒，比对照"绵麦 367"多 6.3 粒 / 穗，平均增产 16.72%，极显著高于 3% 的国家审定标准；西北农林科技大学利用多抗新材料培育出兼抗条锈病和白粉病、抗旱、适应性广的"普冰 151"等新品，由于抗逆、抗病且适宜简约栽培，被陕西、甘肃农民戏称为"懒汉小麦"。首次将 P 基因组遗传物质应用于商业品种，为小麦增加了新血缘，而且能够引领高产、优质、绿色生态等育种发展新方向（图 4.43—图 4.45）。

图 4.43 小麦‐冰草杂交供体种： 图 4.44 小麦‐冰草创新种质：多粒、优质、早熟、抗白粉、
　　　　分布于新疆戈壁的冰草　　　　　　　　　　条锈、叶锈

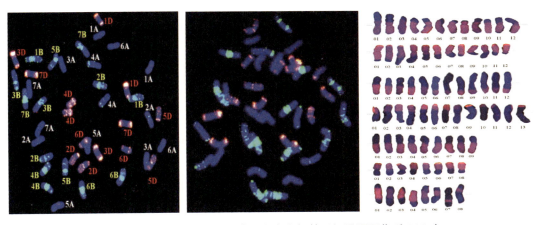

图 4.45 创制类型丰富、涉及小麦全部基因组异源易位系 206 个

5

中国地球科学
前沿进展

5.1

鸟类的起源和早期演化

　　鸟类是世界上多样性最丰富的脊椎动物类群之一，其起源问题是备受关注的重大科学问题之一。中生代是鸟类演化的关键时期，记录了鸟类如何从兽脚类恐龙演化而来，并逐渐成为优势类群的过程。大量对鸟类演化成功具有重要意义的形态和生理特征，如飞行能力和羽毛等，也出现在这一阶段。在过去近20年的时间里，中国学者在中国东北地区发现了两个举世瞩目的化石宝库，分别是中—晚侏罗世的燕辽生物群和早白垩世的热河生物群，其中保存了大量带羽毛的恐龙和原始鸟类化石。中国学者通过对这些化石的研究，在有关鸟类的起源和早期演化、羽毛的起源、飞行的起源等方面取得了一系列突破性的科学成果，包括证实了"鸟类的兽脚类恐龙起源"假说，提出飞行的演化历史中经历了一个"四翼飞行"阶段，复原了早期鸟类的生殖系统和消化系统等重要科学问题，引起国际学术界和公众的广泛关注。

　　关于鸟类的起源问题，历史上主要包括恐龙起源说、槽齿类起源说和鳄类起源说，前两个假说在一定时间里占据主流。随着中国学者在燕辽和热河生物群发现了众多关键类群的小型兽脚类恐龙，基于大量形态学和分支系统学的研究，详细论证了鸟类是从一类小型的兽脚类恐龙演化而来的，与之亲缘关系最近的便是恐爪龙类。不仅如此，这些化石的发现还揭示了长期以来人们所熟知的鸟类特有的形态、生理、行为等特征在其恐龙祖先中就已经育有雏形。例如，寐龙具有和鸟类相同的睡眠姿态；小盗龙等的前肢具有和鸟类相同的不对称飞羽，而其肩带结构也与鸟类有相似之处；鸟类的叉骨、半月形腕骨、前肢的折叠等在这些恐龙中已经出现。另外，中国学者还解决了困扰学术界很久的有关鸟类起源的"时间悖论"问题。此前，反对"鸟类的恐龙起源假说"的学者提出，这些所谓的鸟类的恐龙近亲，它们出现的时间晚于始祖鸟，而始祖鸟是公认的最古老的鸟类，那么鸟类怎么可能是从它们之中演化出来的。近期，以中国科学院古脊椎动物与古人类研究所为代表的研究团队在燕辽生物群发现带羽毛的恐龙，而这些恐龙生活的时代早于始祖鸟，这些发现使得鸟类的起源成为生命演化史中为人

作者简介：周忠和，博士，研究员，中国科学院院士、发展中国家科学院院士、美国科学院外籍院士、巴西科学院通讯院士；单位：中国科学院古脊椎动物与古人类研究所，北京，100044

　　王敏，博士，研究员；单位：中国科学院古脊椎动物与古人类研究所，北京，100044

类了解最为深入的重大演化事件之一。

关于鸟类的飞行起源问题同样复杂。伴随着鸟类飞行能力的出现，是大量涉及骨骼形态、生理结构等方面的变化。中国科学院古脊椎动物与古人类研究所周忠和与徐星等学者首先提出了一些小型恐龙具有树栖能力的假说，为鸟类飞行的树栖起源提供了重要的基础。长期以来，羽毛被视为鸟类所独有。而中国学者首次发现了带羽毛的恐龙，且随后的发现则证明羽毛的出现早于鸟类，其最初的功能并非用于飞行。中国科学院古脊椎动物与古人类研究所的徐星和山东临沂大学郑晓廷研究团队还发现一些和鸟类具有较近亲缘关系的恐龙，它们除了前肢附着飞羽外，后肢亦如此，而一些原始的鸟类还保留有后肢的羽毛，说明在飞行的演化历史中经历了一个"四翼飞行"阶段，当其他用于飞行的结构尚未完全出现、前肢还不足以完成飞行的动作时，后肢的飞羽则提供了辅助作用，随着飞行结构的优化，后肢则不再承担飞行的作用，其所附着的羽毛相继退化。

早白垩世是鸟类历史当中一个非常关键的时刻，记录了从恐龙中分异出来的原始鸟类是如何迅速演化而成为全球性分布的类群。中国热河生物群保存了大量近乎完整的原始鸟类骨骼，为讨论鸟类的早期演化提供了最关键的信息。目前，有超过一半的中生代鸟类物种是由中国学者发现和命名的。除了形态学的研究以外，在关于原始鸟类的重要生态学特征上亦有重大发现。如周忠和研究团队发现了卵泡的化石，揭示了早白垩世的鸟类只有身体左侧的卵巢和输卵管具有功能，而右侧的卵巢和输卵管在恐龙向鸟类过渡的阶段就失去功能，很可能是为了减轻体重从而适于飞行。与此同时，周忠和等在早白垩世鸟类中相继发现了嗉囊和食团，这些发现表明现生鸟类所特有的

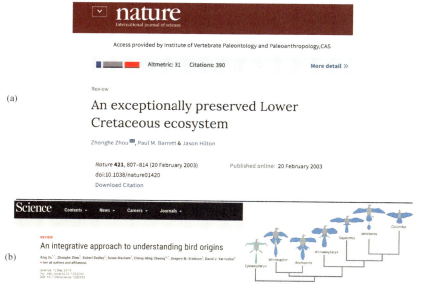

图 5.1　中国学者在 *Nature* 和 *Science* 期刊上发表有关热河生物群、鸟类起源的文章

图片来源：（a）Nature，2003；（b）Science，2014

消化特征（胃分化为肌胃和腺胃，肌胃能够有力收缩，消化道的逆蠕动作用）在一亿多年前的原始鸟类中就已经出现。

上述中国学者的研究工作都发表在众多重要的国际学术期刊上，如 *Nature*、*Science*、*PNAS*、*Current Biology* 等。这些原创性研究成果极大地推动了有关鸟类起源和演化的研究，成为该研究领域的领跑者，并多次入选美国 *Discover* 年度"科学新闻"、*Science* 年度"十大突破"、*Times* 年度"十大科技发现"等，而鸟类的恐龙起源相关的科学传播也在国际社会产生了广泛影响。与此同时，中国的古生物学者提倡在讨论恐龙向鸟类演化这一重大生物演化问题时，应当整合发育生物学、功能形态学、基因组学等多学科方法来探讨更深入的问题，也是未来该领域新的科学增长点（图 5.1—图 5.2）。

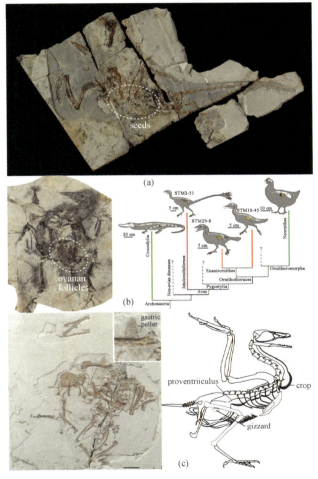

图 5.2　中国学者在有关鸟类早期演化方面的重要发现

（a）发表于 *Nature* 期刊上保存有种子、仅次于始祖鸟的最原始鸟类——原始热河鸟。（b）发表于 *Nature* 期刊上的保存有卵泡化石的早白垩世鸟类，以及对原始鸟类生殖系统的复原。（c）发表于 *Current Biology* 期刊上的世界上最古老的鸟类食团，以及对原始鸟类消化系统的复原

图片来源：（a）Nature，2002；（b）Nature，2013；（c）Current Biology，2016

5.2

来自 10 万年前中国古人类演化的化石证据

中国是世界上发现古人类化石最丰富的国家之一，迄今为止，已经在 70 余处地点出土了更新世时期的古人类遗骸。尽管如此，由于人类化石大多比较破碎，加上一些化石的地层和年代不能确定，长期以来，对于中国古人类的演化模式一直存有争议。其中，争论最多的是中更新世晚期至晚更新世早期过渡阶段中国境内发现的古人类成员的演化地位：他们是由本地的古人类连续进化而来的，还是外来人群的成功取代者？以及这些古人类在现代人出现与演化过程中的作用。

由于中国境内缺乏距今 10 万年左右的年代确定的古人类化石，古人类学界的主流观点认为现代人在距今 19 万年前起源于非洲，在距今 6 万年前扩散到欧亚大陆，成为当地现代人的祖先。近 10 年来，中国学者在中国古人类演化领域开展了大量的野外调查、挖掘和研究工作，连续在湖北郧西黄龙洞、广西崇左智人洞、湖南道县福岩洞、河南许昌灵井等遗址发现重要古人类化石。根据对这些古人类化石的研究，提出中国境内南北方古人类演化不同步、早期现代人至少 10 万年前在华南地区已经出现、部分更新世晚期人类化石具有镶嵌型形态特征的观点，相关研究引起了国际学术界和公众的广泛关注。

2007 年，中国科学院古脊椎动物与古人类研究所金昌柱带领的野外队在广西崇左市江州区木榄山智人洞发现一件人类下颌骨和两枚牙齿化石。采用铀系法，中国科学院地球环境研究所蔡演军将人类化石的年代确定为距今 11.3 万—10 万年。中国科学院古脊动物与古人类研究所刘武等对智人洞人类化石进行了研究，显示这件下颌骨已经出现一系列现代人类的衍生特征，如突起的联合结节、明显的颏窝、中等发育的侧突起、近乎垂直的下颌联合部、明显的下颌联合断面曲度等。这些特征明显区别于古老型智人，而与现代人接近，智人洞的人类可能是东亚的最早的现代人，将早期现代人在东亚出现时间提早了 6 万年。

2010—2015 年，中国科学院古脊动物与古人类研究所刘武和吴秀杰率领的古人类研究团队对湖南省道县境内的福岩洞进行连续调查和发掘，发现 47 枚人类牙齿化石。采用铀系等多种测年技术，蔡演军将道县人的年代确定为距今 12 万—8 万年。研究显示，

作者简介：吴秀杰，博士，研究员；单位：中国科学院古脊椎动物与古人类研究所，北京，100044

道县人牙齿较小，齿冠和齿根呈现典型现代智人特征，其现代形态可以明确归入现代智人。据此可以确定，具有完全现代形态的人类至少8万年前在华南局部地区已经出现。这项研究填补了现代类型人类在东亚地区最早出现时间和地理分布的空白（图5.3）。

图5.3 湖南道县福岩洞及发现的部分古人类牙齿化石

2005—2016年，河南省文物考古研究院李占扬带领的考古队对位于许昌市的灵井遗址进行了连续12年的挖掘，发现了45件古人类头骨碎片。采用光释光测年法，北京大学周力平将许昌人的年代确定为距今12.5万—10.5万年。吴秀杰团队对许昌人头骨化石开展了修复、拼接、复原和研究工作，确认这些头骨碎片代表5个个体，其中许昌1号和许昌2号个体相对较为完整（图5.4）。研究显示，许昌人颅骨既具有东亚古人类低矮的脑穹隆、扁平的颅中矢状面、最大颅宽的位置靠下的古老特征，同时又兼具欧亚大陆西部尼安德特人一样的枕骨（枕圆枕上凹/项部形态）和内耳迷路（半规管）形态，呈现出演化上的区域连续性和区域间种群交流的动态变化。此外，许昌人超大的脑容量（1800 cc）和纤细化的脑颅结构，又体现出中更新世人类生物学特征演化的一般趋势。目前还无法将其归入任何已知的古人类成员之中，许昌人可能代表一种新型的古老型人类。这项研究填补了古老型人类向早期现代人过渡阶段中国古人类演化上的空白，表明晚更新世早期中国境内可能并存有多种古人类成员，不同群体之间有

图 5.4　河南许昌灵井遗址及发现的 2 件新型古人类头骨化石

杂交或者基因交流。这些原创性的研究成果极大地推动了中国古人类演化的研究，相关工作都发表在重要的国际学术期刊上，如 *Nature*、*Science*、*PNAS* 等，引起很多国际顶端学术期刊发表专题评论，认为是中国学者在古人类研究领域取得的多项重大突破。2010 年、2015 年、2017 年，以中国科学院古脊椎动物与古人类研究所为主要完成单位的古人类研究成果，3 次入选年度"中国科学十大进展"。

5.3

中国地球深部过程研究新进展

　　地球深部过程是发生在地球系统内部（从地壳到地核）的物质运动、物理化学变化与能量交换的地质过程，包括变质变形、岩浆、流体、热化学和地磁发动机等过程。越来越多的证据表明，地球表层的现象，其根子在深部；缺了深部，地球系统就无法理解。越是大范围、长尺度，越是如此。地球深部物质与能量交换的动力学过程，引起了地球表面的地貌变化、剥蚀和沉积作用，以及地震、滑坡等自然灾害，控制了化石能源或地热等自然资源的分布，是理解成山、成盆、成岩、成矿、成藏和成灾等过程成因的核心。深部探测揭开地球深部结构与物质组成的奥秘、深浅耦合的地质过程与四维演化，为解决能源、矿产资源可持续供应和提升灾害预警能力提供深部数据基础，已成为地球科学发展的最前沿之一。近年来，中国开展了"华北克拉通破坏"等重大研究计划和"深部探测技术与实验研究""深地资源勘查开采"等专项，地球深部过程研究取得长足进展，提升了中国固体地球科学的国际影响力。

　　在深部过程研究方面：深地震反射剖面揭示印度板块地壳俯冲主体没有跨过雅鲁藏布江缝合带，印度地幔俯冲到亚洲板块之下，首次精细揭示了印度板块俯冲的壳幔构造解耦现象，创新了青藏高原深部过程与动力学研究。扬子克拉通内部发现的古老俯冲带，以及在雪峰山之下发现的隐伏古造山带，将改变对华南地块构造格局和演化的主流认识。松辽盆地之下古太平洋与鄂霍次克洋板块相对俯冲的岩石圈结构模式，揭示了古太平洋构造域与古亚洲洋构造域相互作用的深部过程。研究表明，中国大陆除了"多块体拼合""多旋回变形"特征之外，还具有"多层结构解耦"特征，从深部视野提出了中国大陆的基本特征新认识。"华北克拉通破坏"研究表明，古太平洋板块俯冲的深部过程改变了华北岩石圈组成和性质，是导致华北东部克拉通破坏的关键机制。大地电磁阵列观测与反演，给出了华北克拉通西部（鄂尔多斯）异常的古老岩石圈导电性结构与岩石圈正在破坏的证据。深地探测与深部过程研究，促进了中国深地动力学研究的新进展。

　　在深部物质循环研究方面：化学地球动力学、显生宙大陆地壳生长、大陆深俯冲与俯冲带"加工厂"、地幔柱和大火成岩省等研究，为构建固体地球系统动力学模型、

作者简介：董树文，博士，教授；单位：南京大学，南京，210023

研究地球不同圈层的系统行为提供了有力证据。中国科学家在西藏罗布莎蛇绿岩铬铁矿中发现地幔过渡带（深度超过 400km）矿物（如呈斯石英假象的柯石英和青松矿）基础上，提出蛇绿岩型金刚石新类型和铬铁矿深部成因模式，证实板块俯冲的物质再循环过程，为雅鲁藏布江谷地及类似构造环境下铬铁矿找矿突破提供了战略方向。

在深部成矿作用研究方面：建立了大陆碰撞成矿理论体系新框架，阐明了碰撞造山带成矿系统发育的深部机制与区域成矿规律，成为国际同领域研究的新成就。南岭于都－赣县矿集区资源科学钻探证实了"五层楼＋地下室"深部成矿模式，发现深部厚大矿体与新类型矿床重要找矿线索等。华北中生代克拉通破坏与金矿成矿动力学、巨量金富集机理与构造控制规律研究取得新进展。

5.4

地球内核结构状态研究

　　地球内核位于地球的最中心，其半径为 1221km。尽管地球内核占整个地球体积的比例不到 1%，但其在地球演化和地球磁场的形成中扮演着举足轻重的角色。固态内核形成于约 10 亿年前，随着地球的冷却由液态外核逐渐凝固而成。内核增长过程中会释放潜热并抛出轻物质，驱动外核对流，进而构成了地磁发电机并产生了地球的磁场。其中，内核增长过程中释放出的潜热为外核对流提供了热能，而释放的轻元素则在地球重力场作用下由地球内核表面上浮至地球外核顶部，为外核对流提供了化学驱动力；并且，内核的凝固过程记录了当时外核底部的热力学和化学状态。因此，研究地球内核表面凝固过程不仅可以了解地球外核对流和地磁发电机物理机制，而且对认识地球外核对流和地球演化的历史具有决定性的作用。

　　以前的传统观念认为，因为地球外核液体黏性低，外核应该快速、小尺度地对流，因而地球外核的横向温度及成分变化应该极小，地球内核的凝固过程应该在不同地理位置上是均匀的，内核表面应该是均匀光滑的。因此，外核对流和地磁发电机的驱动力应该在不同地理位置上是均匀的。然而，现代地震学通过分析穿过内核或从内核发射的地震波以及地震发生后引起的地球自由震荡，展现出了一个又一个出人意料的内核内部结构及其表面特征，一次又一次地打破了我们对地球内核的传统认知。现代地震学关于地球内核的重要发现包括：内核波速和衰减呈现各向异性、内核内部结构呈现东西半球差异、内核表面局部区域存在地形起伏、内核局部地区存在固液并存的糊状层、内核最深处可能存在一个内内核。这些发现中，中国学者首次提出了地球内核顶部结构的东西半球差异、内核表面局部区域存在起伏的地形以及内核表面局部地区存在固液并存的糊状层。

　　中国学者钮凤林和温联星通过分析穿过内核和从内核反射的地震波，首次发现地球内核顶部的地震波速度和衰减呈现东西半球差异。研究表明，在内核顶部，东半球的各向同性速度比西半球快约 0.8%；同时，东半球具有较强的衰减，西半球具有较弱的衰减。随后，温联星及其中国科学技术大学团队通过分析和模拟从地球内核反射的地震波的到时和波形，相继发现了内核表面在局部区域存在起伏的地形和固液并存

作者简介：温联星，博士，教授；单位：中国科学技术大学，合肥，230026

的糊状层。研究表明，地球内核边界在菲律宾海、黄海、西太平洋以及中美洲下方存在 1—14km 高的地形起伏，而在鄂霍次克海西南部下方则存在 4—8km 厚的糊状层。

　　上述中国学者的工作都发表在重要的国际学术期刊上，如 *Nature*、*Science*、*PNAS*、*Nature Communications* 等。这些原创性研究成果改变了我们对地球内核的传统观念，促使我们重新评估对外核成分、外核热化学对流、内核凝固过程和地球磁场驱动力的认识。研究的结果也引发了学术界对许多可能的新的物理机制的探讨。近年来，*Nature* 和 *Science* 推出了一系列文章，提出了各种可能解释内核东西半球差异的物理机制。中国学者的这些研究为推动科学界全面认识地球磁场的驱动力指明了崭新的方向。

　　地球内部具有分层结构，从外到内依次为地壳、地幔、外核和内核。地球内核结构呈现东西半球差异：西半球顶部（各向同性层，约 100km）具有较慢的速度（相对慢 0.3%）和较弱的衰减，而东半球顶部（约 400km）具有较快的速度（相对快 0.5%）和较强的衰减。在各向同性层底下，西半球具有较强的速度各向异性（～4%），东半球具有较弱的速度各向异性（～0.7%）。内核最深处 300—600km 内可能存在一个各向异性特征不同的内内核（图 5.5）。在地球内核边界，局部区域存在地形起伏和糊状层。

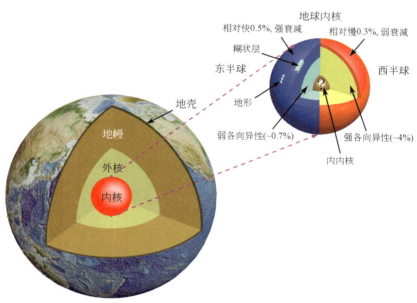

图 5.5　地球内部分层结构和地球内核及其边界结构特征示意图

5.5

华北克拉通破坏

　　大陆是由克拉通和造山带组成，克拉通是地球上最古老的陆块，缺乏明显的火山活动和大地震，因此传统上认为克拉通是稳定的。但是，华北克拉通却发生了大规模的火山活动和大地震，即丧失了稳定性。这是目前经典板块构造理论所不能解释的重大地质现象。针对这一现象，中国学者对华北克拉通开展了地质、地球物理和地球化学多学科综合研究，在华北克拉通岩石圈组成和性质的转变、克拉通破坏的时空范围与动力学机制等方面取得了一系列突破性进展，引起了国际学术界的广泛关注。

　　关于华北克拉通破坏的机制，前人提出了多种模型，主要包括拆沉作用、侵蚀作用、置换作用和橄榄岩－熔体反应等。这些模型都在一定程度上合理地解释了观测到的地质现象，但是，华北克拉通破坏的时空范围和动力学机制问题始终悬而未决。中国科学院地质与地球物理研究所朱日祥研究团队通过多年的集中攻关，认识到华北克拉通东部岩石圈巨厚减薄、大规模的岩浆活动和强烈的构造变形只是克拉通演化过程中的表现形式，其实质是由于岩石圈地幔的物质组成、结构与物理化学性质发生了根本性的转变，导致克拉通固有的稳定性遭到破坏，从而提出"克拉通破坏"新概念；这一科学命题揭示了华北克拉通稳定性丧失的本质和科学内涵，改变了古老克拉通"一成不变"的传统认识。

　　华北克拉通破坏的时空分布是深入研究克拉通破坏作用动力学过程和机制的重要依据。朱日祥团队通过综合研究确定了华北克拉通破坏的时空范围：华北克拉通破坏主要发生在东部陆块（太行山以东地区），而西部陆块（太行山以西的鄂尔多斯盆地）仍保持克拉通整体稳定的属性，中部陆块（太行山地区）岩石圈地幔则表现为部分被改造的特征；通过大量高精度年代学研究，确定了华北克拉通破坏的峰期为早白垩世（1.25亿年）。通过综合地球物理探测、地球化学实验、地质观测和理论研究成果，指出早白垩世西太平洋板块俯冲作用是导致华北克拉通破坏的一级外部控制因素和驱动力，俯冲板片在地幔过渡带的滞留脱水使上覆地幔发生熔融和非稳态流动，是导致克拉通破坏的主要途径。在上述研究成果的基础上，朱日祥团队建立了克拉通破坏理论，

作者简介：朱日祥，博士，研究员，中国科学院院士、发展中国家科学院院士、美国地球物理联合会会士；单位：中国科学院地质与地球物理研究所，北京，100029

发现洋－陆相互作用导致克拉通破坏与大陆增生是全球大陆演化普遍规律，发展了板块构造理论。

上述研究成果的 8 篇代表性论文被他引 1200 次（SCI 他引 786 次），其中 2 篇为 ESI（Essential Science Indicators）高引用论文（Top 1%）。"华北克拉通破坏"项目荣获 2017 年度国家自然科学奖二等奖。5 位完成人获得了 2014 年中国科学院杰出科技成就奖。"华北克拉通破坏"被汤森路透与中国科学院文献情报中心联合发布的《2014 研究前沿》和《2015 研究前沿》连续两年选为地球科学领域 Top 10 的热点，也是唯一由中国科学家主导的地学研究前沿。该项目是以区域实例研究全球大陆演化的典范，使"华北克拉通破坏"这一区域性科学问题成为全球性研究热点，引领了大陆演化研究的方向，提升了中国固体地球科学的国际影响力。

5.6

俯冲带稳定同位素地球化学

　　板块俯冲带是地壳与地幔之间的相互作用带，是地球内部与外部之间物质传输的关键场所。自从板块构造理论建立以来，俯冲带壳幔相互作用就是地球科学界研究的重点，其中俯冲带地球化学传输成为板块构造研究的前沿。由于俯冲带流体中水是主要成分，而流体物理化学性质对元素传输具有关键作用，因此稳定同位素对于示踪俯冲带流体体制和化学地球动力学具有不可替代的作用，结果对认识俯冲带地球化学发挥了独特作用。

　　俯冲带流体是壳幔相互作用的关键介质，但是对于已经出露到地表的区域变质岩来说，引起角闪岩相退变质流体的来源一直是岩石学研究的争论话题。中国科学技术大学陈仁旭等通过建立热分解元素分析仪－质谱仪联机分析方法，可以直接测定名义上无水矿物的水含量和氢同位素组成。对超高压变质矿物的分析发现，矿物水含量与氢同位素比值之间出现负相关性，指示深俯冲大陆地壳在折返过程中发生了降压脱水作用，所析出的流体交代上覆岩石导致角闪岩相退变质。

　　俯冲带壳幔相互作用一般是板片析出流体对地幔楔的正向交代反应。中国科学技术大学陈伊翔等对大陆俯冲带超高压白片岩进行镁和氧同位素联合分析发现，这种岩石具有高的镁同位素比值和低的氧同位素比值（图5.6），要求受到富滑石蛇纹岩脱水流体的高温交代作用。由于滑石和蛇纹岩是俯冲地壳析出流体对地幔楔橄榄岩蚀变的产物，脱水的蛇纹岩必须被俯冲板片刮削进入俯冲隧道，在那里发生脱水分解形成高镁流体。这个结果指示，在俯冲隧道可以出现幔源流体对地壳岩石的反向交代作用。

　　俯冲地壳物质再循环是地幔地球化学研究的热点。中国地质大学（北京）李曙光等对中国东部中生代和新生代基性岩浆岩的镁和锌同位素分析发现，具有岛弧型地球化学特征的岩石具有高的镁同位素比值和低的锌同位素比值，而具有洋岛型地球化学特征的岩石具有低的镁同位素比值和高的锌同位素比值。这个差别指示，这两类基性岩的地幔源区含有不同性质的地壳物质，其中低的镁同位素比值要求所加入的地壳组分含有海相碳酸盐，指示俯冲大洋地壳携带大陆架化学沉积物进入深部地幔。中国科

作者简介：郑永飞，博士，教授，中国科学院院士、发展中国家科学院院士、美国／欧洲地球化学学会会士、美国矿物学会会士；单位：中国科学技术大学，合肥，230026

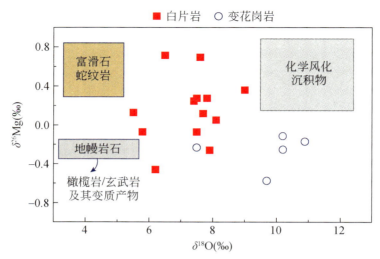

图5.6 大陆俯冲带超高压白片岩镁和氧同位素组成图解

白片岩经受了富镁流体的交代作用，流体来源于蛇纹岩化橄榄岩在弧下深度的脱水，属于幔源流体。因此，在俯冲带深部存在幔源流体对地壳岩石的反向交代作用

学技术大学徐峥等对大陆玄武岩斑晶矿物的氦和氩同位素分析发现，尽管其同位素组成介于亏损地幔与地壳之间，但是与不相容元素比值之间具有相关性，指示其地幔源区由俯冲洋壳衍生熔体交代亏损地幔形成。在板片俯冲进入地下之前，洋壳与海水发生过地球化学交换，结果俯冲洋壳携带表壳物质信息进入地幔，然后又作为玄武岩返回地表。因此，俯冲的洋壳并没有在弧下深度完全丢失稀有气体，导致软流圈地幔含有板块俯冲所引入的表壳信息。

地幔去气形成大气圈和水圈，地表水通过板块俯冲进入地幔已经得到证明。但是，大气组分是否可以通过俯冲进入地幔还是一个亟待解决的问题。中国科学技术大学戴立群等对造山带碰撞后基性岩浆岩矿物的氦、氖和氩同位素分析发现，尽管其同位素组成不同于亏损地幔，但是与大气和地壳的组成相当（图5.7），指示其地幔源区含有俯冲陆壳衍生熔体所携带的大气组分。在大陆岩石圈俯冲进入地下之前，地壳与地表水发生过地球化学交换，而地表水与大气发生过地球化学交换，结果俯冲地壳携带大气稀有气体同位素信息进入地幔，然后又作为镁铁质岩浆岩返回地表。因此，俯冲陆壳并没有在经受超高压变质时完全丢失稀有气体，这样陆下岩石圈地幔楔依然能够受到含有大气稀有气体同位素组成的地壳衍生熔体的交代。

上述中国学者的工作都发表在重要的国际学术期刊上，如 *Nature Communications*、*Scientific Reports*、*Earth and Planetary Science Letters* 和 *Geochimica et Cosmochimica Acta* 等。这些论文发表后受到国际俯冲带研究同行的广泛关注，有关成果极大地推动了有关俯冲带壳幔相互作用的研究，在国内外地球科学界产生了重要影响。

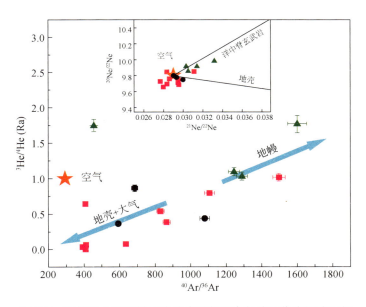

图 5.7 碰撞造山带镁铁质岩浆岩矿物稀有气体同位素组成图解

俯冲地壳可以将水及其溶解的大气组分稀有气体同位素信息带入地幔，并最终以镁铁质岩浆岩的形式重新返回到地表，实现地表物质再循环

5.7

华夏地块中生代花岗岩成因与地壳演化

花岗岩是地球区别于其他行星的重要"岩石成员",也是大陆地壳生长和演化的"见证者",更是大陆成矿的重要"贡献者"。多时代性是华夏地块花岗岩的突出特点,其中中生代花岗岩占绝大部分,也一直是国内外学者研究的热点。中国学者通过对该区花岗岩的长期研究,将野外观察与岩石学、构造地质学、矿物学等多学科综合研究,解决了花岗质岩浆的"物源"与"热源"、花岗质岩浆形成的构造背景与动力学机制及其与大陆地壳演化之间的潜在成因联系等一系列关键科学问题,在花岗岩成因、花岗岩的地球化学和构造环境等方面取得了一系列重要科学成果。

关于花岗岩形成的构造背景与动力学机制问题,南京大学周新民研究团队通过对华南众多花岗岩岩体全面系统的研究及成岩年龄的精确厘定,构建了华南花岗岩的"时空分布"格架,阐明了特提斯-太平洋构造域的转换关系,建立了华夏地块中生代花岗岩成因的两阶段消减-伸展模式;同时,发现和总结了一系列华夏地块晚中生代伸展应力体制的证据,确认了该区盆岭构造的存在,确证了华夏地块晚中生代伸展构造背景,解决了花岗岩"赋存空间"的重大科学问题。

关于花岗质岩浆的"物源"与"热源"问题,南京大学花岗岩研究团队主要通过对华夏地块花岗岩全岩 Sr-Nd 同位素及副矿物锆石等微区原位 Hf-O 同位素分析为主要手段,辨识了花岗岩的主要"物源"——地壳基底;同时,结合花岗岩与其所含岩石包体、中——基性岩墙群的综合研究,深入揭示了壳幔相互作用、岩浆混合作用与花岗岩成因的"物源"关系,解析了大规模花岗岩浆形成的"热源"问题,强调幔源岩浆在花岗岩形成过程中物质与热量的重要贡献;此外,还提出花岗岩源区的不均一性及不平衡熔融过程对花岗岩的形成具有重要影响。

中国学者阐明了华夏地块不同地区前寒武纪地壳的差异和演化历史以及显生宙幕式再造的过程,限定了华夏地块在罗迪尼亚(Rodinia)超大陆的位置;重建了华夏地块新元古代到早中生代的大陆动力学演化模型,强调早古生代与早中生代构造岩浆事件与陆内造山作用紧密相关;同时,运用沉积大地构造法等手段,确立了扬子与华夏

作者简介:徐夕生,博士,教授;单位:南京大学,南京,210023
曾罡,博士,副教授;单位:南京大学,南京,210023

地块的拼合位置，制约了两者发生碰撞的时限，构建了扬子与华夏地块碰撞拼合模型及复杂的沟－弧－盆体系。

围绕华夏地块花岗岩成因及地壳演化方向取得了一系列研究成果，在 *Geology*、*Earth and Planetary Science Letters*、*Journal of Geophysical Research*：*Solid Earth* 等重要的国际学术期刊上发表 SCI 论文 500 余篇，一系列论文入选本领域 ESI 高被引论文 Top1%，并获得 2017 年度国家自然科学奖二等奖，在国内外学术界产生了广泛的影响与好评。我国学者通过上述研究工作，解决了华夏地块中生代花岗岩成因的关键科学问题，发展了花岗岩的成岩基础理论，重建了华夏地块中生代大地构造框架，为在华夏地块寻找金属矿产的战略性布局，提供了基础地质依据。

5.8
第三极环境变化及其影响

　　青藏高原及周边地区被称为世界"第三极"——高极。第三极地区冰冻圈－大气圈－水圈－生物圈－岩石圈－人类圈多圈层之间错综复杂的相互作用对于区域乃至全球的气候、水循环和生物多样性具有重要的意义。在全球变暖的背景下，第三极环境正发生显著变化。西风与季风是影响第三极气候和环境变化的两大主要环流。通过过去 10 多年的研究，中国学者发现了西风与季风相互作用的 3 个模态及其环境效应，揭示了冰川变化、湖泊变化、植被变化等的区域分异特征，厘清了目前仍在激烈争论的第三极地区冰川退缩幅度、湖泊是扩张还是萎缩、植被是向好还是变差等科学问题，提供了第三极地区多圈层相互作用研究的新思路，推动了地球系统科学研究的发展。

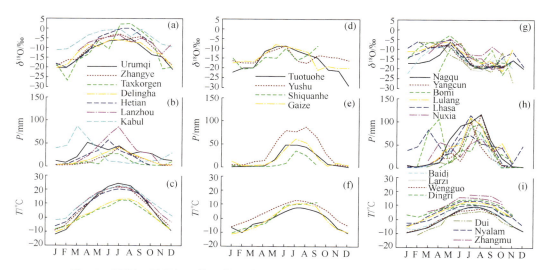

图 5.8　西风－季风相互作用的 3 种模态，即西风模态、季风模态和过渡模态

西风模态〔(a)-(c)〕的降水稳定氧同位素与气温和降水量具有相同的季节变化模式，其降水稳定氧同位素与气温有显著正相关；过渡模态〔(d)-(f)〕的降水稳定氧同位素没有明显的冬季或者夏季的极值，这主要是由于该区域受西风和季风的交互影响；季风模态〔(g)-(i)〕的降水稳定氧同位素季节变化主要是由于水汽源自孟加拉湾向南印度洋的转变导致的

图片来源：Review of Geophysics，2013

作者简介：姚檀栋，博士，研究员，中国科学院院士；单位：中国科学院青藏高原研究所，中国科学院青藏高原地球科学卓越创新中心，北京，100101

　　西风与季风环流是控制第三极气候与环境变化的决定性因素，其影响的范围与程度具有明显的空间分异。中国科学院青藏高原研究所姚檀栋及其研究团队通过对第三极地区降水稳定同位素的长期观测和高精度稳定同位素大气环流模型模拟，揭示了西风与季风相互作用的三大模态，即北部的西风模态、南部的季风模态和中部的过渡模态（图5.8）。西风与季风相互作用的三大模态直接影响第三极地区环境变化，使该区域的冰川、湖泊、植被变化具有明显的区域特征（图5.9）。在气候变暖背景下，季风模态的冰川强烈退缩，湖泊趋于萎缩；西风模态的冰川趋于稳定甚至部分出现前进，湖泊趋于扩张；过渡模态的冰川退缩程度减弱，湖泊变化不明显。中国科学院青藏高原研究所和北京大学朴世龙研究团队研究发现，在这种环境效应影响下，植被返青期主要受晚上温度和水分及物种间关系等调控的影响，导致西风模态的植被返青期提前、季风模态的植被返青期推后，过去30年气候变暖对植被生长的促进作用逐渐减弱，高原草地生产力的变化总体趋好，青藏高原生态安全屏障建设工程的正向作用开始显现。

　　上述中国学者的工作都发表在重要的国际学术期刊上，如 *Nature*、*Nature Climate Change*、*Nature Communications*、*PNAS* 等，在国际上产生了重大影响。2015年和2016年，汤森路透发布的过去5年"十大学科热点前沿"中，区域冰川与水资源及其气候变化被列为"十大学科热点前沿"，中国科学家关于第三极冰川变化的研究成果入选"十大学科热点前沿"的第一方阵，是其中4篇ESI高被引论文之一。姚檀栋由于在这一研究中的贡献获得2017年维加奖。*Nature*、*Science* 期刊多次专题报道中国学者相关的研究进展。依托研究成果撰写了《西藏高原环境变化科学评估》报告，习近平总书记在第六次西藏工作会议讲话中重点引用报告的结论，为西藏开展2015—2030年生态屏障建设规划提供了重要科学依据。随着第三极环境研究的深入和"一带一路"倡议的实施，泛第三极乃至三极环境与气候变化的重要性受到全球关注。中国科学家提出应以第三极研究为基础，进一步拓展为泛第三极环境变化和三极环境与气候变化研究，为全球生态环境保护和人类共同福祉服务。

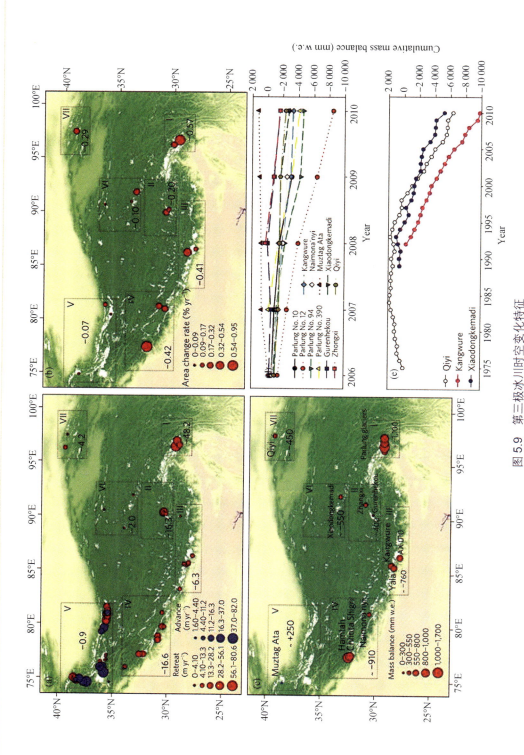

图 5.9　第三极冰川时空变化特征

季风模态主导下的南部地区冰川大规模强烈退缩、过渡模态主导的中部地区冰川退缩幅度较小、西风模态主导下西北部地区冰川退缩幅度最小并有部分冰川处于前进状态

图片来源：Nature Climate Change，2012

5.9

生态系统过程与服务

　　生态系统服务是生态系统为人类提供的各种惠益,是人类赖以生存和发展的基础。联合国千年生态系统评估发现,全球约60%的生态系统服务退化,直接威胁着区域乃至全球的生态安全和人类健康。如何科学认识、有效管理生态系统服务已成为影响可持续发展的重大科学问题。中国生态系统脆弱、开发压力巨大,导致生态系统服务严重退化,由此引起的水资源短缺、水土流失、沙漠化、生物多样性减少等生态问题持续加剧,对生态安全造成严重威胁。协调保护与发展关系、增强生态系统服务、保障国家生态安全是中国重大战略需求。中国学者将国际生态学研究前沿与国家生态保护需求紧密结合,通过建立不同尺度生态系统结构–过程–服务同步观测体系,发展生态系统服务权衡定量分析方法与区域集成模型,揭示区域生态系统服务演变机理及其效应,揭示全国生态系统十年变化(2000—2010年)特征,在保障国家和区域生态安全方面做出了重大贡献,引起了国际学术界和公众的广泛关注。

　　中国生态系统服务相关研究起步于20世纪90年代,近年来发展迅速。中国科学院生态环境研究中心傅伯杰团队开展了生态系统结构–过程–服务的相互关系研究,建立了相应的同步观测体系,从小区、坡面、小流域和区域多个尺度关联生态系统结构、过程与服务,揭示了生态系统结构、土地利用结构、植被功能性状和植被生物量与生态系统过程(水文过程、养分循环和群落演替等)和服务(水文调节、水源涵养、土壤保持和固碳)的关系,阐明了生态系统服务形成机理。建立了不同尺度生态系统服务权衡与协同的定量分析方法;研发了具有生态系统服务定量识别、物质量与价值量评估、土地覆盖和管理情景模拟、决策支持等功能的区域生态系统服务综合评估与优化模型系统。针对近60年来黄土高原景观发生的显著变化,定量评估了水源涵养、土壤保持、碳固定、粮食生产等生态系统服务的演变规律,提出了黄土高原植被可持续恢复的阈值;发展了水土保持定量诊断分析方法,揭示了气候变化、植被恢复和水保工程对水沙变化的贡献率和驱动机制;提出了以增强生态系统服务提供能力为目标的

作者简介:傅伯杰,博士,研究员,中国科学院院士、发展中国家科学院院士、英国爱丁堡皇家学会外籍院士;
　　　　单位:中国科学院生态环境研究中心,北京,100085
　　　　欧阳志云,博士,研究员;单位:中国科学院生态环境研究中心,北京,100085

生态系统管理理念，并建立了关联生态系统服务与公共政策的生态系统监测、评估和管理框架与技术体系。中国科学院生态环境研究中心欧阳志云团队，基于生态系统服务传递建立了整合生态系统服务供需主体的成本效益和利益相关者生计策略的评估方法，提出了生态系统服务提供者与使用者合作双赢的生态补偿机制与途径。在区域尺度，以生态系统服务为纽带，建立了多尺度利益相关者福祉的评估方法。为在空间上协调发展与保护的矛盾，提出了生态功能区划的原理和技术方法；揭示了中国生态系统服务与生态敏感性空间分布规律，明确了国家与区域生态保护重点区域和保护目标，在国际上第一个编制完成了国家尺度的生态功能区划方案；明确了63个保障国家生态安全的重要生态功能区，构建了国家生态安全格局框架。建立了生态系统格局-质量-服务的全国生态系统评估体系，揭示了中国生态系统格局、质量和服务的空间特征与变化趋势，阐明了中国生态系统服务变化的主要驱动因素。

上述中国学者的工作都发表在重要的国际学术期刊上，如 *Science*、*Nature Geoscience*、*Nature Climate Change*、*PNAS* 等，这些原创性研究成果极大地推动了生态系统过程与服务的研究，成为该研究领域的领跑者，向国家有关部门提交重要咨询报告10份，在保障国家和区域生态安全方面做出了重大贡献。中国学者提倡在研究生态系统服务这一热点和综合问题的过程中，要坚持链接生态系统过程与服务，理解生态系统服务形成的生态学机理；加强综合模型决策系统开发，揭示不同服务之间的权衡关系，保障区域生态系统服务的整体提升；耦合社会与自然系统，协调生态系统服务供给与需求的时空格局。

5.10

植被物候变化的时空特征及对全球变化的反馈

自然界的植物（包括农作物）受环境条件（气候、水文、土壤等因素）的季节性变化影响而产生的周期性变化称为植被物候。植被物候是生态系统响应全球变化的重要指标，通过影响生物物理和生物地球化学过程控制植被对气候系统的反馈。过去30年间，植被物候变化的时空特征及其与全球变化（温度、降水等）的响应成为地球科学研究的前沿热点，中国科学家在这一领域的研究也不断深入，取得了大批有国际影响的创新性成果，在物候变化的驱动力、适应性等若干关键科学问题上取得了突破性进展，显著提高了中国学者在全球变化领域的国际地位与影响。

中国科学家从20世纪中叶一直致力于区域物候观测网络的研究，在中国科学院前副院长竺可桢的领导下创建了"中国物候观测网"。网络坚持多站点、多物种的平行观测，覆盖暖温带落叶阔叶林、亚热带常绿阔叶林等7种植被类型，积累100多万条各地物候观测记录，涉及600多种植物（111个科、330个属）、12种动物以及12种气象水文现象。该网络先后出版了1963—1988年的11期观测年报，并于2016年对外发布了"中国物候网观测数据"。作为中国物候研究最重要的地面数据源，网络观测数据已有力支持了物候的时空变化特征、响应机理以及变化影响等方面的科学研究。

物候变化研究的一个重要方面是物候特征由"点"及"面"的区域尺度时空拓展。中国科学家在利用遥感数据提取区域尺度物候变化研究方面取得了一系列突出成果。在遥感时序数据处理方面，北京师范大学陈晋等提出利用统计方法重建用于植被物候提取的高质量归一化植被指数（normalized differential vegetation index，NDVI）时间序列数据的方法，发展了自适用局部迭代Logistic拟合法，显著提高了草原生态系统返青期的估算精度。在物候提取新算法方面，中国科学院地理科学与资源研究所吴朝阳等通过生成累积植被指数时间序列曲线，获得了更为稳定的物候期估算。同时，在特定植被（常绿植被类型物候提取一直是难点）类型物候反演方面，该团队结合地表温度和NDVI时间序列曲线，获得了更优的常绿林物候估算精度。

区域尺度的物候时空变化特征是深刻理解植被物候变化与生态系统碳循环的前提，

作者简介：葛全胜，博士，研究员；单位：中国科学院地理科学与资源研究所，北京，100101

　　　　　吴朝阳，博士，研究员；单位：中国科学院地理科学与资源研究所，北京，100101

中国科学家在这一领域做出了重要贡献。在物候变化时空特征方面，中国科学院地理科学与资源研究所葛全胜等在中国地面物候观测网的基础上，系统地分析了中国近五六十年动植物物候的变化。在物候变化影响机制方面，北京大学朴世龙和付永硕等发现春化作用可以解释物候对温度响应的联动效应。同时指出伴随着气候变暖导致的春季物候期提前，植物所需积温显著增加，这些研究表明广泛使用的积温模型需要修正。在全球变化因子对物候变化的贡献方面，中国学者取得了众多国际一流研究成果。北京师范大学付永硕等通过地面数据分析在 *Nature* 期刊上发表文章，揭示了春季展叶物候对温度的敏感性在 21 世纪的前 15 年比 20 世纪降低了 60%，反映了植被物候对全球变化的适应性。北京大学朴世龙和朱再春等研究发现地球"变绿"的成因中，其中 CO_2 施肥效应贡献了约 70%，氮沉降、气候变化和土地利用变化贡献了约 9%、8% 和 4%。

物候变化研究的另一个重要方面是对全球变化的反馈。物候变化改变生物地球化学循环（尤其是碳循环）和陆表生物物理特征，从而影响天气和气候。从短期作用看，生长季延长会改变陆表反照度、潜热和感热通量、湍流等。研究表明，美国和中国东部春季变暖趋势随着植被生长而减缓。在中国北方，春季地表粗糙度增加也可能会降低沙尘暴的爆发。春季植被覆盖增加可能会导致地表粗反照度降低，尤其在积雪覆盖较多的北极地区，从而增加地表温度。因此，这种短期的反馈作用取决于植被物候变化如何改变地表的能量平衡。从中短期作用看，植被春季光合蒸腾作用加强可能还会降低土壤含水量，导致夏季降水减少，从而引起夏季极端高温天气的增加。从长期作用来看，生长季延长会增加陆地生态系统的碳汇作用，从而有助于大气 CO_2 浓度的降低。但是这种作用取决于光合作用的增强和呼吸用的增强之间的平衡，具有高度性的复杂性。

上述中国学者的工作都发表在众多重要的国际学术期刊上，如 *Nature*、*Nature Climate Change*、*Nature Plants*、*PNAS*、*Global Change Biology* 等，在国际同行中享有广泛的声誉，显著地提高了中国科学家在物候变化与生态系统碳循环研究领域的地位。

5.11

干旱半干旱区的强化增温与加速扩张

　　气候变化是当今全球共同面临的重大科学问题，虽然目前人类社会在温室气体排放导致的全球增暖方面已取得了较为一致的认识，但对全球干旱半干旱气候变化及其机制的研究结论仍存在争议。干旱半干旱区占中国陆地国土面积的52%，是中国重要的生态安全屏障、粮食畜牧产地和战略储备基地，但由于该地区资源环境承载力差、极端灾害天气频发，严重威胁到国家安全和人民生存。因此，以战略眼光和全球视野开展干旱半干旱气候变化机理和预估研究，既关系到国际民生，也是亟待解决的重大科学问题。

　　干旱半干旱区是指降水不能补偿地表蒸发和植被蒸腾的区域，约占全球陆地表面积的41%，是对气候变化和人类活动反应最敏感的地区之一。已有观测表明，过去60年全球干旱化程度明显加剧，干旱半干旱区面积扩张约260万 km^2，但目前多数气候系统模式不能较好地模拟全球干旱半干旱气候变化，这为评估和预测未来全球干湿变化带来了极大的不确定性。为突破这一瓶颈，兰州大学黄建平团队在中国干旱半干旱区开展了系统的综合观测，构建了干旱半干旱气候变化机理研究的理论框架，提出了沙尘－云－气溶胶反馈、陆－气反馈、地表能量收支对干旱化的作用机制，预估未来全球干旱半干旱区将加速扩张并发生强化增温，成为对全球2℃增温目标响应最敏感、承受增暖灾害最严重的地区。

　　2015年的巴黎气候大会提出了将全球平均升温控制在2℃以内的目标，许多科学家基于升温的显著空间差异对该目标的适用性进行了讨论。兰州大学黄建平等研究指出，《巴黎协定》确定的全球2℃升温目标仅适用于全球湿润区，而干旱半干旱区仍将承受巨大的增暖风险。其研究表明过去一个世纪以来，全球干旱半干旱区升温比湿润区高20%—40%，但其人为 CO_2 排放量却只有湿润区的约30%。该研究不仅从观测和气候模式资料中发现了上述现象，还从理论上提出了造成上述现象的能量平衡机制。进一步通过预估表明当未来全球平均升温达2℃时，湿润区升温仅为2.4—2.6℃，而干旱半干旱区或达3.2—4℃，比湿润区多约44%，气温增暖所导致的玉米减产、地表径流减少、干

作者简介：黄建平，博士，教授；单位：兰州大学，兰州，730000

旱加剧和疟疾传播等气候灾害在干旱半干旱区也最为严重，从而将进一步扩大全球社会经济发展的区域差异。将全球升温控制在1.5℃之内将大大减缓干旱半干旱区可能面临的灾害程度。

数值模式对气候变化的模拟和预测存在较大的不确定性，兰州大学丑纪范长期致力于将历史资料与数值模式相结合以提高气候预测水平的研究，并取得了一系列创新成果。在该思想基础上，黄建平等对干旱半干旱气候的未来变化进行预估，指出温室气体持续排放将导致未来全球干旱半干旱区加速扩张。通过提取历史观测资料中受动力机制调控的主要模态，建立了气候变化预估模型。基于该模型预估未来温室气体排放情景下干旱半干旱气候变化，发现在高排放情景（RCP8.5）下，21世纪末干旱半干旱区面积相比1961—1990年气候平均将增加23%，显著高于此前预估结果（图5.10）。黄建平团队提出了陆-气相互作用与干旱半干旱区增温的反馈机制，发现该反馈过程不仅导致干旱半干旱区地表增温显著高于湿润区，还可造成干旱半干旱区面积加速扩张，致使全球更多地区面临土壤退化风险。这意味着温室气体排放不仅导致全球整体变暖，还将引起全球整体变干，从而对未来全球干湿变化提出了新的认识。进一步研究揭示了未来干旱半干旱区的扩张将扩大全球经济发展的区域差异，发现78%的全球干旱半干旱区扩张将发生在发展中国家。干旱半干旱区生态环境的承载力有限，区域强化增温、干旱加剧和人口增长的共同作用将增大发展中国家发生荒漠化的风险，并加重其贫穷程度，从而从全球视角加强了人类对温室气体减排和全球荒漠化防治紧迫性的认识，为发展中国家未来的可持续发展提供科学依据和理论支撑。

中国上述干旱半干旱气候变化研究在国际社会产生了广泛影响，部分成果于2016年2月被重要的国际学术期刊 *Nature Climate Change* 选为封面，入选 ESI 数据库环境领域 Top 1% 的高被引论文和 Top 0.1% 的热点论文，2017年10月被中国科学技术信息研究所评定为2016年度"中国百篇最具影响国际学术论文"。另外，2017年部分成果发表于 *Nature Climate Change* 和 *Reviews of Geophysics* 上。联合国防治荒漠化公约组织将上述研究选为亮点报道，并将其作为评估未来全球土地荒漠化的重要指标。

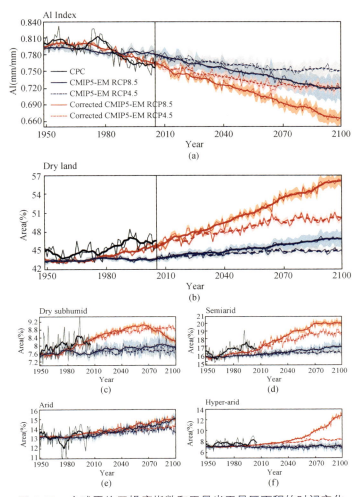

图 5.10 全球平均干燥度指数和干旱半干旱区面积的时间变化

（a）全球平均干燥度指数。（b）全球干旱半干旱区总面积。（c）干旱半湿润区的面积。
（d）半干旱区的面积。（e）干旱区的面积。（f）极端干旱区的面积。图中的黑线、蓝
线和红线分别为观测资料、多个气候模式平均结果和经订正后的结果，实线和虚线分别
为高温室气体排放情景（RCP8.5）和中等温室气体排放情景（RCP4.5），阴影表示不同
气候模式之间的不确定度

图片来源：Nature Climate Change，2016

5.12

青藏高原工程走廊重大冻土工程与环境研究

冻土是气候和环境的产物，其中赋存着冰，作为一种特殊的客观地质实体，其物理、力学、水力性质以及土壤冻结和融化过程伴生的各种地质现象都与其温度变化过程密切相关，因此极易受到外界环境的影响。这种与环境"唇齿相依"的关系决定了冻土工程的易变性、敏感性、不稳定性和复杂性。工程实践表明，正是冻土的特殊性及对外界环境扰动的敏感性，使得冻土工程遭到了不同程度的破坏，给多年冻土地区的工程设计、施工、维护和管理带来了极大的难度。

青藏工程走廊内已有工程的热影响及工程间相互影响，已引发走廊内局部多年冻土的强烈退化，冻融灾害频发。青藏高速公路、高压输变电线路、输气管道等新工程即将陆续开建，将继续加剧青藏高原冻土工程走廊构筑物群间热、力格局变化，由此孕育新的工程与环境问题，诱发新的甚至是激增的次生冻融灾害问题（图 5.11）。尤其在气候变暖背景下，这些问题将会更加严重。面对这一状况，以冻土工程国家重点实验室为核心的创新团队理论联系实际、奋力攻关，在国际上创造性地提出了以调控热传导、对流、辐射为理论基础的冷却路基、降低多年冻土温度设计新思路，从根本上解决了青藏铁路多年冻土筑路技术核心难题，破解了高温高含冰量多年冻土路基稳定性世界性难题；揭示了沥青路面热效应形成机制及其对冻土变化和路基稳定性的影响，提出了抵御气候变暖及热累积效应的复合冷却路基地温调控技术，为青藏高速公路筑路技术提供了关键技术支撑；考虑冻结缘区冰－水剧烈相变及有效应力原理，揭示了高温冻土力学行为机制，构建了冻土水、热、力三场耦合理论体系和冻土工程热力稳定性数值仿真平台，为寒区工程设计、施工、运营提供重要的技术支撑；揭示了输电线路塔基与冻土热力相互作用机制，突破了基础施工、组塔和架线的关键周期控制原则，构建了沿线冻土基础长期稳定性监测和预警系统，为工程设计优化、提前投运和安全维护提供了科学依据；全面构建了多年冻土区气候－冻土－工程－生态系统监测网，积累了青藏高原冻土区长期基础性数据，揭示了工程与冻土环境和生态系统间互馈机制，构建了青藏高原冻土工程走廊灾害监测预警与减灾决策支持系统，为冻土构筑物群灾害应急预案提供了科学决策依据（图 5.12）。

作者简介：马巍，博士，研究员，俄罗斯工程院院士；单位：中国科学院西北生态环境资源研究院，兰州，730000

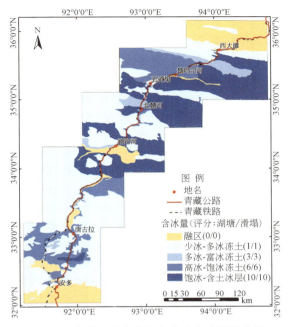

图 5.11　青藏工程走廊多年冻土含冰量分布图

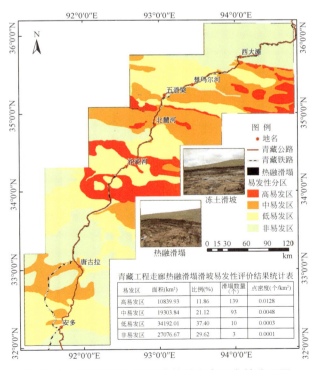

图 5.12　青藏高原工程走廊热融灾害易发性分区图

231

　　这些研究成果不仅为中国青藏铁路、青藏公路、青藏直流联网等重大冻土工程提供了关键的科学和技术支撑，而且也为中俄输油管道、哈大高速铁路等寒区重大工程提供了科技支撑（图5.13）。同时也引领了世界冻土工程的研究，正如著名加拿大冻土学家 Harris 评价说："从国际观点看，青藏铁路是高温多年冻土工程建设方法发展史上的一个重要里程碑，这一工程得到的经验无疑会对这种极端环境下的未来工程的设计和施工产生深远的影响。"

青藏铁路
青藏公路
格拉输油管线
兰西拉光缆通信工程
青藏直流输电线路工程
城镇、房建工程
……

青藏公路

青藏铁路

格拉输油管线

青藏直流输电线路工程

兰西拉光缆通信工程

图 5.13　青藏工程走廊冻土构筑物分布图

5.13

中国 Argo 实时海洋观测网

广阔的海洋上（占地球面积的 71%）大范围、准同步和深层次调查资料的匮乏，一直是制约海洋科学发展，特别是海洋和气候业务化预测预报技术发展的瓶颈。而 20 世纪 90 年代问世的自动剖面浮标，以及在 2000 年启动的国际 Argo 计划，给海洋和大气科学家带来了一次难得的机遇，使人类深入了解和掌握大尺度实时海洋变化，提高天气和海洋预报精度，有效防御全球日益严重的天气和海洋灾害的愿望终将成为现实。

国际 Argo 计划在美国、日本、英国、法国、德国、澳大利亚和中国等近 40 个国家和团体的共同努力下，已经于 2007 年 10 月在全球无冰覆盖的深海大洋中建成由 3000 个浮标组成的海洋观测网（简称"核心 Argo"），可以监测 0—2000m 水深范围内海水温、盐度的分布特征及其变化规律等，这是人类历史上建成的唯一一个全球海洋立体观测系统。至 2012 年 11 月，已经累计获得了 100 万条水温、盐度观测剖面，比过去 100 年收集的总量还要多得多，且观测资料各国免费共享。伴随着深海（大于 3000m）型剖面浮标和测量生物地球化学要素（如 pH、溶解氧、营养盐和叶绿素等）剖面浮标的相继问世，深海 Argo（即 Deep-Argo）和生物地球化学 Argo（BGC-Argo）等子计划及其相应的子观测系统应运而生。国际 Argo 计划正从"核心 Argo"向"全球 Argo"（即向边缘海、季节性冰区、深层海洋和西边界流域，以及生物地球化学等领域）拓展，最终将建成至少由 4000 个浮标组成的覆盖水域更深、涉及领域更广、观测时域更长远的真正意义上的全球 Argo 实时海洋观测网。截至 2018 年底，所有成员国已经在全球海洋中布放了约 15 000 个浮标，累计获得了约 200 万条温、盐度剖面和部分涉及生物地球化学要素的观测剖面。截至 2019 年 4 月底，在海上正常工作的浮标数量已经达到 3884 个，每年能提供约 14 万条观测剖面。国际 Argo 计划，也堪称人类海洋观测史上参与国家最多、持续时间最长、成效最显著的一个大型海洋合作调查项目。

中国于 2002 年正式加入国际 Argo 计划，并部署建设中国 Argo 实时海洋观测网。截至 2018 年底，已经在太平洋和印度洋等海域累计布放了 423 个浮标，2019 年 4 月底仍有 93 个在海上正常工作，在约 30 个有能力布放浮标的国家中名列第 9 位；

作者简介：许建平，研究员；单位：自然资源部第二海洋研究所、卫星海洋环境动力学国家重点实验室，杭州，310012

建立的中国 Argo 实时资料中心（China Argo Reat-time Data Center，CARDC），能按照国际 Argo 指导组（Argo Steering Team，AST）和 Argo 资料管理小组（Arga Data Managment Team，ADMT）的严格要求，独立完成剖面浮标资料的实时 / 延时质量控制，使中国成为 9 个有能力向全球 Argo 资料中心（Global Data Assembly Centers，GDACs）实时上传观测数据的国家之一。从 2003 年起主动承办了多次国际 Argo 会议，承担起作为国际 Argo 计划成员国应尽的职责和义务，赢得了国际 Argo 组织的赞誉。中国 Argo 计划近 18 年的不懈努力，不仅为中国在大型国际海洋合作调查研究计划中占得了一席之地，也为中国科学家赢得了同步共享全球海洋 Argo 资料的难得机遇。Argo 资料业已成为获取海洋气候态信息的主要来源，被广泛应用于海洋、天气 / 气候等多个学科领域中，研究内容涉及海气相互作用、大洋环流、中尺度涡、湍流、海水热盐储量和输送，以及大洋海水的特性与水团等。如中国海洋大学吴立新团队使用 Argo 资料研究南大洋 2000 m 上层的湍流混合，发现南大洋的混合存在明显的空间分布不均匀性（图 5.14）；中国海洋大学许丽晓等的研究表明，涡旋导致的潜沉发生在冬季黑潮延伸体海域深混合层池区南侧几百公里范围内，并提出了跨混合层深度锋面的涡旋平流可能是导致副热带西部模态水潜沉的新猜想。自然资源部第二海洋研究所许建平团队和台湾大学林依依团队，利用投放在西北太平洋海域的浮标观测资料，结合卫星资料和模式模拟，对台风过境海洋上层的响应过程做了大量基础性研究工作。自然资源部第二海洋研究所许东峰等发现大多数台风经过西北太平洋暖池区时，会引起海面盐度下降，提出热带气旋带来的淡水输入有利于盐度的下降。自然资源部第二海洋研究所刘增宏等注意到台风造成的混合层盐度变化在台风路径两侧基本呈对称分布，并揭示了台风路径左右两侧海洋表层和次表层不同的温盐度变化过程；林依依等在研究海洋热含量对热带气旋强度及其对风暴潮影响的预测、建立新的"海洋耦合潜在强度指

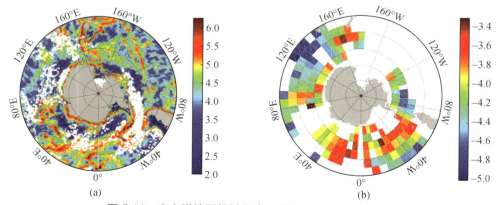

图 5.14　南大洋地形粗糙程度及湍流混合的水平分布

（a）地形粗糙度及 Argo 观测剖面位置分布（白点所示）。（b）300—1 800m 垂向积分所得的湍流混合水平分布

数"的热带气旋预报因子、次表层全球海洋增暖暂缓与超强台风"海燕"之间的联系等方面，也都使用了台风过境海域的 Argo 现场观测资料。中国科学院大气物理研究所朱江团队在国内率先开发了一个基于三维变分的海洋资料同化系统（ocean variational analysis system，OVALS），成功应用于国家海洋环境预报中心的业务化系统中，实时发布热带太平洋海域温、盐度再分析产品，使中国成为继欧美发达国家之后具有发布热带太平洋温、盐度再分析产品能力的国家之一，为防灾减灾、大洋航线预报及突发性事件处理等提供了有力保障。这些研究成果发表在 *Nature Communications* 、*Nature Geoscience*、*Acta Oceanologica Sinica*、*Geophysical Research Letters*、*Journal of Physical Oceanography*、《中国科学：地球科学》《大气科学》《海洋学报》和《气象学报》等国内外重要的学术期刊上。据国际 Argo 计划办公室的统计表明，自 1998 年至 2019 年 4 月 10 日世界上 50 个国家的科学家在全球 24 种主要学术刊物（包括 *Journal of Geophysical Resarch*、*Geophysical Research Letters*、*Journal of Physical Oceanography*、*Journal of Climate*、*Acta Oceanologica Sinica* 等）上累计发表了 3613 篇与 Argo 相关的学术论文，其中由中国学者发表的论文就达 580 篇，仅次于美国（1020 篇），排名第二位。Argo 资料及其众多衍生数据产品的公开发布和无条件免费分发，极大地推动了国内海洋数据的共享进程。中国也已从早期的国际 Argo 计划参与国，发展成为能自主研发国产剖面浮标、利用北斗卫星导航系统定位和传输观测数据、主张建设南海 Argo 区域海洋观测网、能自主研制全球海洋 Argo 网格数据集并提供国际共享、主动承担一个海洋大国责任和担当的重要成员国。中国 Argo 的地位和作用有了显著提升。

5.14

海洋酸化对优势固氮蓝藻束毛藻的影响

第一次工业革命以来，海洋吸收了约 1/3 人为排放的 CO_2，以迄今 3 亿年来未曾有过的速率快速酸化（海水 CO_2 浓度升高、pH 值下降），这势必会影响海洋生态系统的关键过程和功能。全球面积一半以上海洋的初级生产力受氮营养盐缺乏的限制，而优势固氮蓝藻束毛藻是寡营养海区中氮的重要来源，可贡献高达 50% 的海洋总固氮量，其对海洋酸化的响应将显著影响海洋的初级生产力和气候调节功能，因此引起国际学术界的广泛关注，成为当前海洋全球变化研究的焦点和热点。近年来国际上多篇发表在 *Nature Geosciences* 等著名学术刊物的论文报道，在室内受控培养实验中海洋酸化显著促进束毛藻的固氮作用；与此相反，少数现场研究则发现海洋酸化不影响、甚至抑制束毛藻固氮。尽管存在争议，但由于有限的现场数据存在较大的波动性，海洋酸化促进束毛藻固氮作用逐渐成为学界的主流观点（图 5.15）。

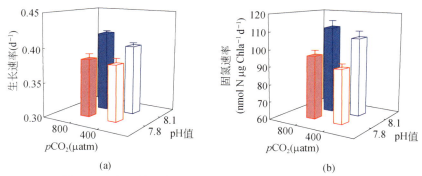

图 5.15　中国学者有关海洋酸化对束毛藻影响的重要发现

实验室培养在不同海水 pCO_2（400μatm 和 800μatm）和 pH 值（7.8 和 8.1）条件下的束毛藻，pCO_2 升高对（a）生长速率和（b）固氮速率的正效应小于 pH 值下降对其的负效应，因此海洋酸化对束毛藻的净效应为抑制其固氮和生长

针对该备受关注的科学热点和疑点，厦门大学近海海洋环境科学国家重点实验室史大林与来自美国普林斯顿大学、佛罗里达州立大学合作者，以束毛藻的代表种和天然群落为研究对象，开展了系统性的室内受控实验和南海现场研究。通过对海水培养基成分的分析并结合系统的受控培养实验，研究团队发现先前报道的海洋酸化促进束

作者简介：史大林，博士，教授；单位：厦门大学，厦门，361005

毛藻固氮作用，很可能是由于相关研究使用的人工海水培养基受铜和氨的污染所导致的假象——海洋酸化降低了铜和氨对束毛藻的毒性作用，使得生长和固氮速率加快。以天然海水为培养基开展的实验中，研究团队发现海水 CO_2 浓度升高的正效应小于 pH 值下降的负效应，故海洋酸化对束毛藻的净效应为抑制其固氮和生长。究其原因，海水 pH 值的下降引起束毛藻胞质 pH 值随之下降，从而导致固氮酶的效率降低以及胞内 pH 稳态被干扰。为了应对海水酸化造成的胁迫，束毛藻细胞需要大量的铁用于合成更多的固氮酶，维持胞质 pH 稳态，增加能量的生产。然而，在束毛藻生活的寡营养海区，海水中极低的铁浓度往往限制了其固氮和生长。因此，铁的限制将加剧海洋酸化对束毛藻的抑制作用。

上述中国学者的研究工作不仅揭示了海洋酸化对海洋"新氮"重要贡献者束毛藻的影响及其机理，而且为国际上就该重大科学问题的争议提供了科学解释，极大地提升了对全球变化下海洋碳、氮生物地球化学循环过程及其效应的认识。研究论文发表在国际著名学术期刊 *Science* 上，在国内外产生广泛影响。国际 Almetric 学术成果影响力评价显示，其受关注度位列全球所有论文的前 1%，被美国科学促进会在全球最大新闻科学网 EurekAlert 专文介绍，被美国化学学会 *Chemical & Engineering News* 期刊的《科学聚焦》栏目重点介绍，被 *Science News*、世界科技研究新闻资讯网 Phys.org、新华社等 20 余家国内外媒体报道，被国家自然科学基金委员会官网在头版介绍，并入选 2017 年度"中国海洋与湖沼十大科技进展"。中国海洋学者指出，除受痕量金属铁缺乏限制外，寡营养海区中束毛藻的生长还受磷缺乏限制或磷‐铁共同限制，因此在研究海洋酸化对束毛藻影响这一海洋全球变化领域的重大科学问题时，还应结合磷或磷‐铁共同限制条件来开展系统深入的工作。

5.15

厄尔尼诺的多样性和可预测性

厄尔尼诺-南方涛动（EI-Niño-Southern Oscillation，ENSO）是地球上最为显著的短期气候振荡，对包括中国在内的全球大部分地区的气候系统有着举足轻重的影响，因而自 20 世纪 80 年代以来一直是海洋与大气科学研究的聚焦点。传统理论认为，ENSO 是在热带太平洋强烈海气相互作用下产生的一种能够自我维持的年际振荡，其暖位相（厄尔尼诺）完全对称于冷位相［拉尼娜（La Niña）］，这显然是对观测现象的高度简化。事实上，与拉尼娜相比，厄尔尼诺具有明显的多样性特征，而正是这种多样性使得 ENSO 的可预测性成为一个在国际上极有争议的问题。可以说，厄尔尼诺的多样性和可预测性是近 10 年来 ENSO 研究最大热点。中国学者在这方面取得了一系列突破性的科学成果，包括定量评估 ENSO 的可预测性并建立其可预测性的度量方法，以及提出厄尔尼诺多样性的分类和生成机制，引起了国际学术界和公众的广泛关注。

南京大学符淙斌等在国际上率先提出厄尔尼诺事件有两类暖中心，其中一种最大海表温度异常发生在热带东太平洋，称为冷舌型厄尔尼诺；另一种最大暖中心出现在西太平洋日期变更线附近，称为暖池型厄尔尼诺。最近自然资源部第二海洋研究所陈大可团队在厄尔尼诺多样性及其成因方面获得了进一步的重要发现。他们首先利用模糊聚类方法得到了 3 类"暖 ENSO 事件"（图 5.16）：第一类为极端事件，表现为在南美洲沿岸海表温度异常超过 3.0℃，并在整个热带东太平洋出现大范围增暖；第二类是经典的厄尔尼诺事件，表现为热带中、东太平洋大范围的海表温度暖异常；第三类是暖池厄尔尼诺，表现为西太平洋日期变更线附近相对较弱的海表温度暖异常。另外，拉尼娜事件仅有一种表现形式，并且与经典的厄尔尼诺对称。

陈大可团队进一步的研究表明，几乎所有的厄尔尼诺现象都伴随着在西太平洋上空较为密集的西风爆发事件（westerly wind bursts，WWB）（图 5.17）。这些西风爆发事件能驱动西太平洋暖池暖水的东移和下沉的赤道开尔文波，引发热带中、东太平洋 SST（sea surface temperature）暖异常，从而改变 ENSO 循环，导致不同类型的厄尔

作者简介：陈大可，博士，研究员，中国科学院院士；单位：自然资源部第二海洋研究所，杭州，310012
连涛，博士，副研究员；单位：自然资源部第二海洋研究所，杭州，310012

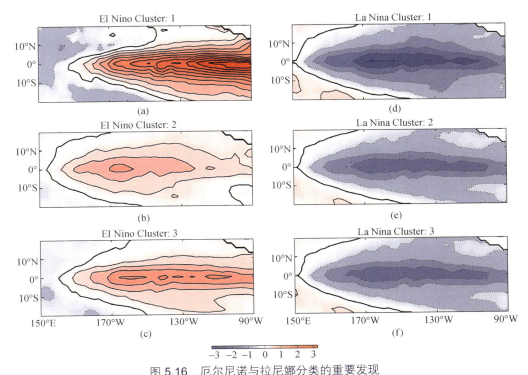

图 5.16   厄尔尼诺与拉尼娜分类的重要发现

（a）—（c）：厄尔尼诺类型的空间分布。（d）—（f）：拉尼娜类型的空间分布。单位为℃。

图片来源：Nature Geoscience，2015

尼诺事件。由于其单向性，WWB 只对厄尔尼诺起作用，而对拉尼娜的强度和发生位置都没有影响。这就完美地解释了观测到的 ENSO 形态变异。这些发现不仅深化了我们对 ENSO 的理论认识，也为提高 ENSO 预测水平提供了坚实的科学基础。例如，陈大可等指出，"2014 年之所以没有像大家预测的那样发生强厄尔尼诺的原因在于当年春末夏初时西风爆发的突然消失，而姗姗来迟的 2015 年超强厄尔尼诺也主要是在一系列西风爆发的驱动下，通过持续的中太平洋东向热输运异常以及东太平洋由开尔文波引起的垂向热输运异常而形成。"

上述中国学者的工作发表在 *Nature Geoscience*、*Geophysical Research Letters*、*Journal of Climate* 等重要的国际学术期刊上。这些原创性研究成果极大地推动了厄尔尼诺多样性和可预测性研究，在一定程度上使中国学者成为该研究领域的领跑者。根据这些研究成果，陈大可团队提出只有在经典的厄尔尼诺理论框架中加入西风爆发的作用，才能从一个统一的视角解释厄尔尼诺的多样性特征。而建立这样一个新的理论框架并将其应用于 ENSO 模式，其难点在于揭示西风爆发的产生机制。陈大可团队最新的研究表明，大部分的强西风爆发事件可能是由台风所引发。在热带太平洋，当台风的位置距离赤道较近，或台风强度很大时，会在赤道附近引起强西风异常，其表现形式即为西风爆发。这一发现一旦得到证实，陈大可团队将有可能基于台风与 ENSO 的关系来建立西风爆发与 ENSO 的关系，并通过对台风的季节性预报来预测西风爆发事件的发生，最终提高厄尔尼诺的预测水平。

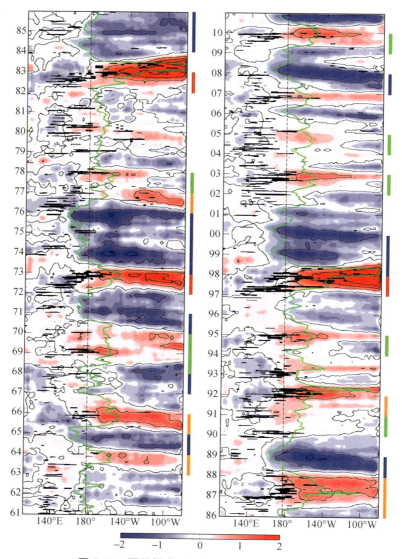

图 5.17 西风爆发对厄尔尼诺影响的重要发现

颜色表示赤道平均（5°S—5°N）的海表温度异常，黑色实线表示西风爆发事件，
绿色实线表示 28.5℃等温线。

图片来源：Nature Geoscience，2015

5.16

中纬度多尺度海气相互作用和气候变化

传统的海气相互作用的研究主要集中在热带海区，其相互作用机制已经形成了比较成熟和完善的理论体系，并成功实现了对热带海气相互作用现象如厄尔尼诺－南方涛动的预测。然而，目前国际上对中纬度海气相互作用的研究还处于探索阶段。中纬度的海洋是否影响并如何影响大气是长期争议的科学问题。近年来高分辨率卫星观测和气候模式的发展极大地推动了中纬度海气相互作用的研究。海洋和大气不同时空尺度之间的相互作用机制，特别是中小尺度海气过程如何影响大尺度海洋和大气，低频海洋信号如何影响高频大气风暴轴，进而影响整个中纬度天气和长时间尺度的气候系统，是目前国际气候学界前沿的科学问题，也是气候变化研究的难点。

中纬度最强烈的海气相互作用发生在西边界流如北太平洋的黑潮和北大西洋的湾流区域，是大气的"天气系统"——风暴轴和海洋的"天气系统"——海洋中尺度涡最活跃的区域。着眼于北太平洋黑潮区域，中国海洋大学马晓慧等利用高分辨率的数值模式揭示了海洋中尺度涡对大尺度大气环流的影响。研究发现黑潮区海洋中尺度涡不仅影响黑潮局地的降雨，还会影响美国西海岸的降雨。研究同时提出了海洋中尺度涡影响大尺度大气环流的机制。上述研究首次提出中尺度涡对天气系统的远程影响，对提高中纬度天气系统的季节性预报有重要意义。

中纬度中小尺度海气相互作用的另一个重要问题是该海气相互作用是否对海洋有反馈作用。中国海洋大学马晓慧等研究发现中小尺度海气相互作用不仅影响到大气环流，而且对海洋西边界流的强度、路径具有重要影响。研究揭示了在黑潮及其延伸体区，海洋中尺度涡和大气的相互作用的减弱会导致黑潮流速减小20%—40%，并指出超过70%的涡势能通过海气界面的中尺度热力耦合耗散掉，从动力机制上解释了海洋中尺度涡对西边界流的调控作用（图5.18）。不同于经典的海洋环流理论认为西边界流是由大尺度风场驱动的，该研究首次指出海洋中尺度涡和大气的相互作用对维持西边界流有重要作用，为气候模式中西边界流的准确模拟提供了理论依据，对于进一步模拟和预报中纬度风暴轴及其对气候变化的响应具有重要意义。

作者简介：马晓慧，博士，教授；单位：中国海洋大学，青岛，266100
　　　　　　吴立新，博士，教授，中国科学院院士；单位：中国海洋大学，青岛，266100

近期的研究还发现海洋中尺度涡对全球海洋质量、能量的输送和再分配以及中纬度模态水的生成至关重要。基于卫星高度计与 Argo 浮标资料，中国海洋大学张政光等首次定量估算了海洋中尺度涡在全球范围内的水体输运量，并指出这一输运在量级上与大尺度的风生以及热盐环流是可比的。中国海洋大学许丽晓等同样利用 Argo 浮标观测，对黑潮延伸体区域的反气旋海洋涡进行了追踪，提出了海洋涡旋影响模态水生成的机制。这些成果为研究海洋中尺度涡在全球气候变异中的重要作用和改进全球气候模式提供了观测依据。

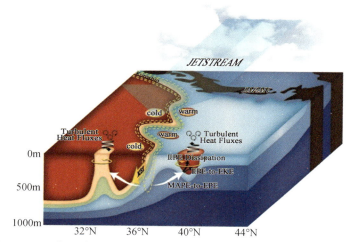

图 5.18　北太平洋黑潮及其延伸体区域海洋中尺度涡和大气相互作用示意图

图片来源：Nature，2016

海洋低频变化信号与大气高频信号即天气尺度的风暴轴活动之间的相互作用是中纬度气候变化研究中至关重要的一环，是连接不同时空尺度的海洋和大气过程的纽带。中国海洋大学甘波澜等揭示了全球中纬度海域海温变化与大气风暴活动在不同时间尺度上的耦合关系及机理。此外，中纬度海气相互作用对全球变暖的响应和反馈对研究长时间尺度全球气候系统变化具有重大意义。中国海洋大学吴立新等研究发现，中纬度西边界流区域是全球变暖速率最大的区域，称之为海洋的"热斑"效应。西边界流区域对短期全球变暖的响应对于深入理解全球变暖对环太平洋区域气候的影响奠定了重要的理论基础。

上述创新性研究成果发表在 *Science*、*Nature*、*Nature Climate Change*、*Nature Communications* 等重要的国际学术期刊上，得到国内外专家的广泛认可和高度评价。*Nature* 期刊邀请国际相关领域的权威专家撰写评论文章，相关成果入选年度"中国海洋十大科技进展"等。中国学者的系列研究成果为中纬度海气相互作用的研究开辟了新思路，推动了该区域多尺度海气相互作用理论框架的构建，对于全球气候变化的研究具有理论指导意义。

5.17

深海极端环境与生命过程

深海作为海洋系统的重要组成部分，拥有深海平原、海山、热液、冷泉等特殊环境（图 5.19），导致海底地形、理化因子的剧烈变化，从而影响深层海洋动力、热力等环境，孕育独特的生态系统和生命过程（图 5.20），还可能对上层海洋热量耗散产生影响，直接关系到全球气候变化，因此深海研究在整个地球科学和全球变化研究中都处于十分重要的地位。但是迄今为止，人类对于深海的认识还知之甚少，对深海基本地形的实际测量甚至不如人类对火星以及月球背面的探测。因此，对深海环境和生态系统的探索与认知是当前地球科学的前沿领域。另外，深海蕴藏着丰富的矿产和生物资源。从 20 世纪六七十年代太平洋的多金属结核，到海山上的富钴结壳和洋中脊热液口的金属硫化物，以及最近发现的太平洋深海底的稀土资源，都将逐步成为今后各国深海资源开发的重点。同时，深海海底生物物种丰富，据估计生活在深海的未知生命类群超过 1000 万种。由于处于极端的物理、化学和生态环境中，深海生物形成了极为独特的生理结构和代谢机制，产生包括各种极端酶在内的特殊生物活性物质，对生物资源的开发利用、新能源的探索乃至新型生物材料的研发都具有重大的理论和应用价值，展示了极大的资源潜力。

图 5.19　冲绳海槽 Lion 热液喷口（黑烟囱）

作者简介：李超伦，博士，研究员；单位：中国科学院海洋研究所，青岛，266071
　　　　　庄志猛，博士，研究员；单位：青岛海洋科学与技术国家实验室，青岛，266237
　　　　　潘诚，博士，高级工程师；单位：中国科学院海洋研究所，青岛，266071
　　　　　李富超，博士，研究员；单位：中国科学院海洋研究所，青岛，266071

图 5.20　冲绳海槽 Jade 热液喷口附近的化能生物群落

　　受制于深海探测装备的落后，中国在深海探索与研究中长期处于"望洋兴叹"地步，与海洋大国地位不符。2000 年以前主要是围绕地质构造和海底矿产资源开展了部分勘查工作。进入 21 世纪以来，随着中国国力的增强，深海研究也逐步实现由单一资源调查（多金属结核）向探测与科学研究相结合的综合科学考察的战略性转变。2005 年中国首次在西南印度洋发现热液喷口，2007 年证实了天然气水合物在南海的大量存在并进而启动南海深部过程演变重大研究计划，以及后续启动的 973 计划项目"西南印度洋洋中脊热液成矿过程与硫化物矿区预测"和"典型弧后盆地热液活动及其成矿机理"、中国科学院战略性先导科技专项（A 类）"热带西太平洋海洋系统物质能量交换及其影响"等，极大地推动了中国深海研究的发展。特别是"蛟龙"号 7000m 载人深潜器的研制成功，以及"科学"号、"探索一号"、"向阳红"系列海洋综合考察船的投入使用，实现了中国深海大洋科考能力跨越式发展。这主要表现在：通过自主探索与实践，在国内首次建立了宏观与微观、走航与定点、梯度与原位相结合的深远海环境探测技术体系，突破了 10000m 深海定点探测、7000m 深海探测与采样、4500m 深海精准探测与取样、1000m 水体剖面走航探测、深海 30m 长沉积物取芯和 20m 长岩石取芯等关键技术，具备立体同步精准开展深海地形地貌、海底环境、水体环境的综合探测和样品采集的能力（图 5.21）。迄今，完成国内首个冲绳海槽热液区 50km×50km 船载全海深多波束地形探测，首次获得马努斯海盆热液区域 1m 分辨率的高精度深海地形图；新发现 4 个深海热液喷口，国际上首次获得了热液喷口周围的温度梯度分布；在南海冷泉、冲绳海槽热液、雅浦海山区获得 5000 余号、220 余种大型生物样品，迄今已发现 1 新科、3 新属、23 个新种，实现了深海环境和资源新认知；首次自主开展雅浦海山生物和生态系统调查研究，获取西太平洋海山区至黑潮区域典型断面的总叶绿素、分粒级叶绿素、浮游植物和浮游动物类群调查资料，为了解该区域的生物多样性和初级生产量提供了研究数据；在马努斯热液开展现场原位实验与深海生物活体培养，极端环境生物适应性原位培养实验，真

图 5.21　冲绳海槽热液区 Dragon 喷口进行热液流体的原位探测

正实现"室内模拟实验→海洋移动实验室→深海原位实验室"的跨越；成功实现采自冷泉和热液喷口附近的深海贻贝（水深 2000m）化能营养生物活体培育，成为国际上少数几个成功开展人工模拟环境下化能营养生物培养的国家。

　　中国已经拥有国际一流的深海综合探测平台，已经具备开展深海综合探测与研究的基础条件，特别是西太平洋构成了中国科学家跻身国际深海科学前沿得天独厚的地理区位优势。通过探测该区域海山、热液、冷泉、深渊系统，在其与水体的物质能量交换过程、深海生命过程等方面取得新发现和新认知，将填补该区域深海海洋科学的研究空白，使中国成为该区域深海资料掌握最全的国家，提升中国在深海国际事务中的话语权。同时，开展深海极端环境与生命过程研究需要从海洋系统的角度综合考虑分析，通过多学科交叉推动系统性、集成性成果的产出，将进一步提升中国在深海领域的学术地位。

5.18
新型海洋与气候数值模式体系发展

　　观测与数值模式是海洋科学研究的两大主要手段。半个世纪以来，海洋模式发展一直由欧美等发达国家主导。目前国际上主流的海洋环流模式均存在夏季表层偏暖、次表层偏冷和混合层偏浅的巨大系统模拟偏差。海洋混合直接决定着上层海洋热力结构的分布和演化，而混合是由湍流决定的。湍流混合本质上是一个能量问题，将暖的、密度低的海洋表层水体混合到次表层，或者将冷的、密度高的次表层水体搬运到表层均需要能量。海面风场将90%以上的能量输入到波浪，然而含能巨大的波浪在上层海洋的混合作用并没有被包含在传统海洋模式中。缺失的海洋混合能量不仅成为海洋数值模式发展的瓶颈，而且长期以来一直是海洋科学面临的挑战。

　　自然资源部第一海洋研究所袁业立等提出了海洋动力系统的概念，将海洋运动划分为4个子系统。围绕湍流这一经典科学问题，该研究所乔方利等打破了传统波浪、环流分治的海洋动力学框架，原创性建立了浪致混合理论，解决了上层海洋湍流混合严重不足这一长期困扰物理海洋学发展的难题。该理论随后被国内外实验室实验和海上观测检验证实。发现了波浪运动拉伸与压缩涡管过程是波－湍相互作用产生湍流的核心机制，揭示了波－湍相互作用在波谷处最强烈这一锁相特征（图5.22）。

　　基于浪致混合理论，在国际上率先发展了新型海浪－潮流－环流耦合模式（Surface wave-tide-circulation Coupled Ocean Model developed by the First Institute of Oceanography of China，FIO-COM）。阐明了波浪是上层海洋垂向热输送的核心机制，将国际主流海洋模式的模拟精度提高了31%。制作的全球海洋再分析数据的精度超过目前应用最广泛的美国HYCOM（HYbrid Coordinate Ocean Model）数据。创建了我国新一代精细化海洋环境业务化预报系统，已成为国家海洋环境安全保障及海洋减实防灾核心科技支撑。

　　揭示了小尺度波浪影响全球气候系统的新机制，建立了国际首个包含海浪的气候模式，即自然资源部第一海洋研究所地球系统模式（Earth System Model developed by the First Institute of Oceanography of China，FIO-ESM），将南大洋夏季混合层模拟偏浅这一共性问题的相对误差由38%降至6%，将长期困扰气候领域的热带海表温度偏差减少一半，将东亚季风区夏季降水模拟误差降低27%。FIO-ESM参加了国际耦合模

作者简介：乔方利，博士，研究员；单位：自然资源部第一海洋研究所，青岛，266061

式比较计划（Coupled Model Intercomparison Project Phase 5，CMIP5），是中国海洋领域首次。

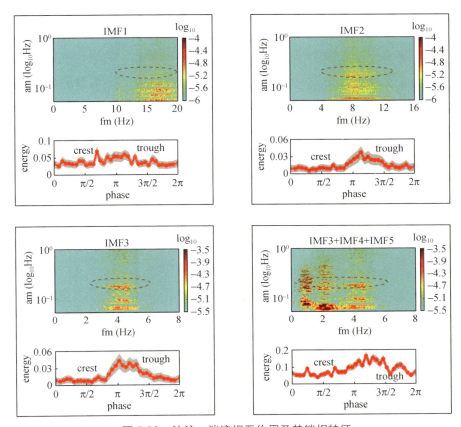

图 5.22　波浪 – 湍流相互作用及其锁相特征
图片来源：Philosophical Transactions of the Royal Society A，2016

考虑波浪破碎致飞沫在海洋与大气热量交换中的关键作用，建立了耦合海浪的台风模式，即自然资源部第一海洋研究所大气 – 海洋 – 海浪区域耦合台风模式（Regional Atmosphere-Ocean-Wave-Coupled Typhoon model developed by the First Institute of Oceanography of China，FIO-AOW）。过去 20 年来，国内外台风模式的强度预报一直存在系统性偏差。乔方利等将波浪物理过程引入台风技术中，发现波浪破碎飞沫和浪致混合的联合作用大幅降低了强台风预报强度偏弱的系统性偏差难题。

上述中国学者的工作都发表在重要的国际学术期刊上，如 *Journal of Physical Oceanography*、*Journal of Geophysical Research*、*Ocean Modelling* 和 *Philosophical Transactions of the Royal Society A* 等，这些原创性成果有力推动了国际海洋科学的进展。浪致混合理论已被美国、德国、英国、法国、澳大利亚等多个国家的研究机构实际应用，均大幅度提高了其海洋模式与气候模式的模拟精度，表明浪致混合理论的普适性，奠定了中国在海洋湍流基础理论和海洋数值模式体系发展领域的国际领先地位。

随着观测手段、计算能力的大幅提升，从海洋动力系统观点出发，研究各子系统之间相互作用，是海洋动力学的发展趋势。海洋混合与海气通量这两个湍流过程是未来海洋研究和模式发展的重点突破方向。基于上述科学认知的海洋数值模式体系发展已经在中国高起点起步，海洋环境预报与气候预测精度大幅提高的科学时代已经来临，相关成果将直接提升中国海洋安全环境保障、生态环境保护和海洋防灾减灾能力。

5.19

全球变暖"停滞"研究进展

观测表明全球温室气体浓度持续快速增加，但 21 世纪以来全球表面平均温度升高有减缓趋势，呈现所谓变暖"停滞"（Hiatus）现象，这对已有全球变暖认识带来挑战。变暖停滞现象的辨识及其机理研究已成为国际前沿热点，对国家应对气候变化有重要科学和现实意义。中国学者对全球变暖停滞的事实、原因及其可能影响开展研究，取得了一系列突破性的科学成果，引起了学术界和公众的广泛关注。

有关近几十年来全球变暖停滞的事实，受到中国科学家的广泛关注，但同时也引起了科学争议。比如，清华大学罗勇研究团队指出先前的全球平均表面温度计算中没有考虑北极地区的温度变化，导致全球平均温度的上升趋势减弱。尽管对"停滞"仍有争议，但"停滞"并不是指气候变暖停止。关于全球变暖停滞的成因，学界主要认为自然变率和外部强迫（如火山爆发和太阳辐射变化等）的年代际变化叠加在人类活动上会导致增暖趋势不均匀，出现加速或减缓的现象。

多数科学家认可近几十年来全球变暖停滞的事实，也对此进行了相关追踪分析。在变暖停滞期间，地表温度的变化趋势有着空间的非均匀性。中国科学院大气物理研究所黄刚团队指出海盆间海温变化具有相异性，在 21 世纪初，热带太平洋的变冷抵消了其他海区变暖的贡献。地表增温减缓还体现在北半球冬季的气温变化上。近几年欧亚大陆冷冬和极端低温事件频繁出现，中国科学院大气物理研究所罗德海团队认为这可能与秋冬季节北极海冰持续减少以及北大西洋多年代际振荡（atlantic multidecadal oscillation，AMO）有关（AMO 通过影响乌拉尔阻塞的形状和维持时间调制欧亚大陆表面气温）。

太平洋海温年代际振荡负位相对全球变暖停滞起到很大贡献。利用数值实验，中国海洋大学谢尚平团队利用数值实验证实赤道中东太平洋的异常低海温对近十几年的全球平均温度增温停滞起到重要作用（图 5.23）。而这一现象的背后是受到气候系统的年代际自然变率控制。因此当前的"增温停滞"只是暂时的，全球平均气温将会随着赤道太平洋自然变率的位相转变而重新上升。该研究成果是气候变化领域的重要突破性进展。*Nature* 期刊专门撰写社论对此研究进行评论，*Science* 期刊也同时对此项研究进行了报道。

作者简介：林霄沛，博士，教授；单位：中国海洋大学，青岛，266100

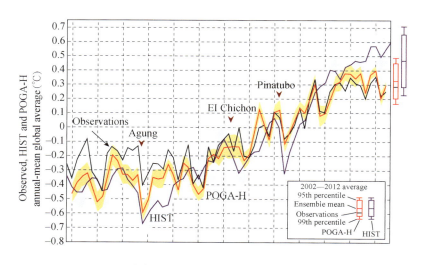

图 5.23　观测和模式模拟的全球年平均温度时间序列

黑线为观测，蓝线为使用历史大气成分和太阳辐射强迫的实验结果，红线为使用历
史成分、太阳辐射以及赤道东太平洋海温强迫的实验结果

图片来源：Nature，2013

　　海洋对热量的储存可能是变暖停滞的关键。特别是上层海洋和深层海洋之间的能量交换，可以暂时在表层以下隐藏变暖趋势。"停滞"期间，热带西太平洋是热量向海洋深层传输的重要区域。北京师范大学李建平团队研究发现热带西太平洋年代际变化是由 AMO 所调控，过去 100 多年来后者可解释前者 80% 以上的变率。中国海洋大学陈显尧与其合作者认为中高纬度的大西洋和南大洋中深层海洋可能是"停滞"时期上层海洋损失热量的存储地，通过海洋经向翻转环流的非绝热调整将热量传输下去（图 5.24）。该研究成果的发表引起了广泛的关注和反响。*The Economist* 期刊在其文章插图中使用了"深水炸弹"（depth charge）一词强调了热量向深层海洋输送的重要性，凸显了该文对于当前关于气候系统中热量输送和存储机制研究的贡献。

　　上述中国学者的工作都发表在众多重要的国际学术期刊上，如 *Science*、*Nature* 及 *Nature* 子刊等，这些原创性研究成果极大地推动了有关全球变暖停滞的研究，成为该研究领域的领跑者。对气候变暖停滞的机制研究，有助于我们深入理解气候变暖停滞带来的区域性特征及气候响应，提高对与经济生活相关的强降水、台风、热浪等极端气候灾害的预估能力，对中国乃至周边国家都有重要的社会效益。中国科学家应围绕气候变暖速率存在年代际变化这一客观事实，继续深入研究影响变暖速率变化的可能机制。

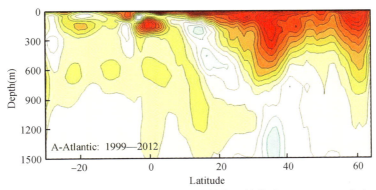

图 5.24　大西洋纬向平均上 1500m 的热含量趋势（1999—2012 年）

图中红色表示海洋热含量

图片来源：Science，2014

5.20

全球大气污染输送和国际贸易对跨界健康的影响

根据世界卫生组织估计，与细颗粒物（$PM_{2.5}$）相关的室外空气污染导致全球每年300多万人过早死亡。$PM_{2.5}$污染的产生与各类商品在生产和运输过程中的能源消耗和污染物排放密切相关。传统上认为污染物排放主要影响本地区空气质量，只有一部分排放会通过长距离大气输送对下游地区造成影响。经济全球化使生产相关的环境污染可通过国际贸易从消费地转移到生产地。由于国际贸易的存在，商品生产过程从最终消费地转移到生产地，与商品生产相关的污染物排放也随之发生转移，从而改变了大气污染物排放的时空分布特征，并进一步对全球空气质量和人群健康产生影响。

中国在该领域的研究处于前沿地位。清华大学、北京大学等单位的研究团队自2012年开始研究消费及贸易相关的空气污染问题，先后完成了中国贸易相关大气污染物排放、中国出口贸易隐含空气污染及健康影响、国际贸易对全球气溶胶辐射强迫影响、国际贸易隐含的$PM_{2.5}$跨界污染及健康影响等一系列研究，成果发表在 *Nature*、*PNAS*、*Nature Geoscience*、*Environmental Science & Technology*、*Atmospheric Chemistry and Physics* 等重要的国际学术期刊上。

其中，清华大学张强、贺克斌和 Davis 研究组与北京大学林金泰研究组等合作，设计构建出一种大气科学、环境科学和经济学多学科交叉的模型方法，首次定量揭示了全球多边贸易引起的$PM_{2.5}$跨界污染及其健康影响。研究发现，与国际贸易相关的$PM_{2.5}$跨界污染水平要远高于与长距离大气输送相关的跨界污染水平。国际贸易隐含的$PM_{2.5}$跨界污染在2007年造成全球约76万人过早死亡，约占全球由于$PM_{2.5}$污染造成的过早死亡人数的22%。而发达国家作为主要净进口国，其消费导致的全球健康损失远超过生产。国际贸易使中国、印度、东南亚和东欧等地区的$PM_{2.5}$污染暴露和过早死亡人数增加，而美国、西欧、日本等地区的过早死亡人数减少，表明污染通过国际贸易从发达地区转移到了欠发达地区。研究为全球大气污染来源识别和共同治理提供了崭新的分析视角，是自然科学与社会经济多学科交叉研究的全新范式，成果于2017年3月在 *Nature* 期刊上发表（图 5.25）。

研究揭示空气污染在经济全球化背景下已成为一个全球问题。国际贸易引起的污

作者简介：张强，博士，教授；单位：清华大学，北京，100084

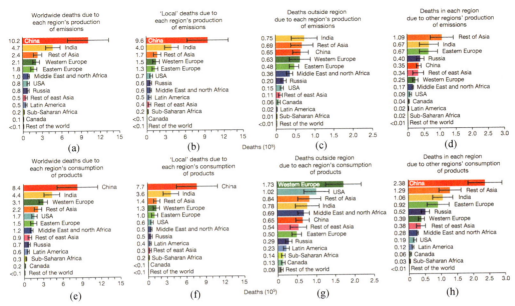

图 5.25　大气传输及贸易对区域 PM$_{2.5}$ 污染健康影响

图片来源：Nature，2017

染跨界转移本质上反映了不同地区产业结构水平的差异。发展中国家应当加速产业结构调整，淘汰低端落后产能，在提升自身在全球产业链中地位的同时减少本地排放；国际社会应当提倡可持续消费，并通过建立相关合作机制促进技术转移，从而降低贸易中隐含的污染水平，推动空气污染全球治理。

相关研究成果在学术界和国内国际主流媒体引起巨大反响。我国科学家发表在 *Nature* 的研究成果被中国新华社、美国广播公司、英国 *The Guardian* 和 *The Economist* 等国内外主流媒体广泛报道，其受关注度在 Altmetric 收录的全部论文（近 900 万篇）中排名前 2‰。澳大利亚著名科学家 Canadell 教授在接受 *Science* 期刊采访时指出这项研究 "是一项非常重要的进展，这项研究为厘清全球贸易中生产者和消费者的责任提供了全新视角"。发表在 *PNAS* 的论文 "International trade and air pollution in the United States" 获得美国科学院颁发的科扎雷利奖。科扎雷利奖由 *PNAS* 编辑部组织每年评选一次，从 *PNAS* 每年发表的 3000 多篇论文里评选出 6 篇，奖励在 6 个学科领域具有卓越科学成就和创意的论文。

5.21

气候与植被相互作用的数值模拟

目前，地球大气中 CO_2 浓度每年增加大约 1.8ppm（1ppm=10^{-6}）个单位，相当于在大气中增加约 40 亿 t 的碳储存。根据各个国家每年煤、油、汽的用量和工业活动，最新研究估计人类活动的碳排放约为每年 98 亿 t，其误差不超过 5 亿 t。由此可见，40% 左右的人类碳排放留在了大气中，它通过影响红外辐射传输而增加大气的"温室效应"，从而影响气候；其余 60% 左右的人为排放通过大气的下边界传给了陆地生态系统和海洋。

60% 左右的人为碳排放是如何被陆地生态系统和海洋吸收的呢？这是科学家们致力于解决的重要前沿问题。其答案不仅关系到未来大气中 CO_2 浓度将怎样变化，也关系到减排和应对气候变化策略的可行性。回答这个问题的主要办法是通过耦合气候系统模式和生态系统模式，计算陆地和海洋生态系统在不同气候条件下的碳源和碳汇。

中国科学院大气物理研究所曾晓东研究团队研发了一个可以计算陆地生态系统在不同气候条件下碳源和碳汇的全球植被动力学模式（Institute of Atmospheric Physics Dynamic Vegetation Model，IAP-DGVM）。该模式把全球植被分成 12 个大类，在每个计算网格内，植被根据阳光、水分和温度共存和相互竞争；模式计算每类植被的覆盖度和个数、单个植物在叶子、茎部和根部的含碳量，从而计算气候变化条件下植被对碳储存的贡献。IAP-DGVM 是国际上目前为数不多的几个全球植被动力学模式之一，它能够较准确地模拟出当前气候条件下全球主导植被的空间分布。目前，IAP-DGVM 已耦合进中国科学院地球系统模式，为全球植被和气候相互作用模拟和机理研究提供了重要的研究工具。

全球植被动力学模式除了计算光合作用和植物凋谢、分解之外，也计算自然和人为火灾造成的植被变化和碳排放。过去 20 年火灾造成的碳排放每年 20 亿—30 亿 t，相当于化石燃料和工业活动排放的 1/4 左右。气象条件对火灾的发生和扩散具有重要影响，特别是湿度、温度和风速。中国科学院大气物理研究所李芳和她的合作者研发了一个中等复杂程度的火灾模式。该模式通过气象条件和雷电数来计算自然火源，通过植被特征计算燃烧量，通过植被的空间分布和风速计算火的蔓延，通过物种分布计

作者简介：张明华，博士，研究员、欧亚科学院院士；单位：中国科学院大气物理研究所，北京，100029

算火的碳排放。这个火灾模式能够便捷地与植被动力学模式、气候模式耦合，已成为中国科学院地球系统模式的重要组成部分。该火灾模式是目前世界上较先进的全球火灾模式之一，模式已经能够模拟出当前气候条件下与卫星反演数据比较一致的火灾碳排放量。

上述研究成果已经发表在国内外多个重要的学术期刊上，如 *Biogeosciences*、*Global Biogeochemical Cycle*、*Advances in Atmospheric Sciences*、*Geoscientific Model Development* 等。曾晓东研究团队发展的灌木林子模式已经被美国国家大气研究中心的陆面过程模式 CLM（Community Land Model）4.0 和 CLM4.5 所采用；李芳的火灾模式已经被多个国外地球系统模式所采用，包括美国国家大气研究中心的地球系统模式 CESM（Community Earth System Model）、美国地球物理流体动力学实验室地球系统模式 GFDL-ESM（Geophysical Fluid Dynamics Laboratory Earth System Model），美国能源部地球系统模式 E3SM（Energy Exascale Earth System Model）、加拿大地球系统模式 CanESM（Candian Earth System Model）。

6

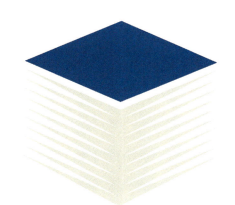

中国信息科学
前沿进展

6.1

高时效大数据处理平台和应用

大数据处理与管理是大数据软硬件基础设施的重要一环，是实现大数据高效分析和服务的基础支撑，包含数据的高效存储、组织、索引、查询以及计算等多个方面的内容，是涉及大数据技术和产业国际竞争的关键领域。当前，大数据处理与管理的发展面临着新的挑战，主要表现在：①应用需求多样化，提升服务质量、管理新型硬件和追求极致效能的需求并存，加大了大数据处理与管理能力提升的难度。②数据类型复杂化，时序数据、科学数据、过程数据以及非结构化工程数据等多类型并存，使得大数据难以拥有统一有效的处理与管理方法。③支撑和服务环境云化，快速发展的云计算设施已经成为事实上的软硬件基础，呈现出异构发展趋势，提升了大数据处理与管理系统的设计复杂度。

当前，在各项科技计划项目的支撑下，中国大数据处理与管理技术呈现出加速发展、局部引领的总体态势，在新型硬件、基础软件、处理系统、管理软件以及超级服务器等多个方面实现了飞跃与突破。

新型硬件方面。中国科学院计算技术研究所陈云霁团队研发了全球首款商用深度学习处理器 IP（internet protocol）产品——寒武纪 1A 处理器，其性能达到了传统四核通用 CPU（central processing unit）25 倍以上的性能和 50 倍以上的能效，成为处理人工智能大数据应用的利器。华为公司杭州研究所科研人员研发了支持非易失性存储介质的混合内存控制器，并在国际标准化组织提出了多项国际标准。

大数据处理的基础软件方面。在阿里公司的阿里云、广东国云科技的 G-Cloud 和 OpenStack 的基础上，完成了云操作系统分层 API（application program interface）的定义工作，共定义容器服务、对象存储、专有网络、云服务器和用户管理相关的 API 324 个。基于最小化内核 API，完成了与华为云、阿里云等典型云平台的对接。

大数据处理系统方面。在数据流执行引擎方面，中国科学院计算技术研究所范东睿团队完成了异构融合数据流加速器硬件系统 G5500 的开发，服务器加速系统单节点支持最大 8 个全高全长的 PCIE3.0（peripheral component interconnect express 3.0）异构加速器节点单元，最大支持 1.5TB 内存容量，处于业界领先地位，目前，初步性能评

作者简介：金海，博士，教授，中国计算机学会会士；单位：华中科技大学，武汉，430074

测结果表明，计算能效比 61 倍于 CPU、5 倍于 GPU。在内存计算方面，基于华为杭州研究所最新 ARM 处理器的 FPGA（field programmable gate array）原型验证单板，实现了 ARM+FPGA+NVM 的技术验证平台，在 6 个 FPGA 上搭建了 CPU 的软硬件环境，并基于 NVDIMM-P 单板实现了基于 NVDIMM-P 协议的内存控制器 IP。目前在 NVDIMM-P 标准方面共提出 14 个草案，已有 8 个通过评审。上海交通大学黄林鹏团队、华中科技大学金海团队等单位合作研发了支持混合异构内存的基础软件环境和系统，包含了混合内存分配、在线数据迁移、内存文件系统等系列软件，可对大数据提供大容量、低能耗的基础处理环境。

大数据管理技术方面。面向工业生产中的不同应用需求，清华大学冯铃团队合作研制了高端装备检测时序数据管理系统 IoTDB，支持百万数据点秒级写入、TB 级数据毫秒级查询、查询种类丰富、存储压缩比高、查询分析一体化等。面向科学大数据，中国科学院计算机网络信息中心黎建辉团队研发了面向短时标（15s）天文巡天大数据管理引擎 AstroServer 系统，可及时捕捉光学瞬变天文事件，开辟了天文学研究的新窗口，支撑重大科学发现。AstroServer 可支持在 1—3s 内发现异常天文现象，TB 级结构化星表数据查询时间小于 3s，为研制科学大数据管理系统明确了标准。在图数据管理方面，北京大学邹磊团队研制并基本实现了针对大规模关联数据的图数据管理引擎 gStore-S，在 10 亿边规模的实验中，80% 以上的查询快于现有系统，已经应用于生命科学领域 30 亿三元组管理中，复杂关系查询可在 10s 以内响应。

超级服务器方面。中国江南计算技术研究所自主研发的"神威·太湖之光"超级计算机已经连续多次蝉联全球超级计算机排行榜之首，并且两次获得戈登·贝尔奖，为大数据的高效处理提供了坚实的硬件基础。

中国在大数据处理与管理方面的进展涵盖了基础硬件、系统软件、处理体系、管理软件、服务器等多个层次、多个维度，必将极大地促进各个领域的大数据应用进程。

6.2

碳基信息器件和集成电路

芯片是信息科技的基础与推动力。然而，现有的硅基芯片制造技术将触碰其极限，碳纳米管技术被认为是后摩尔技术的重要选项。相对于传统的硅基 CMOS（complementary metal oxide semicondutor）晶体管，碳管晶体管具有明显的速度和功耗综合优势。IBM 的理论计算表明，若完全按照现有二维平面框架设计，碳管技术相较硅基技术具有 15 代、至少 30 年以上的优势。此外，美国斯坦福大学的系统层面的模拟表明，碳管技术还有望将常规的二维硅基芯片技术发展成为三维芯片技术，将目前的芯片综合性能提升 1000 倍以上，从而将物联网、大数据、人工智能等未来技术提升到一个全新高度。

从 2001 年开始，北京大学彭练矛团队在连续 4 次 973 计划、重大科学研究计划和国家重点研发计划项目等的支持下，在碳基电子器件相关材料和制备工艺的研究中取得突破性进展，发展了一整套碳纳米管 CMOS 集成电路和光电器件的无掺杂制备新技术，其核心为放弃掺杂，通过控制电极材料达到选择性地向晶体管注入电子或空穴，实现晶体管极性的控制；首次实现了 5nm 栅长的碳纳米管 CMOS 晶体管，由此证明了在亚 10nm 的技术节点，碳管晶体管在性能和功耗综合指标上较最先进的硅基 CMOS 器件具有 10 倍以上的优势，并接近由量子测不准原理决定的电子器件理论极限。此外，发展并采用在完整硅晶片或标准显示玻璃面板上规模制备高纯碳管薄膜技术，制备出速度达到单晶硅水平的 5.54GHz 环振电路和中等规模的高性能碳基 CMOS 集成电路。这些结果极大地推进了碳管集成电路的实用化发展。

2012 年 9 月，IBM 联合斯坦福大学和加利福尼亚大学伯克利分校等高校的顶级学者，在美国国家标准局召开了美国碳纳米管电子学战略研讨会，彭练矛受邀参会作了题为 *CNT circuit at Vdd < 0.4V* 的报告。研讨会的会议纪要将彭练矛团队在超低电压 0.4V 以下工作的碳管电路，电极、CMOS 设计、对称阈值电压的控制，极端热环境工作的电路列为当时碳管电路领域最重要的进展。国际半导体技术发展路线图（International Technology Roadmap for Semiconductors，ITRS）从 2009 年起也开始关注彭练矛团队的工作，特别是在 2011 年"新兴研究器件"报告涉及碳管晶体管研究进展的部分，全球

作者简介：彭练矛，博士，教授；单位：北京大学，北京，100871

9 项重要进展中彭练矛团队的贡献占了 4 项；2013 年报告中，全球 11 项进展中，彭练矛团队的贡献又占了 3 项，与 IBM 和斯坦福大学团队并肩成为该领域最重要的研究团队。*Nature* 期刊发布的《2015 中国自然指数》在报道北京创新故事时，重点介绍了彭练矛团队的工作，称其"代表了计算机处理器的未来"；2017 年 5 月，*Nature Index 2017-China*（图 6.1）又以封面故事"中国的蓝色芯片未来"推介了彭练矛团队年初发表在 *Science* 期刊上关于 5nm 栅长碳纳米管晶体管的工作（图 6.2）；2017 年 10 月推出的 *Nature Index-Science City* 介绍北京大学的部分，以"Pioneering carbon-based nanoelectronics"为题，再次系统介绍了彭练矛团队的工作。相关工作入选 2011 年度"中国十大科技进展"、2017 年度"中国高校十大科技进展"、2016 年获国家自然科学奖二等奖。《人民日报》（海外版）2017 年 8 月 19 日在《"中国芯"走出自强路》一文中评价碳纳米管晶体管的"工作速度是英特尔最先进的 14 纳米商用硅材料晶体管

图 6.1   2017 年 *Nature Index 2017-China* 以封面故事的形式，报道了
北京大学团队碳芯片的工作

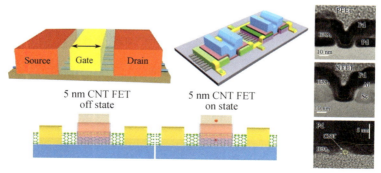

图 6.2   2017 年，北京大学团队在 *Science* 期刊上报道首次实现了
5nm 栅长的碳纳米管 CMOS 晶体管
图片来源：Science，2017

速度的 3 倍，而能耗只是其四分之一"，"意味着中国科学家有可能研制出以此类晶体管为元器件的商用碳基芯片，有望在芯片研究技术上赶超国外同行"；文中还指出，"研制出碳纳米晶体管无疑是我国科学家奋力追赶世界先进水平的征途中取得的一个重大胜利，是中国信息科技发展的一座新里程碑"。

6.3

新型纳米非易失存储技术研究

存储器是集成电路最核心的技术之一，至 2018 年，存储器产品在全球的市场已接近 1400 亿美元，占集成电路市场的 1/4。中国消费的存储器产品占全球市场的 1/2，核心产品依赖进口，这为中国的信息安全埋下了隐患。随着人工智能、云计算、大数据等新兴信息技术的蓬勃发展，全球数据量每年以 60% 速度递增，到 2020 年将达到 40ZB。按摩尔定律，占据 90% 市场的动态随机存储器（dynamic random access memory，DRAM）和闪存（Flash）都已进入亚 20nm 技术节点，其尺寸微缩已逼近物理极限，难以满足大数据时代对海量信息数据的存储和处理需求，亟须发展基于新原理的高性能纳米存储器技术。

现代计算系统普遍采用信息存储和运算分离的冯·诺依曼架构，微处理器速度的提升远远大于存储器速度的提升，计算系统的性能受制于数据存储和传输速度，即"存储墙"问题。基于此，新型纳米存储器技术的发展趋势（图 6.3）如下：①高性能非易失性纳米存储器代替传统易失性存储器，简化计算系统存储架构，缓解"存储墙"问题。②存储密度的提升从器件的平面尺寸微缩向三维集成发展。③发展具有存储 - 计算融

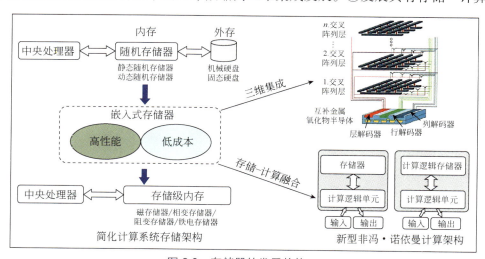

图 6.3　存储器的发展趋势

作者简介：刘明，博士，研究员，中国科学院院士、国际电气和电子工程师协会会士；单位：中国科学院微电子研究所，北京，100029

合功能的新原理纳米非易失存储技术，减少数据交换，实现高能效的新型非冯·诺依曼计算系统。近 20 年，代表性新型纳米存储器包括：基于电荷存储机制的纳米晶浮栅存储器和电荷俘获型存储器；基于电阻变化的阻变存储器、相变存储器和磁存储器。

"十一五""十二五""十三五"期间，973 计划、863 计划、国家重点研发计划等对新型纳米存储器的材料、工艺、器件和集成进行了研究部署，部分项目信息如表 6.1 所示。在此支持下，中国在新型纳米存储器应用基础研究中取得了系列成果，提高了中国在存储器领域的国际学术地位，也为中国发展自主可控的存储器产业提供了重要支撑。

表 6.1　存储器领域的部分国家级项目

计划名称	项目名称	项目周期（年）
973 计划	基于纳米结构的相变机理及嵌入式 PCRAM 应用基础研究	2007—2011
973 计划	相变存储器规模制造技术关键基础问题研究	2010—2014
973 计划	纳米结构电荷俘获材料及高密度多值存储基础研究	2010—2014
863 计划	纳米晶浮栅存储器存储材料及关键技术	2008—2010
863 计划	新型非易失存储器设计共性关键技术研究	2011—2015
863 计划	高密度存储与磁电子材料关键技术	2014—2016
国家"02"专项	32nm 新型存储器关键工艺解决方案	2009—2012
国家"02"专项	45nm 相变存储器工程化关键技术与应用	2009—2018
国家重点研发计划	纳米存储器三维集成中的基础研究	2016—2021
国家重点研发计划	高密度交叉阵列结构的新型存储器件与集成	2017—2022
国家重点研发计划	新型高密度存储材料与器件	2017—2021

针对 Flash 的推进技术纳米晶浮栅和电荷俘获型存储器，中国科学院微电子研究所与上海宏力半导体制造有限公司、中芯国际集成电路制造有限公司等单位联合攻关解决了该类存储器的关键材料、器件模型、集成工艺、可靠性等基础问题，研制了 8Mb 纳米晶测试芯片和 1Gb Flash 存储芯片。作为武汉新芯集成电路制造有限公司 3D NAND 存储器技术初始来源，率先在国内完成了 3D NAND 存储器集成工艺的研发并正在推进其产业化进程。

阻变存储器具有材料体系与 CMOS 工艺兼容，结构简单易于三维集成等优点被寄予厚望。中国科学院微电子研究所在阻变存储器性能优化、机理模型、集成技术等方面取得了显著成果，荣获了 2016 年度国家自然科学奖。与清华大学、北京大学、西安华芯半导体有限公司等单位共同完成了 1Kb、256Kb、1Mb 到 64Mb 的阻变存储器原型芯片的研制。在此基础上，中国科学院微电子研究所正与中芯国际集成电路制造有限公司合作开展 28nm 阻变存储器量产工艺的研发，同时也在推进阻变存储器的 3D 集成技术，这将为中国存储产业升级换代提供基础。

2017年，中国科学院上海微系统与信息技术研究所在相变存储器的基础研究中取得重大突破。在前期研究基础上，创新提出一种高速相变材料的设计思路，即以减小非晶相变薄膜内成核的随机性来实现相变材料的高速晶化，设计出低功耗、长寿命、高稳定性的 Sc-Sb-Te 材料。实现了 700ps 的高速可逆写擦操作，循环寿命大于 10^7 次的相变存储器。相比传统相变存储器件，其功耗降低了 90%。该工作于 2017 年发表在 *Science* 期刊上。

在磁存储器领域，中国科学家也取得了一些重要进展。中国科学院物理研究所发展了纳米环状磁性隧道结，并联合中芯国际集成电路制造有限公司，合作开发了基于此结构的磁性存储器的集成工艺，为中国未来发展磁性存储技术提供了技术支持。

中国是存储器的消费大国，由于缺乏关键核心知识产权，存储器技术已成为制约中国信息产业自主发展的主要瓶颈之一。通过国家项目的长期支持，中国在新型纳米存储器的基础研究上与国外差距不大，已初步掌握了核心知识产权，对于中国突破国外技术壁垒，开发自主知识产权的纳米存储器芯片具有重要作用，对中国存储器的跨越式发展、信息安全与战略需求具有重要意义。

6.4

激光和非线性光学晶体与高功率激光器和光子芯片

激光器在国防、工业、民生、医疗、环保等各个方面具有重要的应用。激光晶体和非线性光学晶体在激光技术，特别是大功率、高性能激光器中的地位，就如同高温合金叶片在航空发动机中的核心地位一样，举足轻重、不可或缺。而激光和非线性光学晶体是中国在国际上具有重要地位和影响的优势方向。中国在新晶体材料设计、材料制备科学和工艺技术、晶体器件和激光器的研制方面具有世界领先水平，发明了一系列"中国牌"的非线性光学晶体。2009 年 *Nature* 期刊曾以 "China's crystal cache" 为题发表评论，以 KBBF（$KBe_2BO_3F_2$）晶体的发明为例，赞誉中国晶体学家对世界做出的贡献。近年来，中国在这个领域的研究保持着强劲的发展势头。

中国科学院上海光学精密机械研究所杭寅团队自主研发成功国内首台热交换法生长大尺寸钛宝石晶体炉，开展大尺寸钛宝石激光晶体生长研究工作，解决了晶体开裂、气泡等关键技术难题，研制出国际上最大尺寸、质量优良的 $\Phi235mm \times 72mm$ 的钛宝石激光晶体，并应用于上海超强超短激光实验装置上（图 6.4），钛宝石主放大器输出的纳秒级啁啾脉冲最高能量达到 339J，激光脉冲宽度经过脉冲压缩器压缩后达到 21fs，压缩器效率 64%，压缩后激光脉冲的最高峰值功率可达 10.3PW，这是目前已知的最高激光脉冲峰值功率，达到国际同类研究的领先水平（中央电视台、上海电视台等国内主要媒体对基于自主研制的钛宝石晶体实现 10PW 激光输出进行了详细报道）。

中国科学院理化技术研究所胡章贵、吴以成小组在大尺寸 LBO（Lithium triborate）非线性光学晶体及超高功率激光器研制取得突破。他们制备出尺寸达 $24cm \times 16cm \times 11cm$、重 3870g 的世界最大尺寸和质量的晶体，倍频器件全口径光学均匀性达 10^{-7}，这些指标达到国际最高水平。由他们提供的 10 余件口径从 60mm 至 164mm 的 LBO 器件被中国工程物理研究院用于实现光参量放大能量 168J 的输出。基于 LBO 晶体的 OPCPA 激光系统获得了 5PW 的国际最高激光脉冲能量和峰值功率，为中国高能激光聚变研究提供了重要的支撑（图 6.5）。

基于微结构光学超晶格的新型光子芯片探索方面取得重要进展，南京大学祝世宁小组取得突破，他们发展了光学超晶格集成有源光子芯片，实现了多种光子纠缠态的

作者简介：陈延峰，博士，教授；单位：南京大学，南京，210023

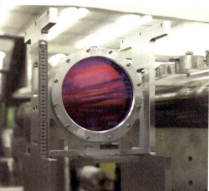

图 6.4　Φ235mm×72mm 钛宝石激光晶体及其在上海超强超短激光实验装置中的应用

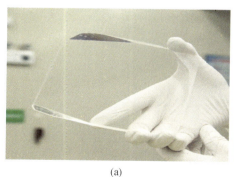
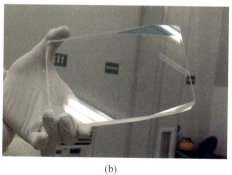

(a)　　　　　　　　　　　　　　　　　(b)

图 6.5　LBO 晶体

(a) 晶体尺寸为 164mm × 110mm × 12.2mm。(b) 晶体尺寸为 139mm × 132mm × 11.5mm

制备，为量子通信、量子模拟研究提供了新颖的量子光源。光学超晶格与光波导、光电调制器等元器件的集成实现了芯片上光子态的高速调控，目前芯片上光子对产率超过 5×10^7Hz/（nm·mW），纠缠光子带宽调谐能力达 200nm，硅基铌酸锂复合材料的电光调制器的半波电压长度乘积低至 1.2cm·V，插损控制在 2dB 以内。这些性能的突破标志着中国独创的基于微结构晶体的光子芯片性能优越，为量子计算的核心——量子芯片开辟了新的途径（图 6.6）。

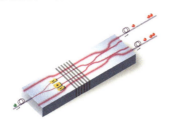

图 6.6   光学超晶格集成光量子芯片

在新波段大功率黄光激光器的研制方面，山东大学王继扬、张怀金小组发现了以声子参与电子跃迁过程的高效粒子数反转过程，结合倍频过程，获得了实用化的黄橙光激光输出（瓦级）且可调。这一进展填补了大功率黄光激光器的空白，为拓展激光医疗和国防领域的新应用奠定了基础。

中国科学家在功能晶体的基础研究积累了从晶体到微结构设计、从晶体生长理论到生长设备、从器件设计加工到激光器研制的全链条相互衔接的独树一帜的、系统性的学术成果，在这一领域取得了世界领先地位。这些成果为中国在大功率激光器领跑世界、为填补高功率黄光等激光器的空白、为发展独创的光子集成芯片的新材料体系奠定了基础。

6.5

新一代有机光电材料与器件

　　有机光电材料是一类具有光电活性的有机功能材料，其价格低廉且毒性小（或无毒），其光电性能易调且可调范围宽，广泛应用于有机发光二极管（organic light emitting diode，OLED）、有机太阳电池（organic solar cells，OSC）、有机场效应晶体管（organic field-effect transistor，OFET）、有机存储器等领域。与无机材料相比，有机光电材料可以采用低温溶液加工的方式来制备，可大幅降低器件的制作成本，实现大面积制备和柔性器件。作为新兴的技术，以 OLED 为代表的有机光电材料与器件引起了世界各个国家产业界和学术界的广泛关注，快速推动了有机电子产品的市场化进程。在近 20 年的时间里，中国学者在印刷 OLED 材料、大面积器件制备、与有机发光显示集成等领域取得了一系列突破性的科学成果，实现柔性显示的目标，打破了国外公司对该领域的技术垄断。在高效有机／聚合物太阳电池新材料开发、界面及形貌调控、器件集成等一系列突出成果引领了该领域的发展趋势，引起了国际学术界和公众的广泛关注。

　　OLED 具有自发光、高亮度、高对比度、柔性超薄、低功耗、视角广等诸多优点，是新一代显示器件的发展趋势。在新型有机发光材料上，如何突破激子统计限制的新一代荧光材料是目前国际竞争的焦点，发展自主、廉价、高性能的新一代荧光材料体系关系到中国 OLED 产业是否能持续发展的问题，中国科学家也在这一领域做出了突出贡献。例如，华南理工大学马於光等在电荷转移态（charge transfer，CT）发光材料的研究基础上，实验观测到高能量三线态激子（T_n，$n > 1$）反向系间窜越到单线态（S_1）的现象（$T_n \rightarrow S_1$），提出利用高能量三线态激子的"热激子"机理，并且在实验及原理上突破光化学最低激发态发光的 Kasha 规则，提出增加高能激子态系间窜越到单线态的电子结构特征规律及化学结构调控方法。清华大学邱勇和段炼自主发展了 OLED 材料，大幅提高了荧光材料的激子利用率。华南理工大学／香港科技大学唐本忠首次发展的聚集诱导发光（aggregation-induced emission，AIE）材料在聚集态下能够高效发光，为解决聚集导致荧光猝灭（aggregation-caused quenching，ACQ）问题提供了新思路，最近又开发出一类结构简单的高效发光材料，实现了 AIE 和热活化延迟荧光

作者简介：黄飞，博士，教授；单位：华南理工大学，广州，510641

（thermaly actived delayed fluorescence，TADF）两种特性的有机结合，在保证高效固态发光的前提下，提高了材料在器件中的激子利用率。华南理工大学曹镛和彭俊彪在国际上率先实现了基于全印刷技术的 OLED 显示屏，而且在有机 OLED 驱动技术、柔性显示器件及集成技术等方面取得了突破性进展（图 6.7），推动中国 OLED 产业化的快速发展。

图 6.7　柔性有机电致发光器件

有机 / 聚合物太阳电池作为一种新型薄膜光伏电池技术，具有全固态、光伏材料性质可调范围宽、可实现半透明、可制成柔性电池器件以及大面积低成本制备等突出优点，被认为是一种非常有前景的新一代电池技术。如何获得低成本、高效率、性能稳定的有机 / 聚合物太阳电池是国内外的研究热点。中国科学家在新型高效材料体系、界面材料与界面调控、高效器件等方面做出了处于世界前列水平的研究成果，发展了一系列具有自主知识产权的新型高效有机 / 聚合物太阳电池材料体系与器件，为推动有机 / 聚合物太阳电池效率持续快速提升以及产业化进程做出了重要贡献。在电子给体材料体系方面，中国科学院化学研究所李永舫和侯剑辉等发展了一系列高效共轭聚合物电子给体材料体系；南开大学陈永胜等发展了一系列高效小分子电子给体材料体系；华南理工大学黄飞、陈军武等发展了一系列适于印刷大面积加工的高迁移率的电子给体材料体系；香港科技大学颜河等发展了一系列可采用温度调控聚集特性的高效电子给体材料体系及其器件制备方法。在电子受体材料方面，北京大学占肖卫等发展了以稠环电子基团作为中间桥、两端为吸电子单元的非富勒烯电子受体材料为代表的非富勒烯电子受体材料体系；中国科学院长春应用化学研究所刘俊等发展了一系列具有 B-N 结构的聚合物电子受体材料；中南大学邹应萍等发展了一种缺电子单元苯并噻二唑稠环结构作为中心核的新型高效非富勒烯小分子受体材料；中国科学院化学研究所王朝晖等发展了一系列高效苝酰亚胺类电子受体材料。在界面调控方面，华南理工大学曹镛、黄飞和吴宏滨等发展了一系列面向高效有机太阳电池的界面材料以及界面调控方法；南开大学陈永胜等采用高效的给受体材料制备了叠层太阳电池器件，实现了高达 17.3% 的能量转换效率。这些自主发展的高效材料体系，不仅实现了高效的有机太阳电池器件（图 6.8），同时大幅推进了有机 / 聚合物太阳电池的产业化进程，相关研究工作引起了国际学术界和公众的广泛关注。

图 6.8　半透明有机 / 聚合物太阳电池

中国学者的科学发现引领了有机 / 聚合物太阳电池领域的发展趋势，在 *Science*、*Nature Energy*、*Nature Photonics* 等重要的国际学术期刊上发表了系列重要研究成果。这些原创性的成果极大地推动了有机光电材料及器件的发展，研究成果曾入选 2012 年度"中国科学十大进展"，该领域 2 篇研究论文入选 2006—2016 年中国高被引论文中被引次数最高的 10 篇论文，分别列第 1 位和第 7 位。在 2017 年 11 月中国科学院科技战略咨询研究院、中国科学院文献情报中心与科睿唯安公司共同发布的《2017 研究前沿》报告和《2017 研究前沿热度指数》报告中，非富勒烯型聚合物太阳电池和全聚合物太阳电池两个研究领域分别位列化学与材料科学 Top 热点前沿的第 4 位和第 6 位，目前中国科学家在这两个领域处于国际领跑地位。

6.6

信息光电子集成器件理论与应用

　　光电子器件是现代信息基础设施的核心，其技术水平和产业能力已经成为衡量一个国家综合实力和国际竞争力的重要标志。它支撑通信网络、高性能计算、物联网与智慧城市等应用领域的自主可控发展。加快核心光电子与微电子器件攻关，构建自主可控的信息器件技术研发体系，无疑是保障中国国防安全、产业安全和信息安全的根本战略。

　　光电子器件技术正处于高速发展时期，各国都投入了大量的人力、物力进行高端光电子器件的研发，在光电子的基础科学问题、关键技术、示范应用、产业推广等方面均有重大进展和突破，有力支撑了各国信息领域整体水平的提升。集成化是光电子技术发展的必由之路，这已成为学术界和产业界的共识。只有集成才能够支撑未来信息系统对高速率、低能耗以及智能化等发展需求。

　　近年来，中国在多波长激光器阵列、超高速长距离光传输、高速光调制器、大规模光交换芯片以及全光信号处理芯片等多个方面取得了重要进展。在研发层面上，光电子单元器件部分指标已经达到国际水平，如70Gb/s硅基调制器、40Gb/s锗硅探测器、28GHz模拟直调激光器、高效光栅耦合器及波分复用器等。上述科技成果提升了中国在光电子领域的理论研究水平和研发能力，为今后在光电子领域追赶世界前沿打下了坚实的基础。

　　介观光子集成器件方面。北京大学龚旗煌团队在光电子与集成器件前沿研究领域进行了深入的研究，在若干方向取得重要进展，主要成果包括：①提出复合增强非线性和表面等离激元波导结构光子带隙工程实现全光逻辑功能新方法，将全光逻辑器件阈值光功率降低6个量级，逻辑对比度大于20dB。②提出混沌辅助的光子动量转换新原理，实现了片上光学微腔的高效、超宽谱光耦合。③提出利用表面等离激元亚波长束缚特性和耦合谐振腔效应并发展暗场光学纳米精确定位技术，实验上实现了超小的片上光子器件及功能集成。上述成果分别发表在 Science、Nature Photonics 等国际重要期刊上，得到了国际学术界的广泛关注，被美国"物理学家组织"网（Phys.org）、美国《每日科学》等10余家国际科技媒体专题报道，为推动集成信息光子器件的实用化及实现具有自主知识产权的超高速超宽带光信息处理芯片奠定了坚实的基础（图6.9）。

作者简介：祝宁华，博士，研究员；单位：中国科学院半导体研究所，北京，100083

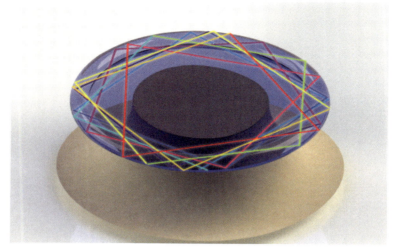

图 6.9　非对称光学微腔中的混沌动力学

硅基高效发光机理方面。浙江大学杨德仁团队对硅基发光材料的基础科学问题进行了深入研究，在硅基高效电致发光、电泵激光和单元器件光电集成等方面取得了一批优秀的成果，为将来硅基光电子的实现和应用提供了重要的理论基础。与北京大学秦国刚团队合作，报道了有机无机杂化电致硅量子点发光二极管，外量子效率达到2.7%，光功率密度达到 $0.11mW/cm^2$；制备了 p^+-Si 上的异质结器件，首次实现了硅基 TiO_2 器件的电致发光；在 p 型硅单晶上生长 n 型 ZnO，实现了硅基 ZnO 薄膜的室温电抽运随机激光；在氮化硅 MIS 器件基础上可控沉积了银纳米颗粒，实现了硅基氮化硅薄膜器件电致发光波长的调制；研究了不同晶型硅酸铒的发光特性，实现了非晶硅团簇及发光中心敏化硅酸铒发光。

中国科学院半导体研究所骆军委团队围绕半导体集成光电技术与量子技术中的关键问题，系统研究了硅量子结构的发光机制并设计了多种硅基高效发光材料，揭示半导体量子结构中的多种量子效应和自旋轨道耦合效应机制，取得包括一项教科书级的理论在内的多项原创性研究成果。骆军委设计的硅锗超晶格的发光效率把文献中报道的最高效率提高了 50 倍，达到砷化镓的 10%，论文被 *Physical Review* 选为 Top5%，被包括国际知名的 Lockwood 教授和 Stangl 教授等在内多个实验组跟踪研究。骆军委最近提出了一个更加简单可行的方案，往锗中注入锂或氢等外部原子，实现了锗直接带隙发光，推翻了国际权威学者关于硅量子点随尺寸减小可以成为直接带隙发光的新发现，该成果发表在 *Nature Nanotechnology* 期刊上。

高集成度硅基光子无源集成器件方面。浙江大学戴道锌团队在高集成度高性能硅光器件与集成方面取得重要进展，建立了硅基非对称波导耦合结构体系及其模式调控方法，突破了单一复用技术容量限制并实现其可重构性，解决了在微小尺度的物理空间实现可重构超大容量片上光互连的难题，主要成果包括：①打破对称型波导结构设计的传统惯例，提出并实现了大带宽超小型的高性能片上偏振调控器件，解决了多波长偏振调控及复用的问题。②打破单模条件器件设计框架，提出了基模－高阶模选择性转化－耦合的有效操控机制，实现了波长－偏振多维兼容的硅基模式复用器件，突破了单一复用技术容量限制。③突破了多波长－多模式硅基片上多维度可调谐／切换技术，解决了大带宽范围内多通道复用片上光互连的可重构性问题（图 6.10）。

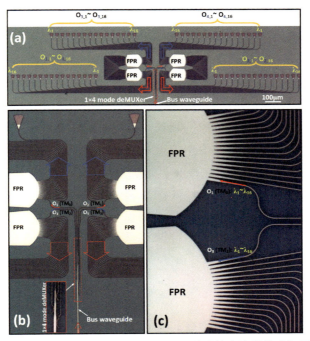

图 6.10　基于双向型阵列波导光栅的 64 通道硅基多波长模式复用芯片

成果入选美国光学学会期刊 *Optics Express* 创刊 20 周年百篇高引论文、1 篇入选 *Optics Express* 2013 年集成光学领域最佳论文，被 *IEEE Photonics Society News* 作为"研究亮点"并选为封面图，入选 2015—2017 年 Elsevier "中国高被引学者榜单"。

可调硅基光延迟芯片方面。上海交通大学陈建平团队成功研制首款大范围步进式可调硅基光延迟芯片。该芯片采用通道切换方式来调节延迟量，将基于 PIN 结构的可调光衰减器集成到光路中，有效消除了硅基光开关消光比不足的影响。该芯片延迟步长为 10ps、总延迟量达 1270ps，被 *Nature Photonics* 作为"研究亮点"加以报道："中国科学家研制了硅基可重构光延迟芯片。这种芯片在全光网络和全光信息处理系统具有重要应用，用于实现同步和缓存。"

硅基异质结构集成器件方面。中国科学院半导体研究所成步文团队专注于硅基异质结构材料的外延生长和器件研究，其成果包括：①采用超低温过渡层技术外延出高质量的锗材料，穿透位错密度低至 $10^5/cm^2$；与美国麻省理工学院同时首次独立研制出硅基锗室温发光二极管。②采用选区外延和复合钝化技术，将硅基锗光电探测器的暗电流密度降低到 $5mA/cm^2$，为目前国际报道最好水平。③在国内率先开展硅基锗锡材料生长和器件研究，研制出的锗锡光电探测器，首次将硅基光电探测器的工作波长拓展到 1800nm，覆盖全通信波段，并将工作波长进一步拓展到 2300nm。④在国际上率先开展锗铅合金材料的能带研究，结果表明锗铅合金材料在铅组分大于 3.4% 时可转化为直接带隙材料，为硅基激光器的研制探索出一条新的可能途径。

阵列化高速光互连集成器件与模块方面。中国科学院半导体研究所王圩团队和祝宁华团队在高速光电子模块集成方面进行了深入研究，取得了重要进展。针对阵列化、数字化电子战系统以及小型化武器平台对高速数据传输与交换功能器件模块的要求，突破高速集成光收发模块的材料生长、器件制备和模块化封装等关键技术。完成了激光器高速匹配电路、传输线和管壳的制备，进行了封装寄生参数的测试提取，并完成了优化设计。改进了光耦合和温度控制等封装单元技术，研制出波长 1550nm、速率达到 $8\times12.5Gbps$ 高速集成光收发模块，技术成熟度达到 4 级。突破了关键核心技术，在华为、中兴通讯、光迅科技等企业获得广泛应用。该项工作填补了国内相关领域的空白，对集成光电子模块产业化具有重要意义。

6.7

宽光谱无线光通信理论与方法

随着绿色照明技术的大面积普及应用，利用 LED 对于灯光控制信号的快速响应特性，2009 年在全球掀起了通信照明一体化的可见光通信研究，并延伸为包括不可见光波段的无线光通信。数字信息通过控制端加载到照明 LED 发光控制信号上，人的肉眼不会察觉光强的快速变化，但易被手机等智能移动终端上的光敏传感器如摄像头捕捉，从而实现从半导体光源到电子终端的通信。这样，LED 器件既能实现满足视觉效果的室内外照明显示、路口交通信号指示、交通枢纽和公共场所的大屏幕信息显示，又能实现对电子终端的信息传输。各式各样的 LED 光源将演变成为移动互联网、物联网和车联网的泛在接入节点，形成光联万物、无缝覆盖的无线光通信网络，有光就能通信，有光就能互连。至少高出无线带宽 4 个量级的宽光谱，对于未来网络大容量密集覆盖需求和无线通信频谱严重短缺的困境提供了有效的解决方案。

2013 年 1 月，973 计划项目"宽光谱信号无线传输理论与方法研究"启动，项目由清华大学牵头，中国科学技术大学、北京理工大学、东南大学、北京大学、北京邮电大学、中国科学院半导体研究所等共同承担。截至 2017 年，由中国科学技术大学徐正元作为首席科学家的该项目团队取得了一系列创新性基础研究成果，揭示了室内外宽光谱信号多径传输和大气随机作用规律，提出了满足照明的高效信号调制理论和以用户为中心的无定形无线光通信网络架构，大幅度提升了室内移动互联网容量。同时，利用室内可见光信道的相对稳定性和高信噪比特性，提出了非正交多址理论，满足未来巨量物联网终端的网络接入需求。在其理论指导下，项目团队融合 WiFi 和移动切换技术，构建了由 6 个 LED 光源接入点和 4 个移动终端组成的无线光网络，实现了基于普通白光 LED 照明光源的高速实时通信系统，速率和距离分别达到 609Mbps 和 3.1m，同时展示了视频播放、远程视频监控、网页浏览等多种业务能力，是国际上功能较为齐全和实时性能先进的网络系统，为可见光通信这一新型大带宽绿色信息技术的产业化奠定了基础。

2013 年 4 月，863 计划项目"可见光通信系统关键技术研究"启动，项目由中国人民解放军战略支援部队信息工程大学牵头，东南大学、北京大学、清华大学、北京邮电大学、上海交通大学、复旦大学、中国科学院半导体研究所、原工信部电信

作者简介：徐正元，博士，教授；单位：中国科学技术大学，合肥，230026

传输所（现为中国信息通信研究院）、上海宽带技术及应用工程研究中心等共同承担。2015 年由中国人民解放军战略支援部队信息工程大学邬江兴牵头的该项目团队使用阵列 LED 与阵列探测器构成的 128 对短距离并行光路，将可见光通信速率提高至 50Gbps。2017 年复旦大学迟楠团队基于五色 LED 进一步实现了单链路传输速率 10.4Gbps，达到国际同等水平。

在 CMOS 成像传感器通信前沿研究方面，2016 年中国科学技术大学徐正元团队提出了强度颜色调制和干扰消除理论与方法，克服了器件的非线性和颜色串扰问题，在普通手机摄像头距离 16×16 阵列 LED 光源 1.4m 的距离上，实现了速率 126Kbps 的数据实时传输，实验证明了无线光通信技术应用于成像传感器的可行性，并带动了相关应用的研究（图 6.11）。

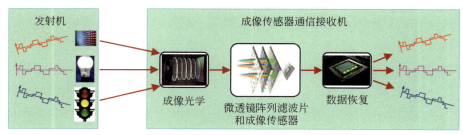

图 6.11　CMOS 成像传感器通信系统发射端与接收端示意图

在室外无线光通信方面，尤其是针对智能交通应用，复旦大学迟楠团队于 2016 年，采用 LED 可见光多路波分复用技术，首次实现了在 100m 传输距离上最高速率 1Gbps 的数据传输。2017 年，中国科学技术大学徐正元团队结合大气散射光通信信道特征，提出了相匹配的编码与接收技术，实现了 500m 传输距离下 400Kbps 吞吐量的非视距光通信系统，为公开文献报道中的性能最好成果，为未来大气通信提供了一种环境动态自适应的新型隐秘通信手段。

2017 年，在柔性发光器件通信前沿研究方面，中国科学技术大学徐正元团队解决了有机 LED 器件通信带宽的严重制约，实现了最高速率 51.6Mbps 和最远距离 90cm 的通信性能，"创造了一项新的世界纪录"，为未来可穿戴电子设备和柔性显示屏幕的网络化应用奠定了理论基础（图 6.12）。

2017 年，在水下无线光通信方面，中国科学技术大学徐正元团队基于脉冲幅度调制技术和传统的商用蓝光 LED 光源，首次实现了速率 400Mbps 的通信系统，实验传输距离达到 10m，同年浙江大学徐敬团队实现了基于波分复用技术和三色激光光源首个水下高速系统，将速率提升到 9.5Gbps，为未来水下通信提供了水声通信之外的新型大带宽通信手段。

在无线光通信专著方面，清华大学王昭诚团队和中国科学技术大学徐正元团队合

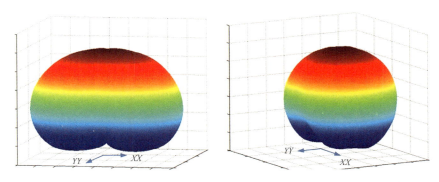

图 6.12 柔性发光器件通信中发光面板的空间光强在两个不同视角下的辐射分布图

作撰写了一部英文专著，于 2017 年出版后被选入 IEEE 数字和移动通信丛书，极大地提升了中国在此研究方向的国际影响力。在知识产权方面，依据专利检索信息较为全面的欧洲专利局网站显示，2007—2017 年各国专利机构共收录 1300 多份无线光通信技术专利申请，其中近 800 份来自中国。另外，华为技术有限公司等单位提出的网络拓扑结构、频谱规划、调制与调光等一系列可见光通信方案已经被国际电信联盟可见光通信家庭网络标准工作组接受，有望写入最终标准。

6.8

超构材料与信息超构材料

超构材料（metamaterial）是指具有亚波长尺度的单元按照周期性或非周期性进行排布的人工结构，能实现对电磁波的灵活调控，突破了传统材料在原子或分子层面难以精确自由设计的限制，构造出传统材料与传统技术不能或者很难实现的超常规媒质参数，进而控制电磁波，实现新奇的物理特性和应用（例如负折射、完美成像、隐身斗篷、广义斯涅尔定律等）。因此，超构材料是材料、结构和功能的复合体，远远超越了传统材料的概念和内涵。现代超构材料的研究始于1996年，20多年来一直是物理和信息领域的国际前沿和热点，相关成果4次入选 Science 所评选的年度"十大科学突破"和21世纪前10年的"十大科学突破"。超构材料因其特殊的物理特性引起世界发达国家的高度重视。例如，美国国防部将超构材料列为"六大变革性基础研究领域"之首，日本将其列入"基础科学先导研究"7个重大项目之一。

然而，20多年来，超构材料一直用等效媒质参数来表征，根据几何光学、物理光学和变换光学等物理原理，通过定制等效媒质参数及其分布来控制电磁波。但是，基于等效媒质参数的超构材料仅关注电磁波和光波的幅度、相位、极化、传播等空域特征，不能实现对电磁波的实时和智能调控，也难以和信息理论及信号处理方法相结合。

为了突破超构材料国际惯用的等效媒质表征方法，建立超构材料新的研究体系，中国学者于2014年率先提出数字编码和现场可编程超构材料。这是一种通过全数字编码方式进行表征、分析和设计的新型电磁超构材料，与基于等效媒质的模拟超构材料相比，数字编码超构材料对电磁波的调控功能取决于数字编码序列（图6.13）。与现场可编程门阵列相结合，进而研制出现场可编程超构材料，实现对电磁波的实时调控。这种数字编码表征使得在超构材料的物理空间上进行信息操作和数字信号处理运算成为可能，进而中国学者在2017年首次提出了更广义的信息超构材料的概念（图6.14）。从信息科学角度表征超材料工作入选美国光学学会2016年"最激动人心的30项光学成果"、国家自然科学基金委员会简报（2017年第1期）"2016年度基础研究主要进展与科学基金资助成效"和《中国激光》杂志社"2016中国光学重要成果奖"。

作者简介：崔铁军，博士，教授，国际电气和电子工程师协会会士；单位：东南大学，南京，210009

　　信息超构材料是中国科学家取得的原创突破，体现了"电磁超构材料"这一国际前沿领域新的发展方向，是中国在该领域从"跟跑""并跑"到"部分领跑"、实现弯道超车的关键布局。自 20 世纪 50 年代 Shannon 提出信息论以来，信息科学已经发展为独立于物理学且体现出其独特性的学科。信息超构材料可突破现有超构材料的研究体系，结合空域、时域、频域和信息域等多维空间，充分利用信息科学的优势（如信息熵、数字信号处理、现场可编程门阵列等）获得新形式的超构材料，实现对电磁波的实时操控和对信息的实时处理，从而构建新体制、多功能、动态可控的电磁器件与系统，产出具有变革性影响的新技术原型。

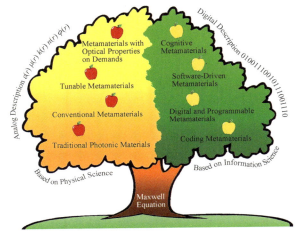

图 6.13　基于等效媒质的模拟超构材料（左）、信息超构材料（右）

图片来源：Journal of Materials Chemistry C，2017

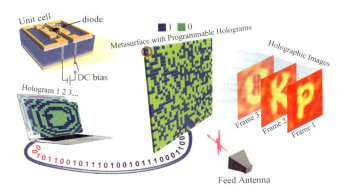

图 6.14　基于信息超构材料实现了第一个现场可编程全息成像系统

图片来源：Nature Communications，2017

7

中国制造科学
前沿进展

7.1

轻质高强多功能铝基复合材料的应用基础研究

铝基复合材料是由增强体（功能体）与铝合金基体复合而成的多相材料，通过设计，其不但具有高比强度、高比模量等优异力学性能，而且可集成导电、导热、阻尼降噪、耐热耐磨及辐射屏蔽等多功能特性，是空天、电子、能源和交通等高技术领域发展不可缺少的关键材料，其应用广度和生产发展的速度和规模，已成为衡量一个国家材料科技水平的重要标志之一。鉴于铝基复合材料在国民经济和国家安全中的重要作用，世界先进国家对中国一直实施严密的技术封锁和材料禁运。

为打破国外技术壁垒，支撑国家重大战略和经济社会的发展需求，以上海交通大学金属基复合材料国家重点实验室为代表，在哈尔滨工业大学、中国科学院金属研究所、北京有色金属研究总院等高校和科研院所共同努力下，独立自主开展铝基复合材料基础科学和应用研究，特别是在 973 计划项目"先进金属基复合材料制备科学基础研究"支持下，从复合界面、复合组织及使役性能等方面，推进铝基复合材料基础科学研究，基于铝基复合材料体系的"理论设计—复合制备—形变加工—表征评价—建模拟实—应用基础"全链条研究已初步建立，并已形成具有中国自主知识产权的先进铝基复合材料技术体系和制备加工平台。

复合界面是连接铝基复合材料力学和物性的关键。基于理论计算和实验研究，上海交通大学、吉林大学等单位的研究人员提出了改善界面润湿和降低界面反应的表面处理、合金化控制等优化方法和理论，借助近年来发展的微柱压缩、原位拉伸等先进表征手段，解决了复合材料界面结合强度定量表征的难题，并发现界面微区等新的失效模式，还结合密度泛函、分子动力学模拟等计算研究方法，从实验和理论方面进一步推进了铝基复合材料的界面–性能耦合机理的研究。

复合组织是实现铝基复合材料高性能的另一关键。针对增强体的加入带来材料的塑性和加工性能的降低，上海交通大学和哈尔滨工业大学等单位的研究人员提出了通过增强体非均匀分布的构型化复合来调控实现金属基复合材料的强塑性匹配的新思想。中国科学院金属研究所等单位的研究人员基于仿真和实验基础建立了塑性流变加工和变形加工理论，发展了增强相颗粒周围晶粒动态再结晶协调流变机制，指导大尺寸零

作者简介：张荻，博士，教授；单位：上海交通大学，上海，200240

件的轧制、挤压与锻压，为铝基复合材料复杂形状构件的制备和应用奠定了坚实基础。

针对不同环境应用需求，上海交通大学金属基复合材料国家重点实验室、中国科学院沈阳金属研究所、北京有色金属研究总院等单位的研究人员开展了以 SiCp/Al 为代表的铝基复合材料使役性能研究，系统研究了多种工程化应用服役条件下实用构件的组织、性能的演变规律及关联关系，在解决制备和加工过程中的关键科学问题基础上，提出了以性能为导向的全流程控制模型，并建立了相应的质量体系与国家技术标准，为其在空天、交通运输等领域重大型号关键部件的批量应用提供了保障。

在新材料体系及其制备技术开发方面，近年来上海交通大学、中国科学院金属研究所、哈尔滨工业大学、北京有色金属研究总院等单位把碳纳米管、石墨烯、金刚石等新型高性能增强体成功引入铝合金基体，结合增强体的非均匀构型化分布、多元跨尺度设计为金属基复合材料性能突破提供了方向，基于基元组装思想的创新粉末冶金路线等先进制备理念使得自下而上设计铝基复合材料成为可能。

上述研究工作都发表在众多重要的国际材料学术期刊上，如 *Nano Letters*、*Acta Materialia*、*Composites Science and Technology* 等。这些原创性研究成果极大地推动了铝基复合材料的研究，使中国铝基复合材料研究与国际先进水平同步甚至领先。以上基础研究成果有力地支撑了国家重大需求。上海交通大学、北京有色金属研究总院、中国科学院金属研究所、哈尔滨工业大学等单位所创制的以 SiCp/Al 为典型的轻质、高强、高刚度、高耐磨、尺寸稳定、耐辐射铝基复合材料，先后在多个国家重大型号和工程领域取得应用，如"嫦娥二号""嫦娥三号""玉兔号"月球车等探月工程，以及"天宫二号""风云三号"气象卫星、"墨子号"量子卫星等，提供了 200 余种、3000 余件关键构件，相比铝合金减重 30%—40%，承载能力提高 20% 以上，为型号整体技术指标的跨越提升提供了有力支撑。西安工业大学等单位创制的耐热、耐磨、低膨胀、抗疲劳的微纳粒子混杂增强铝基复合材料大量应用于现役新型主战坦克、两栖突击车等的发动机活塞，解决了中国高新武器工程重点型号装备动力核心部件长期依赖进口、受制于人的瓶颈问题，并在民用活塞领域推广，取得显著经济效益和社会效益。上述研究成果是 2015 年度国家自然科学奖二等奖、2015 年度国家科学技术进步奖二等奖的重要组成部分，也是近年来中国金属基复合材料发展成果的代表。

7.2

纳米孪晶金属材料

　　强度既是一种材料的设计准则，也是材料科学与技术发展的重要标志。提高金属材料的强度一直是材料领域中最经典、最核心的科学技术问题之一。添加适当的合金元素可以使金属强化，形成的固溶原子或第二相能够有效阻碍位错运动，从而提高变形抗力。但金属强化后其塑性、韧性和导电性等显著下降，使得材料的强度与塑性（或韧性、导电性）形成倒置关系。通过细化晶粒亦可强化金属，这种不依赖合金化的强化方式是利用产生更多的晶界阻碍位错运动实现强化。自 20 世纪 80 年代纳米材料出现之后，晶粒细化强化受到了广泛的关注。大量实验表明，当晶粒尺寸细化至纳米尺度时，金属的强度可以提高数倍至数十倍。然而，由于界面密度高导致结构稳定性降低，高强度纳米金属丧失了良好的塑性、韧性及导电性，限制了纳米金属的发展和工业应用。能否提高金属的强度而不损其他性能，消除强度与塑性（或导电性等）不可兼得的矛盾？这是国际材料研究领域近几十年以来亟待解决的重大科学难题。

　　提高纳米材料强塑性综合性能的关键在于增强纳米结构的稳定性。孪晶界面是一种低能稳定界面，它既可以有效阻碍位错运动，提高材料强度，同时又具有位错滑移和储存机制，因此是获得稳定纳米结构的理想界面。中国科学院金属研究所沈阳材料科学国家（联合）实验室研究团队利用脉冲电解沉积在纯金属铜中制备出取向分布随机的高密度纳米孪晶界面，孪晶层片厚度仅为 15nm。实验发现该样品拉伸强度高达 1068MPa，较普通纯铜提升 10 多倍，同时保持 13% 的拉伸延伸率，其电导率高达 97% IACS，与高纯无氧铜相当，获得超高强度高导电性纳米孪晶铜，突破了传统的强度与导电性倒置关系。纳米孪晶界面独特的变形机制和极低的电子散射率使纯铜在保持其良好塑性和高导电性的同时获得了超高强度，突破了传统强化机制的局限。论文发表在 2004 年 *Science* 周刊上，截至 2019 年 10 月已被 SCI 他引 1524 次。

　　在总结分析各类界面强化效应中发现，提高材料综合强韧性能需要强化界面具备 3 个关键结构特征：①界面具有晶体学共格关系。②界面具有良好的热稳定性和机械稳定性。③界面特征尺寸在纳米量级。据此提出了一种提高材料综合性能的全新强化

作者简介：卢柯，博士，研究员、中国科学院院士、发展中国家科学院院士、德国科学院院士、美国国家工程院外籍院士；单位：中国科学院金属研究所，沈阳，110016

原理——纳米孪晶强化。论文发表在 2009 年 *Science* 周刊上。近年来，纳米孪晶强化原理在多种金属、合金、化合物、半导体、陶瓷和金刚石中得到验证和应用，成为一种普适的材料强化原理，世界各国相继研发出多种高性能纳米孪晶材料（图 7.1）。国际著名材料科学家、美国材料研究学会前主席、加利福尼亚大学 Tu 教授研究发现，纳米孪晶铜导线具有很低电致迁移率和电迁移损伤，被称为"是发展集成电路的理想材料"。利用纳米孪晶强化原理制备出硬度极高的纳米孪晶 cBN 和纳米孪晶金刚石。纳米孪晶可大幅度提高 TiAl 金属间化合物和 Ni-Co 基高温合金的高温稳定性和力学性能。纳米孪晶结构使奥氏体钢的强度塑性匹配更好，纳米孪晶结构也被用于增强热电半导体材料等。纳米孪晶强化在提高工程材料综合性能方面表现出巨大的发展潜力和广阔的应用前景，为提高材料综合性能开辟了一条新路。

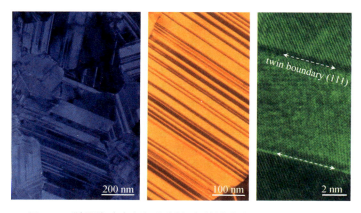

图 7.1　利用脉冲电解沉积制备出的纳米孪晶铜透射电镜图

图片来源：science 周刊，2004

纳米孪晶强化和纳米孪晶材料已成为当今国际材料领域的研究热点。近年来 *Journal of Metals*、*Scripta Materialia* 和 *MRS Bulletin* 等期刊上先后发表了关于纳米孪晶强化和纳米孪晶材料的专刊。"纳米孪晶材料"和"纳米尺度孪晶"分别被列为 2009 年和 2010 年美国材料研究学会年会的讨论主题。关于纳米孪晶金属的研究成果被写入国际材料领域经典教科书 *Physical Metallurgy*（《物理冶金》）最新第五版。

7.3

空间科学用碳化硅光学大镜精密制造

21 世纪，碳化硅（SiC）光学材料替代了玻璃成为反射镜材料的主流。首先，碳化硅材料热导率高，能更快地使温度场趋于平衡。另外，它的比刚度高，能做更薄和镂空的镜坯。但是，碳化硅材料硬度大，烧结后成形的镜坯硬度仅次于金刚石，给制造带来了新的难度。而且未来空间光学系统需要口径更大、精度更高的光学元件，哈勃的主镜的面形精度为 1/20 波长（31nm），而我们 2m 碳化硅镜的面形精度要求为 1/70 波长（9nm），尺度精度比值高达 2×10^8，这样高的精度，即使是计算机控制光学表面成形技术（第二代光学制造技术）也难以达到，需要开发第三代光学制造技术。

面向国家高分辨对地观测系统和空间天文望远镜研制这一重大需求，由中国人民解放军国防科技大学等单位承担的 973 计划项目，对大口径碳化硅反射镜制造的关键基础科学问题进行了深入研究，取得了多项研究成果和技术进步。

大连理工大学研究团队提出了基于筋板式结构和实体结构的拓扑优化碳化硅镜坯轻量化设计方法，设计出双向多拱和全封闭新构型，镜体面密度比传统构型镜体面密度大大降低。设计的双向多拱形结构 2m 碳化硅反射镜，面密度 95kg/m^2，总重 298kg；若采用 3D 打印后烧结的封闭式镜坯，面密度还可降到 64kg/m^2，总重 201kg。

上海交通大学研究团队提出了少轴高刚度磨床设计理论和力觉力控制策略。大连理工大学和哈尔滨工业大学研发出超声辅助磨削工具，砂轮在位修整、测量装备与误差补偿工艺。中国人民解放军国防科技大学还首次提出电弧增强型大气等离子加工方法并研制了相应装备。这些技术攻克了碳化硅镜坯磨削加工精度低、损伤大和效率低三大难题，加工精度与损伤从 30μm 量级改善到优于 10μm。

磁流变抛光（magneto rheological finishing，MRF）和离子束抛光（ion beam finishing，IBF）加工就是第三代可控柔体加工技术的典型代表。磁流变抛光的基本原理是利用含铁粉的液体在滚轮转动和磁场作用下，变成一种柔度可变的黏稠流体并产生流体动压，然后推动磨粒对工件进行剪切去除。离子束抛光的基本原理是在真空环境中，先将氩气电离，再用电场将离子加速，然后轰击工件表面，使材料去除，这是迄今为止精度

作者简介：李圣怡，博士，教授；单位：中国人民解放军国防科技大学，长沙，410005

最高的一种光学加工方式，可以实现原子、分子量级的定点、定量去除。这两种方法的共同特点都是可实现低应力、低损伤和高精度的加工。中国人民解放军国防科技大学和中国科学院长春光学精密仪器与物理研究所团队研发了 2m 磁流变抛光加工机床和 2m 离子束加工机床，开发了新的工艺软件，使中国高端光学加工设备与工艺走到世界先进行列（图 7.2，图 7.3）。

图 7.2　2m 磁流变抛光加工机床

图 7.3　2m 离子束抛光加工机床

中国科学院长春光学精密仪器与物理研究所团队成功综合应用了研究的成果，使 1.5m 口径离轴非球面碳化硅反射镜加工，面形精度达到 1/70 波长（9nm）均方根（root mean square，RMS），斜率均方根（slope RMS）值达到 1.1μrad，粗糙度优于 2nm

RMS，是当时国际上单块口径最大、精度最高的碳化硅大镜。随后又用于 2m 口径的碳化硅反射镜加工中，标志着中国单体碳化硅大镜综合制造水平达到国际领先水平。

研究团队建立了具有自主知识产权的空间光学制造装备和技术，将为中国后续空间光学遥感技术的跨越式发展奠定坚实的理论基础和技术基础。

7.4

超快激光电子动态调控微纳制造新方法

随着超快激光技术的持续发展，超快激光制造可涵盖制造领域的纳／微／宏各个层次，有望成为未来高端制造的主要手段之一，对推动中国走向制造强国具有重要战略意义。激光制造过程中,材料对光子能量的吸收最初大都是由电子作为载体来完成的。以往制造基础研究的观测／调控均局限于原子／分子及以上层面，所面临的核心科学问题是：能否调控局部瞬时电子状态？以超快激光为工具的超快化学的诞生使电子层面的观测／调控成为可能，有望使制造新原理／新方法获得突破。

基于此，北京理工大学姜澜团队提出了电子动态调控的核心思想：不仅将光分成两束,而是分成多束;不仅调控光束之间的延迟,还调控各光束的时间／空间／频率分布，实现对飞秒激光与材料相互作用过程中局部瞬时电子动态的主动调控，首次实现了制造中对局部瞬时电子动态及其对应材料特性的主动调节（图 7.4）。同时，提出并首次实现了多尺度电子动态演化全景过程观测（从等速到放慢 3.5 万亿倍）。新方法大幅提高了加工质量、效率、精度、一致性、深径比等，如精度达波长的 1/14，效率提高50 倍，深径比提高 50 倍，深孔弯曲率从约 90% 降为 0，大幅拓展了激光加工极限能力。

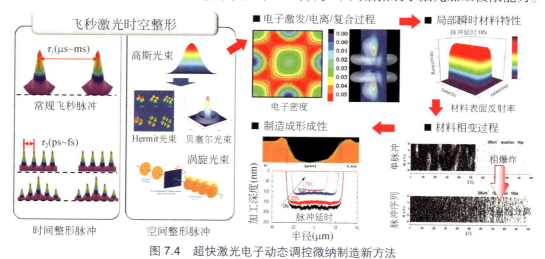

图 7.4 超快激光电子动态调控微纳制造新方法

作者简介：姜澜，博士，教授，美国机械工程学会会士、美国光学学会会士、国际纳米制造学会会士；单位：北京理工大学，北京，100081

应用新方法,北京理工大学姜澜团队研制了国际首套飞秒激光电子动态调控打孔、表面图案精细制造等装备,解决了大深径比(1000∶1,直径1.5μm)、高一致性(25万孔/平方厘米)、高质量(无微裂纹/重铸层)、高效率(单光束100孔/秒)、极小化残留物等难题;所研制的系列新型光纤微传感器突破了制约尖端国防装备研制的共性测量挑战如微小区域(<100μm)、高温(>1000℃)、高压(>10MPa)、强电磁环境下多参数高灵敏度测试;成功应用于中国工程物理研究院、中国船舶工业集团有限公司、中国航空工业集团有限公司、中国航天科工集团有限公司、中国航天科技集团有限公司等20余单位,支撑了高速飞行器、火箭、导弹、火箭炮等的研制/生产,新技术被选定为某国家重大工程核心结构靶球微孔唯一加工工艺(图7.5)。

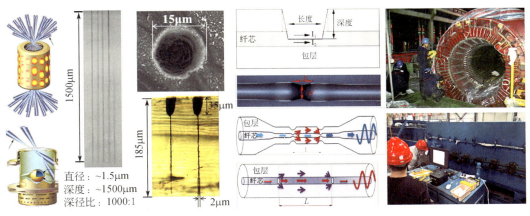

图 7.5　国家重大需求应用

新方法大幅提高了加工质量、效率、精度、一致性、深径比等,拓展了微纳制造的极限制造能力,展示和证明了超快激光电子动态调控加工新方法的巨大潜力,为中国在航空航天、国防等领域实现跨越式发展提供重要的制造支撑。相关研究成果被 *Nature* 及 *Nature Materials* 期刊分别以"研究亮点"的形式做了专门报道。*Light*:*Science & Applications* 期刊发表26页的"Electrons dynamics control by shaping femtosecond laser pulses in micro/nanofabrication: modeling, method, measurement and application"特邀专题综述,总结了在该方向过去10年的主要科研进展,并以期刊网站首页亮点的形式展示了该工作。美国科学促进会及其会刊 *Science* 的新闻平台等国际主流科技媒体以"Femtosecond laser fabrication: realizing dynamic control of electrons"为题,对新方法进行了专题报道,并评价新方法"对高端制造、材料处理、化学反应控制可能带来革命性的贡献"。

7.5
智能灵巧假肢及其神经信息通道重建技术

假肢的应用历史悠久，迄今为止它仍然是截肢患者运动功能康复的唯一手段。21世纪初以来，欧美发达国家投入了大量的科技资源支持智能灵巧假肢的研发，明确提出了"再造人手功能"的科学目标。过去 10 年中，以 i-Limb、Bebionic、Michelangelo和 DEKA 为代表的全球第一代灵巧假肢产品相继问世（图 7.6）。中国的灵巧假肢研究与欧美同期起步。2011 年，启动了首个以灵巧假肢为研究对象的 973 计划项目，国内多所高校、医疗机构和假肢制造企业组成的联合团队围绕"假肢机构设计"及"假肢与神经系统的信息通道重建"两大问题开展了系统的研究，取得了突破性进展。

SJT-6B

图 7.6　SJT-6B 灵巧假肢

假肢机构设计。以仿人手灵巧运动和操作功能再造为目标，提出了基于关节协同模型的假肢机构设计方法，其原理是对人手的多关节协同运动关系进行参数化表征，以此为依据设计欠驱动假肢的少输入、多输出传动机构。采用该方法设计的假肢仿人手操作功能大幅提高，如 SJT-4 假肢可再现 Ottobock 数据库中 80% 的抓取模式，并可完成双健身球操作等复杂任务，是最灵巧的 2 自由度假肢机构，加拿大电视台 *Discovery* 节目对此进行了专题报道。目前国内研制的 SJT-x 系列和 HIT-x 系列假肢仿人手灵巧运动功能、力操作性能、触觉传感功能、质量和尺寸等主要技术指标具有国际同类产品的先进水平。

神经控制接口设计。发展了基于模式匹配原理的假肢多自由度运动控制技术，提

作者简介：朱向阳，博士，教授；单位：上海交通大学，上海，200240

出了多通道肌电信号的时－频－空域联合滤波方法，解决了时窗、频带和位置的联合优选难题，被国际学术同行在研究综述中推举为"最佳方法"。研发了基于电生理和代谢生理信号的混合式人机接口，提出了接口近零再标定方法和基于可编程电刺激的增强式训练范式，大幅提高了接口的传输率和稳定性。在接口设计方面的最新进展则是运动单元动作电位序列反解方法，即从表面肌电信号中实时分离出运动神经单元的电活动。该研究为发现和认识肢体运动信息的神经编码规律提供了新的技术途径，使得接口设计由机器学习向神经信息解码的方向迈进了一步。

电触觉技术。自然感觉再造是"再造人手功能"的另一研究目标。在假肢中集成触觉阵列和本体位置传感器目前已逐渐成为一项成熟技术，自然感觉再造面临的最大难题是感知信息的神经传入通道重建。国内在这方面的研究进展首推基于幻肢图刺激的电触觉技术，其原理是将假肢的触觉传感信号转化成一定模式的电刺激脉冲，通过刺激残肢幻肢图实现触觉信息的空间选择性传递，并通过对刺激脉宽、频率等参数的控制实现不同触感的辨别。实验结果表明，对于幻肢图完整的截肢患者，采用该技术设计的电触觉系统触感位置分辨准确率可达 90% 以上。

国内自主研发的神经控制灵巧假肢目前已开始进入应用，实现了与美欧先进技术的同步发展。在神经交互技术方面的研究成果拓展应用到智能装备领域，研制的人机智能通信设备实现了工业机器人示教、旋翼飞行器控制、智能鼠标、虚拟现实系统交互等功能。

神经控制灵巧假肢的研究带动了中国康复辅具产业的技术进步，对生机电一体化智能系统技术的发展具有示范性意义。美国麻省理工学院 *Technology Review*、俄罗斯国家电视台、加拿大电视台等对相关研究成果进行了专访报道，有力提升了中国在该前沿技术领域的国际影响。

7.6

巨型重载锻造操作装备设计与制造

大锻件在核电、能源、造船、化工、冶金、国防等行业应用广泛，是国民经济和国防建设重大工程领域大型装备制造的瓶颈。巨型重载锻造操作机是大锻件自由锻造的基础装备，对提高大锻件制造质量和效率、降低能耗、提高材料利用率具有重要的作用，体现出一个国家极端制造的水平和核心竞争力。

长期以来，中国大锻件生产依赖"压机－行吊"模式，与国际"压机－操作机"模式相比，存在锻造精度低、余量大、钢锭利用率低、加热火次多、效率低、能耗高的问题，技术水平差距明显。为全面提升中国大锻件的制造能力和水平，在973计划项目等支持下，上海交通大学与清华大学、中南大学、大连理工大学、浙江大学、华中科技大学以及中国第一重型机械集团有限公司联合开展技术攻关，通过揭示操作性能与机构构型的映射规律，建立了巨型重载操作装备的机构创新设计理论；揭示出重载操作装备的非线性力学行为和性能演变机理，建立了装备力学性能优化设计和界面设计理论；揭示出重型装备大能量驱动与传递的动态规律，建立了大载荷灵巧操作控制与多机协调控制方法，从而系统形成了自主开发巨型重载锻造操作装备的"功能－构型－结构"创新设计链。

上海交通大学高峰研究团队提出了巨型重载锻造操作机的构型创新与机构设计方法，包括操作机夹钳机构、提升机构、车架等，形成操作机整机机构自主设计技术，建立了操作机构型库，拥有了自主知识产权，为操作机创新设计和性能优化提供了理论方法。

浙江大学傅新研究团队提出了操作机液压驱动系统的核心设计技术，包括操作机阻尼缓冲缸技术、液压回路安全冗余容错技术、常压和超压保护设计技术、液压马达分段变参数控制技术，解决了大车行走、前提升及缓冲、后提升及姿控等七大执行单元液压驱动系统的设计问题。

中南大学邓华研究团队、华中科技大学杨文玉研究团队、清华大学汪劲松研究团队、大连理工大学贾振元研究团队提出了操作机电控系统集成设计关键技术，包括操作机的力/位置复合控制技术、夹钳旋转的位置/力复合控制技术、锻件载荷自动识

作者简介：高峰，博士，教授；单位：上海交通大学，上海，200240
　　　　　林忠钦，博士，教授，中国工程院院士；单位：上海交通大学，上海，200240
　　　　　郭为忠，博士，教授；单位：上海交通大学，上海，200240

别和控制技术、缓冲与顺应系统设计及集成技术；开发了操作机工作模式库，为操作机控制系统设计和集成提供了技术支撑。

上海交通大学林忠钦研究团队、崔振山研究团队以及清华大学范玉顺研究团队建立了操作机的虚拟装配与性能仿真设计技术，包括操作机结构设计与仿真分析、装配工艺仿真与优化、数字样机、锻造工艺仿真等技术，形成了操作机整机数字化设计和装配以及数字化锻造模拟技术，为操作机性能设计分析和现场安装以及锻造工艺设计提供了技术保障。

中国第一重型机械集团有限公司提出了操作机超大复杂结构件的核心制造工艺技术，包括超大型细长轴和深孔类、超大型复杂异形构件材料配方和制造工艺技术，解决了超长钳杆座、超长钳杆筒体、大直径大深度盲孔活塞缸、耐高温异型钳口等超大型关键件的制造难题。

通过产、学、研、用合作，在中国第一重型机械集团有限公司研制出首台具有自主知识产权的400吨米锻造操作机，2011年热试成功投入生产，锻造出核电能源、冶金、化工、造船、国防等11类大锻件，服务国家重大工程，产生明显的经济与社会效益以及国际影响力。该操作机大幅提高了大锻件制造质量和效率，减轻了锻件生产对生态环境的影响，对重机行业具有明显示范作用，培养了一支能从事大型操作机研发的人才队伍，形成了操作机系列产品自主创新研发能力，为中国大锻件高效高精度制造提供了高端装备。2015年，400吨米锻造操作机获中国工程院组织的首届"中国好设计"金奖；2014年，获美国机械工程师协会颁发的达·芬奇奖，是该奖1978年设立以来首次北美以外国家获奖，且每年全球评选一项奖，评价认为"发明超大型锻件制造用的六自由度400吨米操作机的卓越成就被国际公认为锻造工业装备设计的突破"。

7.7

重型燃气轮机制造基础研究进展

燃气轮机是高效清洁能源、孤岛供电、国防安全等的新一代动力装备，其相关技术是关乎国家能源安全、国防安全和工业竞争力的战略性高技术。先进冷却技术、先进热障涂层技术、定（单）向晶高温叶片技术、高温高负荷高效透平设计技术、高温低 NO_x 燃烧室技术、先进高效压气机技术等是国际公认的燃气轮机设计制造核心技术。中国重型燃气轮机基本上是组装型制造，基础研究非常薄弱，尚未掌握上述核心技术。

重型燃气轮机研发需要完整的设计、制造和试验体系，需要基础科学、材料研发、制造工艺以及试验技术的协同支撑。近 10 年来，通过 973 计划项目等实施，中国重型燃气轮机制造基础研究取得了如下进展。

初步形成了中国重型燃气轮机高温叶片从冷却设计、涂层制备、定向晶成形、精密加工到试验验证能力的全流程完整产业链。揭示了高温叶片气膜冷却过程中的高温燃气流和冷却流的掺混机理，发展了高温燃气流与冷却流的精确组织理论；揭示了定向晶叶片缺陷形成机理，创新了高温叶片型芯型壳一体化制备方法，首次实现了中国 F 级重型燃气轮机定向晶高温叶片工程样片制备；形成了高温叶片热障涂层设计、制备工艺制定、性能测试的完整链条，突破了 F 级重型燃气轮机高温叶片热障涂层工程制备技术（图 7.7）；揭示了热障涂层界面相容原理，初步设计制备了隔热超过 100℃的双

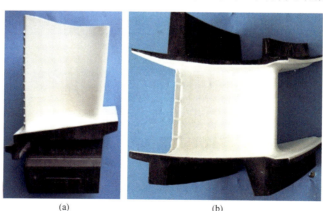

(a)   (b)

图 7.7 F 级 50MW 重型燃气轮机定向晶高温叶片及气热障涂层

（a）动叶。（b）静叶

作者简介：王铁军，博士，教授；单位：西安交通大学，西安，710049

陶瓷层先进热障涂层系统，为 J 级重型燃气轮机研发打下了初步基础。

　　初步形成了中国重型燃气轮机大型拉杆组合转子设计、制造与试验验证能力。发展了大型拉杆组合转子系统动力学理论与设计方法，揭示了发电机端短路等非正常故障工况下燃机转子中的扭矩传递规律，阐明了拉杆组合转子的热振机理，完成了对压气机的设计与强度校核，形成了拉杆组合转子轴承、轴系动力学设计企业规范；首次实现了中国 F 级 50MW 重型燃气轮机的自主设计、制造和试验验证（图 7.8）。

　　建成了重型燃气轮机系列试验验证平台，包括转子轴承实验平台、流固耦合实验平台、燃烧实验平台、高温叶片制造平台、高温叶片综合冷效实验平台等。

　　总体而言，2006—2017 年两期 973 计划项目支持了中国重型燃气轮机制造的部分基础研究，初步具备了重型燃气轮机设计、制造及试验验证的技术储备。经过十几年校企协同创新，将基础理论应用到企业实践，自主研制了中国首台 F 级 50MW 重型燃气轮机，于 2019 年 9 月 27 日点火成功（图 7.9）。

图 7.8　F 级 50MW 重型燃气轮机压气机 1—17 级整机试验件转子装配

　　但是，与发达国家相比，中国的差距依然很大，尚未完全掌握重型燃气轮机热端部件制造、维修以及控制技术，没有完全掌握先进压气机设计技术，试验验证能力还比较薄弱，尚未形成完善的研发体系。

　　燃气轮机制造之所以被誉为制造业皇冠上的明珠，不仅仅由于其高新技术密集，而且在于其每一项技术的突破与创新都必须经历"基础理论→单元技术→零部件实验→系统集成→样机综合验证→产品应用"全过程。从中国重型燃气轮机研

图 7.9　中国首台自主研制的 F 级 50MW 重型燃气轮机

发现状看，需要按照上述技术路线，围绕相关核心技术开展深入研究，特别要关注基础理论、方法与核心技术的突破。

7.8

隧道中的"航空母舰"—— 硬岩掘进机

　　硬岩掘进机（tunnel boring machine，TBM），主要用于长距离、大埋深隧道（最长 40km 以上、最深 2500m 以上），尤其面临"三高"地质环境：高硬度（单轴抗压强度达 200MPa 以上）、高地应力（可达 50MPa 以上）、高石英含量（最高达 70% 左右），是铁路、公路、水利、市政建设等隧道施工的重大装备。然而在隧道施工中存在以下问题：破岩效率低、刀具磨损快；受困时间长、施工进度慢；测控难度大、地质适应差。因此，高效破岩、快速掘进、精准测控是 TBM 设计与制造中的核心技术。以往 TBM 在破岩效率、推进速度、测控精度方面仍存在许多问题，对隧道施工进度和质量造成严重影响。

　　聚焦硬岩隧道施工中"掘不动、掘不快、掘不准"的行业国际难题，973 计划项目组围绕 TBM 装备的自主设计制造开展了以下 3 个科学问题的研究（图 7.10）。

图 7.10　依托 973 计划项目的中铁装备（永吉号）TBM

　　刀盘－硬岩系统能量积聚耗散规律与高效破岩机理。揭示了刀盘－硬岩系统能量积聚耗散规律及高效破岩机理，提出了掘进载荷精确计算模型，解决了复杂地质条件下刀盘系统设计的基础理论问题，实现了在复杂环境下硬岩掘进装备的高效作业。

　　强冲击激励下机电液系统动力高效传递与调控原理。通过研究装备结构参数、系统刚度、振动损伤的映射关系，揭示了强冲击激励下高刚度推进系统的振动能量耗吸

作者简介：杨华勇，博士，教授，中国工程院院士；单位：浙江大学，杭州，310058

机理，建立了机电液系统高功率密度驱动和瞬时大功率脱困的设计理论与方法，实现了强冲击环境下 TBM 的安全高效掘进。

掘进过程状态感知原理与智能化控制。揭示了非均匀强载荷对掘进系统动态特性的影响规律，研究了非平稳强振动环境下掘进状态信息感知原理与测量误差补偿方法，建立了融合随机跳变强载荷的机电液系统强耦合非线性模型，创建了硬岩掘进装备地质适应性智能化控制理论，实现了掘进装备的精准作业。

围绕国家在隧道施工领域的战略需求，不同背景的机构，在浙江大学牵头，清华大学、上海交通大学、华中科技大学、中南大学、天津大学、大连理工大学、中铁工程装备集团有限公司的参与下，组成了 973 计划项目产学研团队，打破了不同的诉求和利益羁绊，针对 TMB 的 3 个科学问题，开展了卓有成效的合作，实现了机械、液压、控制、测量、振动、土木、材料等 TBM 掘进机相关优势学科的交叉，显著缩短了从基础研究、关键技术开发到工程应用的周期，从工程问题入手凝练和确定新的基础研究方向与内容，形成了相互促进、良性互动的局面。

研究成果支撑中铁工程装备集团有限公司与中国铁建重工集团股份有限公司两家龙头企业分别研制了国内直径超过 8m 的首台套 TBM 样机各 1 台，先后应用于吉林省"引松（花江）入长（春）"国家重点引水隧道工程，创造了实现最高日进尺 86.5m、平均月进尺 660m、最高月进尺 1226m 的世界新纪录，技术水平优于同一工程中国际名牌美国罗宾斯公司的最新同类产品。近 4 年，不仅使国产 TBM 从无到有、价格低 25%、新增订单 70 台以上，新增国内市场占有率达到 90%，而且还小批量出口，一举改变了完全依赖进口的被动局面，实现了跨越发展。

7.9

先进压水堆核电站核主泵的自主设计与制造

  核主泵是驱动核岛内高温高压工作介质循环，将反应堆芯核裂变的热能传递给蒸汽发生器产生蒸汽，推动汽轮机发电的装备。核主泵作为核电站的"心脏"，也是核岛内唯一的连续高速旋转的装备和一回路承压边界的重要组成部分。目前核主泵使役寿期设计为60年，并有望延长至80年，对核主泵的高可靠性设计与制造带来更大的挑战。中国已成为全球在建核电站最多的国家，围绕大功率核主泵自主化目标，结合国际第三代核电技术的引进、消化与吸收，在核主泵设计与制造的基础科学问题方面已经取得了突出进展，强有力地支撑和保证了核主泵自主设计与制造技术的发展。

  在核主泵超长使役安全性分析与评价方面，针对轴密封式和屏蔽式两种类型的核主泵，已由较为成熟的轴封式核主泵40年的安全使役时间，延长到新一代核主泵的60年，逐步建立与完善了核主泵系统的安全运行评价体系及标准。核主泵内部零部件及其关联系统的复杂性与高安全性，是造成核主泵设计与制造困难的主要原因。通过发展核主泵全工况超长使役安全评价理论，研究核主泵与关联系统的交互作用规律，基于动量与能量守恒理论，考虑核主泵转动部件对流体作用和自身能量耗散影响及其与一回路系统的交互作用，建立了核主泵与关联系统耦合的热工模型，核主泵启动和惰转流量模型。在掌握核主泵与关联系统的交互作用规律基础上，弄清了高放射性高温高压环境下核主泵性能衰变机理，建立了正常使役及瞬变灾变极端工况下系统及关键部件的安全分析方法（图7.11）。

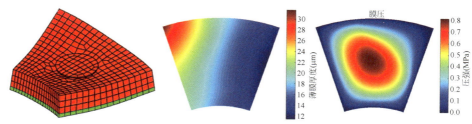

图7.11 自主设计的水润滑推力轴承

通过界面滑移、液膜空化和瓦面变形耦合作用的弹流润滑分析计算，实现了推力轴承的流体动压润滑优化设计

作者简介：雷明凯，博士，教授；单位：大连理工大学，大连，116024

在核主泵高效过流部件研制方面，发展了高放射性高温高压流体宏微流动规律及其流固热强耦合作用设计原理，针对核主泵全工况稳定运行与过流部件高效水力特性的矛盾，通过核主泵内流动特性与水力部件构型映射规律研究，实现了核主泵关键内流特性的可控设计。突破了具有高速、重载、窄间隙特点的大直径推力轴承设计的关键问题，利用基于极限剪切应力模型的界面滑移参变量变分原理，开发了考虑界面滑移与空化效应的推力轴承润滑数值计算程序，实现了推力瓦和推力盘润滑界面滑移的流体动压润滑特性分析和优化设计（图7.12）。

图 7.12　自主设计的水润滑推力轴承制造

在满足核环境使役要求的关键装备极端制造技术方面，核主泵的叶轮与导叶、轴系、轴承、密封、屏蔽套等关键零件、部件和组件，不仅承受高动压载荷，而且长期承受工作介质冲刷和腐蚀作用，核主泵关键零部件高的表面耐磨损抗腐蚀性能和表面加工制造精度决定了使役性能和寿命。提出了核主泵制造过程中材料相容性理论与改性措施，掌握了关键零部件表面高洁净度和高完整性的加工制造技术，建立了零部件加工制造表面洁净度和表面完整性一体化的评价体系，并提出了严格的工艺控制策略和有效的表面改性方法，逐步形成了中国自主的核主泵加工制造工艺规范。

目前，中国已初步具备了核主泵系统的性能仿真设计能力，具有轴密封式和屏蔽式两种类型结构的大功率核主泵的结构分析与数字样机建模，基于动力学性能设计，提供了结构形式、支撑模式、刚度分布、质量布局等方面的工程参考。中国系统开展的核主泵设计与制造的相关基础理论和技术研究，面向大型先进压水堆核电站建设的国家重大需求，牢牢把握核主泵国产化和自主化进程中亟待解决的重大基础科学问题，促进了以"高安全、高效率、长寿命、低成本"为特色的先进压水堆核电站核主泵的自主设计与制造。